高职高专"十二五"规划教材

钛冶金技术

主编　黄兰粉　夏玉红

主审　杨春城

北 京

冶金工业出版社

2015

内 容 提 要

本书是依据《钛冶炼工国家职业标准》和国家职业技能鉴定规范，海绵钛企业的生产实际和海绵钛生产所需要的基本理论知识和技能编写的。全书结构按项目式教学模式分为 4 个项目，主要内容包括钛的基础理论知识、富钛料生产、海绵钛生产及钛白粉生产。其中海绵钛生产包括粗四氯化钛生产、粗四氯化钛的精制以及镁还原真空蒸馏法。每一项目后附有相关实践技能训练案例及复习思考题。

本书可作为职业技术院校相关专业技能培训教材，也可供现场工程技术人员参考，还可作为富钛料、海绵钛、钛白粉生产操作人员的培训用书。

图书在版编目（CIP）数据

钛冶金技术/黄兰粉，夏玉红主编 . —北京：冶金工业
出版社，2015.7
　高职高专"十二五"规划教材
　ISBN 978-7-5024-6998-6

Ⅰ . ①钛…　Ⅱ . ①黄…　②夏…　Ⅲ . ①钛—有色金属
冶金—高等职业教育—教材　Ⅳ . ①TF823

中国版本图书馆 CIP 数据核字（2015）第 159686 号

出　版　人　谭学余
地　　　址　北京市东城区嵩祝院北巷 39 号　邮编　100009　电话　（010）64027926
网　　　址　www. cnmip. com. cn　电子信箱　yjcbs@ cnmip. com. cn
责任编辑　俞跃春　唐晶晶　美术编辑　彭子赫　版式设计　孙跃红
责任校对　李　娜　责任印制　李玉山
ISBN 978-7-5024-6998-6
冶金工业出版社出版发行；各地新华书店经销；固安华明印业有限公司印刷
2015 年 7 月第 1 版，2015 年 7 月第 1 次印刷
787mm×1092mm　1/16；14.25 印张；345 千字；220 页
27.00 元
冶金工业出版社　投稿电话　（010）64027932　投稿信箱　tougao@ cnmip. com. cn
冶金工业出版社营销中心　电话　（010）64044283　传真　（010）64027893
冶金书店　地址　北京市东四西大街 46 号（100010）　电话　（010）65289081（兼传真）
冶金工业出版社天猫旗舰店　yjgycbs. tmall. com
（本书如有印装质量问题，本社营销中心负责退换）

前　言

　　钛是一种新金属，由于其具有一系列优异的性能，被广泛应用于航空、航天、军工、石油、化工、冶金、轻工、电力、海水淡化和日常生活器具等多个行业，被称为"现代金属"。

　　本书是依据《钛冶炼工国家职业标准》和国家职业技能鉴定规范，海绵钛企业的生产实际和海绵钛生产所需要的基本理论知识和技能，由四川机电职业技术学院材料工程系教师和攀钢钛业公司专家和技术人员校企合作共同编写的。

　　本书从高等职业技术教育培养生产一线的高端技能型专门人才的目标出发，从职业活动分析出发，以职业岗位需求为目标，以实际工作过程、职业能力培养为主线，以学生认知规律为突破口，在学习过程与工作过程相结合、理论学习与实践训练相结合、课堂教学与课外自学相结合的教材编写理念指导下，突出强化实践技能培养，力争体现高等职业技术教育的特点，体现学为主体、教为主导的教学理念。在教材体系上力求灵活多样，从职业资格标准对相关岗位的知识、技能要求出发，涵盖基本知识点、相关实践技能、教学实施建议，内容深入浅出、通俗易懂、层次分明，既反映技术理论，又密切联系生产实际，具有较强的实用性。全书共分四部分，主要包括钛冶金所需的基础理论知识、富钛料生产、海绵钛生产、钛白粉生产。

　　本书由四川机电职业技术学院材料工程系黄兰粉、夏玉红担任主编，杨春城主审；四川机电职业技术学院蒋和平、王勇、刘韶华，攀钢集团钛业公司符凯军、黄子良、黄绍华参与编写。其中项目1由黄兰粉编写；项目2由夏玉红、符凯军编写；项目3中3.1节、3.2节由黄兰粉和黄子良编写，3.3节由王勇和黄绍华编写；项目4由黄兰粉编写。

　　在本书的编写过程中参考了很多相关专业图书，还得到了攀钢研究院钒钛研究所、攀钢钛业公司生产技术科的大力支持，在此一并表示衷心的感谢。

　　本书可作为职业技术院校相关专业技能培训教材，也可作为现场工程技术人员的参考用书，还可作为富钛料生产、海绵钛生产、钛白粉生产操作人员的培训用书。

　　由于编者水平有限，书中疏漏、不足之处，敬请各位同行批评指正。

　　　　　　　　　　　　　　　　　　　　　　　　　　编　者

　　　　　　　　　　　　　　　　　　　　　　　　　2015 年 5 月

目　录

项目1 相关知识介绍

【知识目标】

(1) 了解钛的工业发展，使学生初步了解钛行业；

(2) 掌握海绵钛及钛白粉的工业制法；

(3) 掌握钛及其主要化合物的性质及用途；

(4) 掌握目前国内外金属钛、钛白粉生产的概况。

【能力目标】

(1) 能利用网络、图书馆收集相关资料、自主学习；

(2) 能够识读简单的工艺流程框图。

【任务描述】

钛是一种新金属，是重要的战略物资，由于它具有一系列优异特性，被广泛应用于航空、航天、军工、石油、化工、冶金、轻工、电力、海水淡化和日常生活器具等工业生产中，被称为"现代金属"、"战略金属"。本项目从钛工业的发展历程、钛的用途、钛的资源状况、海绵钛及钛白粉的制法几方面认识钛，了解钛的基本知识。

【职业资格标准技能要求】

能读懂本岗位有关工艺参数和工艺操作规程。

【职业资格标准知识要求】

(1) 钛的资源和发展概况；

(2) 钛及其化合物的性质、制取、用途；

(3) 镁法炼钛的基本知识。

【相关知识点】

1.1 钛工业发展简史

1.1.1 钛的发现及实验室研究

1791 年，英国一位牧师 W. Gregor 在黑磁铁矿中发现了一种新的化学元素。1795 年，德国化学家在金红石中也发现一种新元素。几年后证实这两次发现的新元素实际为一种元素，并根据其性质以希腊神话中的大力神 Titans 来命名这种新元素为钛（Titanium）。

1825 年，化学家贝齐里乌斯（I. J. Berzelius）用金属钾还原氟钛酸钾（K_2TiF_6）在实验室第一次制得了真正意义上的金属钛，但其纯度很差，量又很少，不能供研究之需。

1887 年，瑞典学者尼尔森和彼得森用钠热还原 $TiCl_4$ 的方法制得了杂质含量小于 5% 的金属钛。但仍然量少，杂质多，无法对其理化性质进行研究。

1910 年，美国科学家亨特在前人基础上用钠还原高纯 $TiCl_4$，首次制取了几克含杂质 0.5% 的纯金属钛。

1938 年，卢森堡冶金学家克劳尔用镁热还原纯 $TiCl_4$ 制取金属钛。

镁热还原法和钠热还原法为钛的工业化生产提供了可能性。

1.1.2　金属钛的工业发展

1948 年，美国杜邦公司用克劳尔法（镁热还原 $TiCl_4$ 法）生产了 2t 海绵钛。从此，金属钛的生产终于从实验室走向了工业化生产。

从矿物中发现元素钛到首次在实验室制出金属钛，经历了 120 多年时间，从实验室制得钛到实现工业规模生产又耗费了近半个世纪。钛冶金的发展之所以如此缓慢，主要是因为钛与氧的化学亲和力很大，且熔点很高，冶炼钛就需要在更高温度下进行，但高温下钛的化学性质变得很活泼，因此其提取冶炼技术相当困难和复杂。

自美国 1948 年实现镁还原法生产海绵钛以后，日本在 1952 年，英国在 1953 年，前苏联在 1956 年，我国在 1958 年也陆续开始海绵钛生产，钛是因军事工业的需要而诞生的，是伴随着航空航天工业的发展而崛起的新兴工业。

钛的发展经受了数次大起大落，海绵钛的生产呈波浪式发展，1997 年前国外海绵钛年产量如图 1-1 所示，2004 年后世界各国海绵钛年产量如图 1-2 所示。

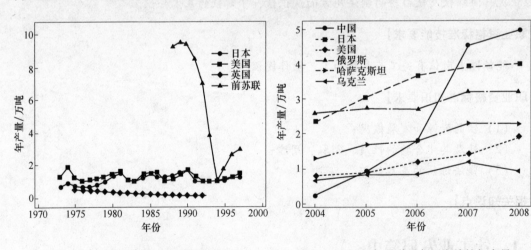

图 1-1　1997 年前国外海绵钛年产量　　　图 1-2　2004 年后世界各国海绵钛年产量

由图 1-1、图 1-2 可以看出钛的发展历程是曲折的，这是由国际政治、经济形势的风云变幻引起的，但总的说来，钛发展的速度是很快的，它超过了任何一种其他有色金属的发展速度。这从全世界海绵钛工业发展情况可以看出：海绵钛生产规模在 20 世纪 60 年代为 6 万吨/年，70 年代为 11 万吨/年，80 年代为 13 万吨/年，到 1992 年已达 14 万吨/

年。实际产量1990年达到历史最高水平,为10.5万吨/年。

进入20世纪90年代后,由于军用钛量减少和俄罗斯等一些国家抛售库存海绵钛,使前几年市场疲软。2000年后,因国际市场上以美国波音B777和欧洲空客A380为代表的大型民用飞机用钛及民用、工业用钛也大幅度增加,钛市场出现了供不应求的状况。2005年,海绵钛实际产量已经超过100kt。2006年,海绵钛产能达到创历史纪录的120kt规模,其中中国以18kt的产量位居世界第二。2008年,海绵钛产量达173kt,中国海绵钛产能超过70kt,实际产量为49.6kt,居世界第一。至2013年,中国海绵钛产能达到150kt,实际产量81.17kt,主要生产厂家有贵州遵义钛厂、唐山天赫、洛阳双瑞万基、朝阳金达、宝钛华神、朝阳百盛、鞍山海亮、抚顺钛业、攀枝花欣宇化工、中信锦州铁合金股份、宝鸡力兴钛业、山西卓峰等。在这13家企业中,贵州遵钛、唐山天赫和洛阳双瑞万基的海绵钛年产量均超过了万吨。

目前,生产海绵钛的国家主要有日本、美国、俄罗斯、哈萨克斯坦、乌克兰和中国。

专家预测今后几年内钛的产量将继续较大幅度增长。目前妨碍钛应用的主要原因是价格贵。可以预料,随着科学技术的进步和钛生产工艺的不断完善、扩大企业的生产能力和提高管理水平、进一步降低钛制品的成本,必然会开拓出更广泛的钛市场。专家预测,未来几年海绵钛产量将继续增加,如图1-3所示,到2020年全球海绵钛产量将达到249kt。

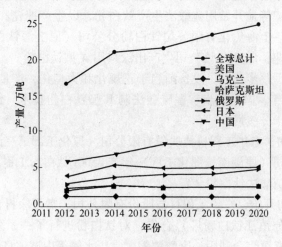

图1-3 世界各国海绵钛产量预测

1.1.3 钛白粉的工业发展

钛白具有高度的化学稳定性、耐热性、耐候性、良好的白度、着色力和遮盖力,是一种优良的白色颜料,也是一种最重要的钛化合物。人们早在1824年就开始了钛白粉的制备和性能研究。1881年10月,法国奥古斯亚克罗西申请了第一个采用硫酸氢钠与钛铁矿焙烧制取钛白粉的专利。

1916年挪威建成了年产1000t、含25% TiO_2 的复合颜料厂,使之实现了工业化生产。1918年美国钛颜料公司成立,开始钛白粉的工业化生产。1923年法国塞恩—米鲁兹公司,率先采用稀释法晶种进行水解,生产出含96%~99% TiO_2 的"纯净的"锐钛型钛白粉,开创了钛白粉生产的先河,为世界大规模采用硫酸法生产钛白粉开辟了道路。

1925 年美国国家铅工业公司开始生产纯 TiO_2。1930 年麦克伦堡采用外加碱中和制晶种,对水解制钛白粉工艺进行了改革;1932 年,研发了气相氧化四氯化钛制造颜料钛白粉专利;1935 年日本堺化学工业公司开始生产锐钛型钛白粉;20 世纪 40 年代开始用硫酸法生产金红石型钛白粉;1949 年美国杜邦公司开始研究氯化法钛白粉工业规模生产;1951 年加拿大魁北克铁钛公司采用高钛渣硫酸法制钛白粉;1956 年杜邦公司开始氯化法生产钛白粉。1959 年开始向市场提供优质氯化法金红石型钛白粉。打破了用单一硫酸法生产钛白粉的局面。

国外发达国家的钛白粉工业在 20 世纪 60 年代末 70 年代初逐渐进入成熟期。20 世纪 70 年代,由于水性涂料的需求大增,涂料制造厂家对钛白粉的使用更加殷切。20 世纪 80 年代,由于钛白粉在工业上用途已相当广泛,各大主要制造厂为适应客户的要求,开发出各种不同规格的钛白粉,开始在品质及服务上相互竞争。此时钛白粉已不再是特殊化学品,而被定义成泛用化学品。20 世纪 90 年代,钛白粉工业遭受到一连串挑战,如产能过剩、需求疲软、售价低落、环保投资高昂及全球经济的不景气,致使北美、西欧地区成长缓慢,而发展区域集中在亚太地区。从 1990～2000 年,10 年间可以说是全球钛白粉工业自产生以来变化最大的十年。变化其一是,各主要厂商在亚太地区投资设厂或增加生产线,加入竞争行列。变化其二是,兼并重组,使钛白粉的生产高度集中。

中国钛白粉工业起步较晚。1955 年,一些研究机构开始了硫酸法的系统研究。1956 年在上海、广州和天津等地开始用硫酸法生产钛白粉,以生产搪瓷和电焊条钛白粉起步,产量低、质量也较差。上海焦化有限公司钛白粉分公司（原上海钛白粉厂）是国内最早生产钛白粉的化工企业,1958 年该公司生产出涂料用 A 型钛白粉。

随后一些钛白粉厂逐步建立,设备渐趋于正规化和大型化,产量也有了较大的发展,质量不断提高。1967 年,国内初步掌握硫酸法制 R 型钛白粉技术,但由于当时条件的限制,技术落后,发展十分缓慢。

20 世纪 70 年代初,东华工程科技股份有限公司（原化工部第三设计院）设计了湖南永利化工股份有限公司（原湖南株洲化工厂）年产 2500t 钛白粉工程,此项目是国家投资和正规设计的第一套硫酸法钛白粉装置。

20 世纪 80 年代初开始,东华工程科技股份有限公司、常州涂料化工研究院和镇江钛白粉股份有限公司（原镇江钛白粉厂）合作,对钛白粉进行了一系列的实验开发,完成了攀枝花钒钛磁铁矿资源综合利用、废酸浓缩、常压水解等中试项目,这种设计、研究与生产三位一体的联合开发取得了显著的效果。

20 世纪 80 年代中期,国家利用"攀枝花钒钛磁铁矿资源综合利用"科技攻关中取得的硫酸法钛白粉开发成果,改造了一批老厂,兴建了一批新厂,装置技术水平有所提高,年生产规模迈向了 5000t 级,产品品种转为以生产涂料用颜料级钛白粉为主,我国的钛白粉建设走向了第一个发展高峰。期间,东华工程科技股份有限公司先后设计了上海焦化有限公司钛白粉分公司搬迁工程,镇江钛白粉股份有限公司、南京钛白化工有限公司、山东济宁第二化工厂、武汉方圆钛白粉有限公司（原武汉钛白粉厂）等项目的扩建或改造;铜陵安纳达钛白粉有限公司（原铜官山化工总厂钛白粉分厂）、衡阳新华化工冶金总公司钛白粉厂（原核工业部二七二钛白粉厂）、辽阳冶建化工厂、江西添光化工有限责任公司（原江西抚州磷肥厂）、攀钢钛业公司钛白粉厂（原四川攀枝花冶金矿山公司钛白粉厂）等项目的建设,极大地推动了我国钛白粉行业的发展。

20世纪80年代后期，为世界钛白粉市场黄金时代，全国各地兴起了大办钛白粉厂热潮，这个时期可说是中国钛白粉工业发展史上的"第一个繁荣期"。

到20世纪90年代初，包括乡镇企业，全国已达100多家钛白粉厂，年生产能力猛增至近10万吨。但紧随世界钛白粉市场低潮的到来，大部分匆匆上马的小厂就倒闭了。

进入20世纪90年代，重庆渝港钛白粉股份有限公司、中核华原钛白粉股份有限公司（原兰州404钛白粉厂）、济南裕兴化工总厂及攀钢集团锦州钛业有限公司（原锦州铁合金厂）相继从国外引进了年产1.5万吨钛白粉能力的三套硫酸法和一套氯化法生产装置。这几套装置，技术比较先进，改变了中国钛白粉仅有硫酸法工艺，仅能生产低档锐钛型钛白粉、小规模生产方式的落后面貌，标志着中国钛白粉工业的发展走向了一个新的阶段。

20世纪90年代中期，东华工程科技股份有限公司与美国巴伦国际咨询公司合作对国内钛白粉厂进行一系列改造，使质量、产量和效益同步上升。先后完成了铜陵安纳达钛白粉有限公司、重庆新华化工厂、攀钢钛业公司钛白粉厂的装置改造，取得了一系列成果，这一时期可以称作中国硫酸法钛白粉行业发展史上的"技术成长期"。

进入21世纪，兴旺走势凸显出来，故有人认为新世纪为我国钛白粉工业迎来了"第二个繁荣期"。以攀钢钛业集团为龙头兼并重组的中国第一个万吨级氯化法钛白粉工厂——攀钢集团锦州钛业有限公司已达产金红石型钛白粉1.5万吨和重庆渝港钛白粉股份有限公司原有的2.6万吨硫酸法金红石型钛白粉产能，再加之攀钢自身现有的1.5万吨锐钛型产量，攀钢钛业集团已形成了既具有氯化法工艺又具有硫酸法工艺且掌握钛矿资源优势的中国钛白粉产业"巨无霸"。同时，四川龙蟒集团钛业公司、山东东佳集团金虹钛白化工有限公司（原淄博钴业有限公司）等一批万吨级钛白装置的相继建成并迅速扩产达到经济规模（一般指5万吨/年以上），标志着中国钛白粉行业迎来了发展的"成熟期"。

图1-4为1991~2012年中国钛白粉年产量。至2012年，中国钛白粉产量为189万吨，四川龙蟒钛业以18万吨的钛白粉年产量居行业第一，山东东佳、河南佰利联和重组后的中核钛白分别居第二、三、四位。2013年竣工的有宁波新福、攀枝花东方钛业、龙蟒湖北襄樊一期、广西大华等几个企业。

近年来，政府出台了一些政策鼓励发展氯化法钛白粉产业，极大地刺激了行业的积极性，正在处于建设、实施阶段的氯化法钛白项目有云南新立、锦州沸腾氯化、河南漯河、洛阳万基和河南佰利联等几家企业，专家预测我国钛白粉产量如图1-5所示。

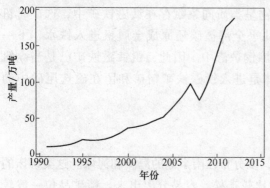

图1-4　1991~2012年中国钛白粉产量

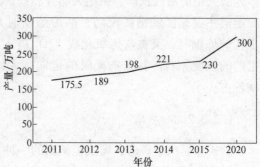

图1-5　中国钛白粉产量预测

1.2　钛资源概况

1.2.1　钛元素的分布

钛在地壳中的丰度（即元素的相对含量）为 0.45%，按元素丰度排列居第九位，仅次于氧、硅、铝、铁、钙、钠、钾和镁。按其在地壳中的储量而论，钛并不稀有，而是一种储量十分丰富的元素。但由于冶炼技术复杂，工业生产年代较迟，产量不是很大等种种原因，仍被称为"稀有金属"。

1.2.2　钛的矿物

钛对氧的亲和力非常大，自然界中没有游离态的元素钛存在，而总是与氧结合在一起以二氧化钛和钛酸盐状态存在。现已发现 TiO_2 含量大于 1% 的钛矿物有 140 多种，但现阶段具有利用价值的只有少数几种矿物，主要是金红石（TiO_2）和钛铁矿（$FeTiO_3$），其次是白钛石（$TiO_2 \cdot nH_2O$）、锐钛矿（TiO_2）和红钛铁矿（$Fe_2O_3 \cdot 3TiO_2$）。

金红石是一种黄色至红棕色的矿物，其主要成分是 TiO_2，还含有一定量的铁、铌和钽。天然金红石精矿品位高，杂质少，是氯化生产四氯化钛的优质原料。

钛铁矿的理论分子式为 $FeTiO_3$，其中 TiO_2 理论含量为 52.63%。但钛铁矿的实际组成是与其成矿原因和经历的自然条件有关。可以把自然界的钛铁矿看成是 $FeO\text{-}TiO_2$ 和其他杂质氧化物组成的固溶体。

1.2.3　钛矿矿床

1.2.3.1　岩矿床

岩矿床是原生矿床，来源于岩浆，储量大，产地集中，往往是共生矿。这类矿床的主要矿物是钛铁矿、钛磁铁矿和钒钛磁铁矿，而金红石矿较少。属于北半球的地区多为岩矿型矿床，如挪威、美国、加拿大、中国及独联体国家。世界上的大型岩矿钛矿产地主要有加拿大、挪威，及我国攀西地区。

攀西地区储量丰富的钒钛磁铁矿是一种多金属元素的复合矿，是以铁、钛、钒为主的多金属共生的磁性铁矿。钒绝大部分和铁矿物呈类质同象赋存在钛磁铁矿中，选矿时钒的走向主要是随铁精矿流动，高炉炼铁时几乎全部被碳还原成金属钒进入铁水，下一步转炉炼钢时，又被吹炼氧化成 V_2O_5 进入炼钢炉渣中。因此，钒钛磁铁矿已是当今钒生产的主要原料。钛在选矿时的走向，大体是进入钛磁铁矿精矿和留在磁选尾砂中的钛各占一半。

1.2.3.2　砂矿床

砂矿床是次生矿床，属沉积矿床的一种，多分布在南半球的海滩和河滩。这类矿床的主要钛矿物是金红石和钛铁矿。其矿物结构比较疏松，容易分离出来。精矿品位一般较高，TiO_2 含量多在 50% 以上。

1.2.4 钛矿的储量

1.2.4.1 世界的钛资源状况

有关世界钛资源储量的统计是各种各样的，不同资料的数据相差悬殊。公开发表的资料数据是指现有技术水平和目前经济条件下具有利用价值的资源储量，主要是指钛铁矿（包括白钛石）和金红石（包括锐钛矿）的矿物资源储量，而不包括现阶段不具有利用价值的钛矿（如钛铁晶石、榍石等）资源。

有关世界各国钛资源储量的数据（2012 年的统计资料）列于表 1 - 1。

表 1 - 1　2012 年世界一些国家钛资源的储量（按 TiO_2 计）　　　　（t）

国　家	钛铁矿		金红石	
	储　量	基础储量	储　量	基础储量
南非	6.3×10^7	2.2×10^8	8.3×10^6	2.4×10^7
挪威	3.7×10^7	6×10^7		
澳大利亚	1.3×10^7	1×10^8	1.9×10^7	3.1×10^7
加拿大	3.1×10^7	3.6×10^7		
印度	8.5×10^7	2.1×10^8	7.4×10^6	2×10^7
巴西	1.2×10^7	1.2×10^8	3.5×10^6	3.5×10^6
越南	5.2×10^6	7.5×10^6		
美国	6×10^6	5.9×10^7	4×10^5	1.8×10^6
中国	2×10^8	3.5×10^8		
莫桑比亚	1.6×10^7	2.1×10^7	4.8×10^5	5.7×10^5
乌克兰			2.5×10^6	2.5×10^6
芬兰	5.9×10^6			
其他	1.5×10^7	2.8×10^7	8.1×10^6	1.7×10^7
合　计	6.061×10^8	1.2265×10^9	4.968×10^7	1.0037×10^8

在世界钛资源中，钛铁矿储量多的国家是加拿大、挪威、南非和印度，其次是美国、澳大利亚、前苏联等；金红石储量多的国家是巴西、澳大利亚、印度、南非和塞拉利昂等。目前世界对钛矿的年需求量按 TiO_2 计为 450 万吨左右，年开采矿石量约 1000 万吨。

1.2.4.2 中国的钛资源状况

中国的钛资源储量十分丰富，但主要是钛铁矿资源，金红石矿甚少。在钛铁矿储量中，岩矿占大部分，部分为砂矿。

钛铁矿岩矿产地主要是四川、云南和河北；砂矿产地主要有广东、广西、海南和云南。金红石矿主要分布在湖北和山西。

中国四川攀枝花地区是一个超大型的钒钛铁矿岩矿储藏区，其探明储量占世界钛资源的 1/4，中国钛资源的 90% 以上。该矿区的矿体范围大，它是由攀枝花、红格、白马和太和等十几个矿区组成的。从大地构造位置看，它位于我国川滇南北构造体系的北段。区内安宁河大断裂层近南向北纵贯本区中部。矿床受这个大断裂带所控制，广泛地发育基性、超基性岩体。岩体呈南北分布，向西陡倾斜，岩体规模大小不等，一般长达 5~20km。矿石类型为致密块状、浸染状矿石。矿石中的钛矿物主要为粒状钛铁矿、钛铁晶石和少量片状钛铁矿。从矿物可选性来看，粒状钛铁矿可以单独回收，而钛铁晶石和片状钛铁矿不能单独回收。选矿时，从钒钛磁铁矿的选铁尾矿中选出的粒状钛铁矿可供利用。该钛铁矿的特点是结构致密，固溶了较高的氧化镁，因此选出的精矿品位较低，MgO 和 CaO 含量较高，给提取冶金带来一定困难。河北承德地区也有类似性质的钒钛磁铁矿，不过储量较小，钛精矿固溶的氧化镁较低，可选得质量较好的钛精矿。

云南钛资源很丰富，遍及全省许多区县。从大地构造位置看，钛矿区位于我国川滇南北构造体系的南段。已探明的储量十分可观，且大部分属次生内陆砂矿，少部分属原生岩矿。云南的砂矿易采易选，经简单选矿便可获得质量较好的钛精矿。该矿一般含 $TiO_2$48% ~ 50%，钛铁氧化物总量（$FeO + Fe_2O_3 + TiO_2$）大于95%，除含 MgO 稍高（1.2% ~2%）外，其他非铁杂质含量较少。故云南钛铁矿是一种质量较好和应用价值较高的钛精矿。

广东、广西和海南地区的钛铁矿砂矿品位高、杂质少，采选比较容易，又伴生有锆英石、独居石、磷钇矿、金红石等，综合利用的价值高，提取也容易，但多数伴生有放射性矿物。

此外，在福建、山东和辽宁沿海和江西部分地区也有砂矿钛铁矿资源。我国也发现几处金红石矿床，其中以湖北枣阳的储量较大，原矿的 TiO_2 平均品位 2.31%，但由于结构致密，粒度小，选矿较困难。

中国各地钛铁矿精矿的典型化学组成列于表 1 – 2。

表 1 – 2　中国钛铁矿精矿成分（质量分数）　　　　　　（%）

成分	钛 精 矿 名 称							
	北海氧化砂矿	北海钛铁矿	海南钛铁矿	攀枝花钛铁矿	承德钛铁矿	湛江钛铁矿	富民钛铁矿	武定钛铁矿
TiO_2	61.65	50.44	48.67	47.74	47.00	51.76	49.85	48.68
ΣFe	24.87	35.41	35.23	31.75	35.77	30.29	35.06	36.44
FeO	5.78	37.39	35.76	33.93	40.95	24.40	36.50	36.78
Fe_2O_3	29.30	9.06	10.63	7.66	5.60	16.08	9.58	10.97
CaO	0.10	0.10	0.79	1.16	0.81	0.34	0.24	<0.05
MgO	0.12	0.10	0.20	4.60	1.54	0.05	1.99	1.18
SiO_2	0.77	0.79	2.64	1.67	0.82	0.86	0.67	
Al_2O_3	1.15	0.75	1.05	1.20	1.23	0.79	0.23	0.60
MnO	1.10	1.30	2.21	0.75	0.85	2.66	0.75	
V_2O_5				0.10	0.14		0.12	0.22
S	0.01	0.02	0.01	约0.2	约0.3	0.017	约0.02	约0.01
P	0.036	0.02	0.016	0.01	0.063	0.01	约0.01	0.01

查一查 国内外钛资源的分布状况。

教学活动建议

本部分可以让学生自主查询了解国内外的资源状况，并形成课件或文字，走上讲台讲解，以锻炼学生的计算机应用水平，收集整理资料能力，语言表达能力。

1.3　钛的用途

随着我国经济迅速腾飞，我国钛工业崛起。钛业在广义上包括金属钛即海绵钛和钛白两种工业产品。时至 2008 年，我国海绵钛年产量达 4.96 万吨，钛材年产量达 2.77 万吨，钛白粉产量达 800kt/a。实际上，上述三种产品的产量均在世界上名列前茅。我国已经成了名副其实的世界产钛大国和钛白生产大国。

1.3.1　金属钛的用途

钛是一种新金属，由于具有一系列优异特性，已成为一种获得广泛应用的新型工程材料。

金属钛的消费比例，因国家而异。它的主要应用领域仍是航空航天工业。在此领域中，美国占 80.4%（其中民用机 40.3%，军用机 40.1%），前苏联占 50%，欧洲占 57%，日本仅占 10.3%。在非航空工业中，以日本为例，电力用钛占 31.8%，化工用钛占 24.7%，电极用钛占 4.1%，其他工业用钛占 29.1%。在我国，从国土资源部 2013 年发布的中国钒钛磁铁矿行业专项研究分析报告中，钛的主要应用领域如图 1-6 所示。由图可以看出钛的应用已由航空航天工业扩展到化工、冶金、电力、船艇和日常生活领域中。

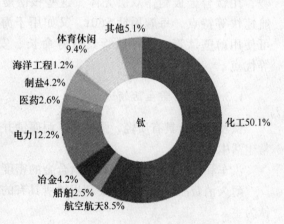

图 1-6　钛及其合金主要应用领域

1.3.1.1　在航天航空工业中的应用

钛合金，质轻而强度高，它的比强度（强度/密度）很高，而密度仅约为钢的 58%。同时，它又具有良好的耐热和耐低温性能。某些钛合金在 450～500℃时或 -250℃时仍能长期工作，因而是航天航空工业最佳结构材料。超音速飞机的表面温度随飞机飞行速度的增大而升高。当飞行速度超过 782.69m/s 时，铝合金就会软化，不能使用。而钛合金即使飞行速度达 1020.9m/s 以上也能使用。选用钛材，不仅减轻飞行器的自重，增大其有效荷重，节省燃料，而且可以提高飞行性能和延长其寿命。据估计，现代飞机用钛量，约占发动机的 22.5% 和占飞机骨架的 6%。飞行器中的高压容器（如高压气瓶、低温液态燃料箱等）几乎都用钛合金制作。

1.3.1.2　在化工、冶金和热能等工业中的应用

（1）化工、冶金等工业：钛还有个显著特点，就是它的耐腐蚀性能好。这是由于它表面易生成一层致密的氧化膜，起保护钛基体不受介质腐蚀作用之故。纯钛耐蚀性能优异，化工、石油、纺织、冶金等工业常使用纯钛来制作防腐设备或零件。

钛材在化工、冶金领域中的应用范围包括用来制造各类设备、电解极板、反应器、热交换器、分离器、吸收塔、冷却器、浓缩器，以及各种连续配套的管、阀、配件、垫圈、泵等。

氯碱生产中用（涂钌）钛阳极代替原来的石墨阳极，形成了电极间距不用调整的"尺寸稳定电极"，使用寿命比石墨阳极长 10 倍以上。这种钛阳极为半永久性的，电流密度比石墨阳极增加近一倍，生产能力也相应提高近一倍，节电 15%。而且可提高碱的质量，收到了极好的经济效益，被誉为氯碱工业的一次革命。年产 1 万吨苛性钠需使用 5t 钛材。

（2）船艇制造和热能工业：钛及其合金耐海水或淡水腐蚀的优异性能，不仅适于制作各类舰艇船品，而且也是制作海水淡化装置和电力工业上冷凝器的最佳材料。

钛在海洋和能源工业中的应用举例也较多。如前苏联建造的 3000t 级核潜艇 6~7 艘，用钛合金板制作双层壳体。这些核潜艇具有无磁性，下潜深度深（达 900m）和航速快等特点，每艘用钛 560t。又如用于海水淡化装置和滨海电站用的钛管冷凝器，可使用薄壁钛管，这种钛管具有寿命长、安全性高、冷却水流速快和热转化效率高等优点。

1.3.1.3　日常生活领域

钛及钛合金具有质轻、强度高、耐腐蚀并兼有外观漂亮等综合性能，而用于人们的日常生活中。

汽车和体育器材主要是利用钛合金的密度小、比强度高的优点，以使用钛合金为主。

耐久消费品和装饰品主要利用钛所具有的优异耐蚀性能及外观漂亮等特点，以使用纯钛为主。

1.3.1.4　特种功能材料

在还原性介质，如盐酸、硫酸、磷酸、甲酸、草酸等介质中，由于钛的氧化膜不稳定，易遭破坏，因而在这种情况下钛并不耐蚀。为此，研制了耐蚀钛合金。目前主要的耐蚀钛合金有钛镍、钛钼、钛钌、钛钽和钛钯等几种合金，前两种合金的价格便宜些。NbTi 超导材料、NiTi 记忆合金、FeTi 类储氢材料等钛合金具有特殊的功能，称为功能材料。大力开发这些功能材料具有十分重要的意义。

具有超导性能的材料达千种以上，但其中已达到实用的超导材料仅有 NbTi 合金和 Nb-Zr-Ti 合金、Nb-Ta-Ti 合金、Nb-Zr-Ta-Ti 合金。综合考虑，一般使用超导钛合金线材。

超导钛合金首先从用于高能物理学开始，继后又扩大到磁流体发电、核聚变、能量存储、旋转机器、高速磁浮列车和输电、医疗机器、资源探测等方面的应用。

Fe-Ti 类合金（以及 Mn-Ti 类合金）是一种具有实用价值的贮氢材料。可用它来贮存氢气，回收废氢，分离和净化氢气，故可把它制作成携带式高纯氢源。制成的氢燃贮料存器已在汽车等方面试用。

Ni-Ti 基合金是一种具有实用价值的形状记忆合金。可用它来制作汽车用发动机和线圈、弹簧汽化器，以及管道接头相传动装置等，还可以用来制作医疗用矫形器件，如人体齿列矫正和骨骼矫正器及人造齿根；以及用来制作大厦中的热水供应器和净化器的"记忆"装置。

 查一查 金属钛在各个行业的应用实例，并做成表格。

教学活动建议

建议此部分作为课外作业，以小组的形式进行，促进学生对钛及其合金用途的了解，激发学生学习兴趣。

1.3.2 钛白粉的用途

钛白粉被认为是目前世界上性能最好的一种白色颜料，广泛应用于涂料、塑料、造纸、印刷油墨、化纤、橡胶、化工、化妆品等行业。

1.3.2.1 在涂料行业的用途

涂料行业是钛白粉的最大用户，特别是金红石型钛白粉，大部分被涂料工业所消耗。用钛白粉制造的涂料，色彩鲜艳，遮盖力高，着色力强，用量省，品种多，对介质的稳定性可起到保护作用，并能增强漆膜的机械强度和附着力，防止产生裂纹，防止紫外线和水分透过，延长漆膜寿命。

1.3.2.2 在塑料行业的用途

塑料行业是钛白粉的第二大用户，在塑料中加入钛白粉，可以提高塑料制品的耐热性、耐光性、耐候性，使塑料制品的物理化学性能得到改善，增强制品的机械强度，延长使用寿命。

1.3.2.3 在造纸行业的用途

造纸行业是钛白粉第三大用户，作为纸张填料，主要用在高级纸张和薄型纸张中。在纸张中加入钛白粉，可使纸张具有较好的白度，光泽好，强度高，薄而光滑，印刷时不穿透，质量轻。造纸用钛白粉一般使用未经表面处理的锐钛型钛白粉，可以起到荧光增白剂的作用，增加纸张的白度。但层压纸要求使用经过表面处理的金红石型钛白粉，以满足耐光、耐热的要求。

1.3.2.4　在其他行业的用途

二氧化钛是重要的化工原料，也是当今最好的白色颜料，关于它作为颜料的用途将在项目 4 中论述，下面简介它的其他主要用途。

（1）搪瓷。TiO_2 由于折射率高，是搪瓷釉最好的白色乳浊剂。钛搪瓷的釉层可为锑搪瓷层厚度的二分之一，而且色相、光泽和耐酸性均比锑搪瓷好。

（2）电焊条。TiO_2 是电焊条外涂层的主要成分之一，是焊药的造渣剂，黏结剂和稳定剂。用 TiO_2 制造的电焊条可交直流两用，焊接时脱渣容易，点弧快，电弧稳定，焊缝美观，焊材力学性能好。使用 TiO_2 的电焊条产品有钛型、钛钙型和铣铁矿三种，在这三类型的焊药配方中 TiO_2 用量为 10% ~ 14%。作为电焊条用的 TiO_2，根据产品类型不同，可以钛白粉、天然金红石和人造金红石、还原铣铁矿等形式加入。

（3）电子陶瓷。TiO_2 具有高介电常数和高电阻率，是制造电子陶瓷的重要原料，已广泛用作电容器陶瓷、压电陶瓷、热敏陶瓷和透明电光陶瓷等材料。目前，新型电子陶瓷材料在现代科学技术中有着重要用途，TiO_2 在这领域中的应用范围会不断扩大。

（4）冶金。冶金级 TiO_2 可用作炼制合金钢、碳化钛、氮化钛、硼化钛以及 Ti-Fe、Ti-Al 中间合金的原料。

（5）玻璃。TiO_2 可用于制造耐热玻璃、乳白玻璃和微晶玻璃等。

除此之外，TiO_2 具有催化活性和光化学活性、吸收紫外线的能力，可用作生产催化剂、吸附剂、杀菌剂、除臭剂和防晒剂等材料，特别适用于制造除臭、净化空气等环境保护方面的制剂。在这些方面应用的 TiO_2，大多都是超细或超微细级 TiO_2。

钛白粉还是高级油墨中不可缺少的白色颜料。含有钛白粉的油墨耐久不变色，表面润湿性好，易于分散。油墨行业所用的钛白粉有金红石型，也有锐钛型。

纺织和化学纤维行业是钛白粉的另一个重要应用领域。化纤用钛白粉主要作为消光剂。由于锐钛型比金红型软，一般使用锐钛型。化纤用钛白粉一般不需表面处理，但某些特殊品种为了降低二氧化钛的光化学作用，避免纤维在二氧化钛光催化的作用下降解，需进行表面处理。

查一查　　钛白粉在个各行业的应用实例，并做成课件。

教学活动建议

建议此部分作为课外作业，以小组的形式进行，促进学生对钛及其合金用途的了解，激发学生学习兴趣。

1.4　钛产品生产方法简介

1.4.1　海绵钛生产方法

海绵钛是一种中间产品，但因海绵钛还含有 C、N、O 等许多杂质，硬度大，不易加工成材，因此一般不能直接利用，还需进一步熔炼提纯生产致密金属钛。制取金属钛的方法归纳起来大致有以下几类：氧化钛的还原法、卤化钛的还原法、钛化合物的电解法、卤化钛的热分解法及其他方法。

目前，海绵钛的工业生产方法是以 $TiCl_4$ 为原料的金属热还原法。也就是必须将 TiO_2 转化为 $TiCl_4$。作为 $TiCl_4$ 的还原剂，应满足下列要求：（1）还原剂具有足够的还原能力，能将 $TiCl_4$ 完全还原为金属钛，并且有较快的反应速度；（2）还原剂不与钛生成稳定的化合物或合金，生成的金属钛容易从还原剂及其氯化物中分离出来；（3）还原剂容易从它的氯化物再生，其生产成本低廉并且资源丰富；（4）还原剂的密度应比其氯化物密度小，在还原过程中生成的还原剂氯化物能够沉底而不干扰还原反应的继续进行。

工业方法的选择依据是：能保证产品质量，获得优质纯钛；成本低廉，产品有竞争力；"三废"少等。目前，人们认为比较符合这些条件的海绵钛工业生产方法，是以金属镁或金属钠为还原剂还原 $TiCl_4$ 的方法，即镁还原法和钠还原法。

1.4.1.1 镁还原法

镁还原法简称镁法，首先由克劳尔（Kroll）于 20 世纪 40 年代研究成功，因此又称为克劳尔法。

A 镁还原—真空蒸馏法（MD 法）

如图 1-7 所示的流程是国内外普遍采用的典型的镁还原—真空蒸馏法工艺。它是将铁矿物经过富集–氯化–精制制取 $TiCl_4$，接着在氩气或氦惰性气氛中用镁还原 $TiCl_4$ 为海绵钛，然后进行真空蒸馏分离除去镁和 $MgCl_2$，最后经过产品处理即为成品海绵钛。其典型工艺将在后面章节详细介绍。

B 镁还原—酸浸法

镁还原—酸浸法又称 ML 法。美国钛金属公司针对真空设备价高、生产周期长、电耗大等缺点，自 1965 年开始采用连续酸浸法代替真空蒸馏，用盐酸和硝酸的混合液从还原产物中溶解出剩余镁和残留 $MgCl_2$，经水洗干燥后得到海绵钛产品。将还原完毕的反应器冷却后，在干燥室中取出还原产物。还原产物经破碎后从浸出器的始端进入，经过主要浸出区和次要浸出区与逆流而来的浸出液接触，此时还原产物中的剩余镁和 $MgCl_2$ 便溶解在浸出液中，海绵钛经过洗涤区被洗涤水洗去浸出液，最后从末端卸出，经干燥后成为产品。整个浸出操作过程是连续自动控制的。

酸浸法克服了真空蒸馏法的一些缺点，大大提高了生产能力，据报道可降低生产成本18% 左右。但酸浸法产品的质量不如真空蒸馏法的好，其中氧和氯含量较高。这主要是在浸出过程中 $MgCl_2$ 发生水解，这些水解产物在其后的熔炼过程中发生分解，给熔铸操作造成一定困难。此外，酸浸法不便于直接回收利用还原产物中的镁和残留的 $MgCl_2$。

C 镁还原—氦气循环蒸馏法

镁还原—氦气循环蒸馏法又称 MH 法。美国俄勒冈冶金公司采用了卧式还原反应器和氦气循环蒸馏法分离还原产物。在罐内水平放置一块栅板，用以支撑还原产物。还原器组装后在煤气炉中加热，在氦气保护下加入液体镁（按理论过量25%），然后加热至800℃开始加入 $TiCl_4$，控制 $TiCl_4$ 加入速度以保持反应器温度在850~900℃范围内。还原过程中定期排出副产物 $MgCl_2$，以保持罐内的料层高度。还原反应完毕后，将 $MgCl_2$ 排出。当炉

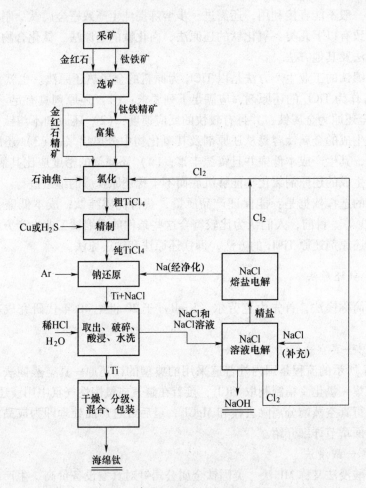

图 1-7　镁还原—真空蒸馏法生产海绵钛工艺流程示意图

产量为 6.3t 时，在还原产物内约残留 1.4t $MgCl_2$。为了从还原产物中分离出剩余镁和残留 $MgCl_2$，随后进行氩气循环蒸馏。氩气的循环由循环鼓风机驱动，鼓风机出口压力控制为 0.03MPa。循环的氩气经还原反应器上部的蛇形加热管预热后进入保持温度为 1000℃ 的还原产物中，从中带出蒸发的镁和 $MgCl_2$ 在冷凝器中冷凝收集。循环氩气从冷凝器出来后经过热过滤器、冷过滤器，净化后温度降至 65℃，最后返回鼓风机进入下一循环。为使海绵钛中 Cl^- 含量小于 0.1%，炉产 6.3t 的氩气循环蒸馏时间为 60h 左右。

卧式还原反应器的炉产能力比通常的竖式反应器提高 4~5 倍，由于卧式反应器反应面积大散热快，还原时间缩短，同时氩气循环蒸馏比真空蒸馏法分离出镁和 $MgCl_2$ 的速度快，因此单位时间的生产能力大为提高。但产品中 Cl^- 含量比真空蒸馏产品略高，并且增加了惰性气体的用量。

1.4.1.2　钠还原法

钠还原法简称钠法，又称为亨特（Hunter）法和 SL 法，是最早研究用来制取金属钛的方法，其生产流程如图 1-8 所示。

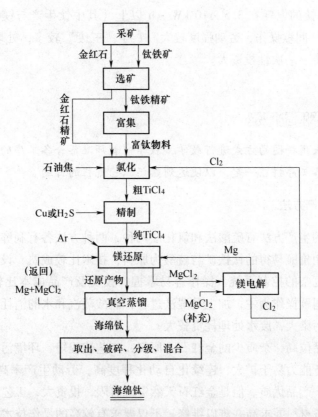

图 1-8 钠还原真空蒸馏生产海绵钛工艺流程示意图

该法的 $TiCl_4$ 生产过程与镁还原法完全相同。然后，在惰性气氛保护下，用钠还原 $TiCl_4$ 生产海绵钛，它的主要反应为：

$$TiCl_4 + 2Na = TiCl_2 + 2NaCl \qquad (1-1)$$

$$TiCl_2 + 2Na = Ti + 2NaCl \qquad (1-2)$$

$$TiCl_4 + 4Na = Ti + 4NaCl \qquad (1-3)$$

将制得的还原产物，用水洗除盐，最后进行产品后处理即得成品海绵钛。

按照还原过程进行的方式，钠还原法工艺可分为一段法和二段法。反应过程如果按式 (1-3) 一次完成还原反应制取海绵钛的工艺称一段法。反应过程如果第一步按式 (1-1) 制取 $TiCl_2$，然后第二步按式 (1-2) 继续将 $TiCl_2$ 还原为海绵钛的工艺称为二段法。目前，这两种方法在工业生产中均得到应用。

海绵钛工业生产已有几十年的历史，直至 20 世纪 80 年代中期，镁还原—真空蒸馏法、镁还原—酸浸法、钠还原法和镁还原—氩气循环蒸馏法都用于工业生产。但到了 20 世纪 80 年代后期，钠还原法和镁还原—酸洗法都已被淘汰。除美国俄勒冈冶金公司还采用镁还原—氩气循环蒸馏法外，其余工厂全部采用镁还原—真空蒸馏法，在海绵钛工业生产中，镁还原—真空蒸馏法现已占据主导地位。

目前海绵钛的世界产量仍很小，根本原因在于成本太高。而成本高的根本原因又在于：(1) 工序多，流程长，生产周期长，从炼钛渣算起到产出海绵钛需时在 15~20 天以上，单是还原—蒸馏 1~3t 炉，需 5~6 天；5t 炉需 8~10 天。(2) 能耗大。镁—钛联合企业生产 1t 海绵钛的电耗在 $3.5 \times 10^4 kW \cdot h$ 以上（其中钛生产与镁电解约各占 1/2）。
（3）过程不连续，间歇操作，劳动强度较大。（4）"三废"较多，处理费用高。（5）原材料和设备费用贵，一次性投资大。

 教学活动建议

建议此流程采用拼图的方式进行教学，教学前教师准备含各工序的卡片，让学生分组以拼图的方式将各工序拼在一起，以便达到熟记工艺流程的目的。

1.4.2　钛白粉生产方法

目前钛白粉的生产方法有硫酸法和氯化法两种，两种方法各有利弊。

硫酸法能采用价廉易得的钛铁矿与硫酸为原料，技术比较成熟，设备简单，防腐材料容易解决，无须复杂的控制系统，操作容易掌握，投资及产品成本比较低。但此法工序多、流程长，以间歇操作为主，加上是湿法过程，硫酸蒸汽和水的消耗量大，副产物相对较多，对环境的污染大，废水处理耗资较大。

氯化法采用品位高、杂质少的金红石为原料，工艺流程短，环境污染程度只有硫酸法的十分之一，生产能力易于扩大，连续化自动化程度高，劳动生产率高，需要的能量少，氯气可循环使用，产品优质。但是金红石天然资源有限，投资大，工艺难度大，需要严格的控制系统，设备材料要求高并难以维修，不仅要求有较高的操作技术和管理水平，而且研究开发难度和耗资均很大。

2012 年颁发的《钒钛产业资源综合利用及产业发展"十二五"规划》（以下简称《规划》）指出：随着建设资源节约型、环境友好型社会战略的推进，迫切要求钒钛产业加快转变方式，实现产业升级。《规划》促进了钛白粉生产由硫酸法转向氯化法的转型升级，而氯化法原料路线改变又回到硫酸法的原料路线的基点上来，加上技术难度大、投资大，对其原有的优点就需要重新评价，两法优劣差距日渐缩小，硫酸法向氯化法转变的步子比人们预测慢得多。从整个世界范围内看，出现了两法对峙，彼此消长的形势，目前没有充分理由简单地采用一种方法否定另一种方法。

硫酸法生产钛白粉的主要工艺步骤：（1）TiO_2 原料用硫酸酸解；（2）沉降，将可溶性硫酸氧钛从固体杂质中分离出来；（3）水解硫酸氧钛形成不溶水解产物或称偏钛酸；（4）煅烧除去水分，生成干燥的纯 TiO_2。

若采用的最初原料配料的铁含量高或钛含量较低时，则要在净化和水解之间增加去除和回收 $FeSO_4 \cdot 7H_2O$ 和浓缩钛液工艺步骤。

氯化法生产钛白粉的主要步骤包括四氯化钛制备、四氯化钛的氧化和二氧化钛的表面处理三大部分。

硫酸法生产钛白粉工艺流程框图如图 1-9 所示，氯化法钛白粉生产工艺流程如图 1-10 所示。

具体工艺后续章节详细讲解。

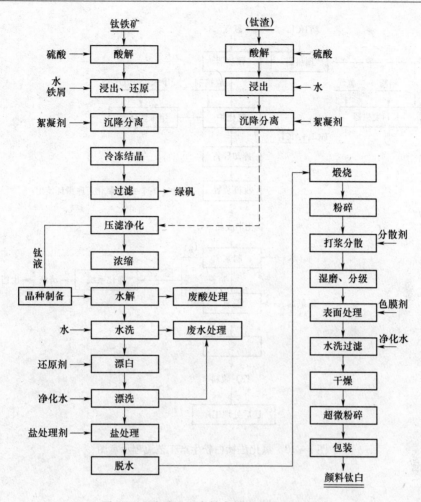

图 1-9 硫酸法生产钛白粉工艺流程示意图

教学活动建议1

建议运用比较教学法，让学生分组比较两种钛白粉生产方法各自的特点。

学生查阅相关资料比较各生产方法使用表格如表1-3所示。

表1-3 钛白粉生产方法比较

比较项目方法		硫 酸 法	氯 化 法
反应试剂			
流程			
副产品			
环保情况			
工业应用情况			
产品特性			
总结	优点		
	缺点		
	发展方向		

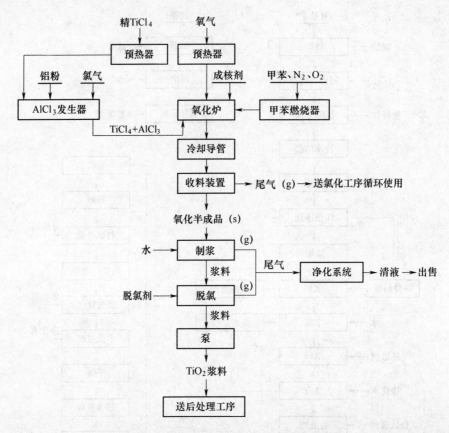

图 1 - 10 氯化法钛白粉生产工艺流程示意图

教学活动建议2

此部分为本项目学习难点，也是学生初识工艺流程框图的一个切入点，建议利用拼图法让学生掌握相关工艺流程框图，学会识图、学会拼图、学会绘图，逐步提高学习能力。

1.5 钛及其化合物

1.5.1 钛原子结构和在周期表中的位置

1.5.1.1 钛原子结构

钛的原子序数是22，原子核由 22 个质子和 20 ~ 32 个中子组成。原子核半径为 5×10^{-13} cm。

钛原子核外 22 个电子结构排列为 $1s^2 2s^2 2p^6 3s^2 3p^6 3d^2 4s^2$。原子失去电子的能力由电离势和电离能来衡量。钛原子的 $4s$ 电子和 $3d$ 电子的电离势较小，都小于 50eV，因此容易失去这四个电子。$3p$ 电子的电离势都在 100eV 以上，是很难失去的。所以，钛原子的价电子是 $4s^2 3d^2$，钛的最高氧化态通常是正四价。

1.5.1.2 钛在周期表中的位置

钛是元素周期表中第四周期的副族元素，即ⅣB族（又称为钛副族）元素。这族元素除钛（^{22}Ti）外，还有锆（^{40}Zr），铪（^{72}Hf）和人工合成元素^{104}Ku。钛、锆、铪原子的外层电子结构分别为：Ti［Ar］$3d^24s^2$，Zr［Kr］$4d^25s^2$，Hf［Xe］$5d^26s^2$。由此可见，钛族元素的原子具有相似的外电子构型，即价电子都是d^2s^2，因而钛、锆和铪的原子半径相近，它们的许多性质也相似，彼此可以形成无限固溶体。不过钛、锆、铪及它们的化合物在性质上也有差异。例如，TiO_2是两性氧化物，而ZrO_2、HfO_2为碱性氧化物；$TiCl_4$是弱酸性化合物，而$ZrCl_4$、$HfCl_4$则为两性化合物。

ⅣA族，即碳族元素的原子也和ⅣB族具有相似的外电子构型，不过其价电子不是d^2s^2，而是s^2p^2。钛族与碳族是同周期元素，它们具有共性，即通常都表现最高氧化态为正四价。碳族元素的金属性质随着原子序数的增加而递增，原子序数最小的碳（C）是非金属元素，原子序数最大的铅（Pb）是金属元素。但是，钛族元素都具有金属性质，这是与碳族元素的基本区别。

钛与其相邻的ⅢB族（d^1s^2）、ⅤB族（d^3s^2）元素的原子最外层电子数相同，不同的是次外层电子数。因为对元素的化学性质发生主要影响的是最外层电子，次外层电子的影响就小得多。所以，钛与ⅢB族元素（钪、钇）和ⅤB族元素（钒、铌、钽）在性质上也很相近，钛可与这些元素形成无限固溶体。在自然界存在的钛矿物中，经常伴生有这些元素。

1.5.2 钛的性质

1.5.2.1 钛的物理性质及热力学性质

（1）晶体结构。金属钛在低温（<882.5℃）时，其稳定态为α型，密排六方晶系；高温稳定态为β型，体心立方晶系。

（2）相变性质。α-Ti、β-Ti的转化温度为882.5℃。由α－Ti转化为β－Ti时体积增加5.5%。

（3）熔点、沸点、临界温度。熔点：高纯钛（碘化钛法）为（1670±10）℃；工业纯钛为（1660±10）℃，沸点：3262℃，钛的临界温度约为4350℃，临界压力为113MPa。

（4）密度。20℃时α-Ti的密度为4.506～4.516g/cm^3。900℃时β－Ti的密度为4.32g/cm^3，1000℃时为4.30g/cm^3。

（5）导热性。钛的导热性较差，导热系数比不锈钢略低。其导热性与纯度有关，杂质的存在使钛的导热系数降低。

（6）热容。298.15K下为0.011J/(g·K)。

（7）焓。298.15K下为100.2J/g。

（8）熵。298.15K下为0.64J/(g·K)。

1.5.2.2 钛的化学性质

钛的电子填充情况为：$1s^22s^22p^63s^23p^63d^24s^2$。钛与其他元素化合的时候，最容易失去

4 个电子成为稳定的四价化合物，但因为钛是 3d 电子亚层未充满的过渡元素，显示出变价的特征。因此，钛也存在三价和二价的化合物，但它们的稳定性相对较差，一价钛化合物就更不稳定了。

在较高温度下，钛可与许多元素和化合物发生反应。一般分为五种情况：

（1）钛与同族元素锆、铪在所有浓度和温度范围内都生成无限固溶体。

（2）邻族元素钪、钒、铌、钽、铬、钼、钨、铀与 β－Ti 形成无限固溶体，但与 α－Ti 形成有限固溶体。

（3）钛与锰、铁、钴、镍、铝、锡、镓、硼、硅、铜、铋、铍、钍、氢、氮、碳等形成有限固溶体和化合物。

（4）钛与卤素和硫、硒、碲等氧族元素形成离子化合物。在工业生产中，$TiCl_4$ 是镁（及钠）热还原制钛的原料，TiI_4 是热离解法制高纯钛的原料。

（5）钛与惰性气体、碱金属、碱土金属、稀土元素（钪除外）和镁等不发生相互作用（正因为钛不与惰性气体反应，在金属热还原法制钛时，氩被用作保护气氛；而钠、镁用作还原剂，将钛从 $TiCl_4$ 中还原出来，获得金属钛）。

钛的抗腐蚀能力一般优于不锈钢，它比常用的不锈钢强 15 倍，使用寿命比不锈钢强 15 倍以上。在 －196 ~ +500℃ 温度范围内，钛在空气中具有很高的抗腐蚀能力。当加热到 400 ~ 500℃ 时，钛表面形成一层化学稳定性很高的氧化物—氮化物保护膜，膜结构与钛相似，能紧密地与基体钛结合在一起，起到防止钛进一步被氧化的作用。钛能耐氧化性介质和氯化物盐溶液的侵蚀，对许多酸、碱溶液、海水和工业腐蚀气氛具有优良的耐腐蚀性能。钛在沸点以下的任何浓度的硝酸中均不被腐蚀。一般说来，在还原性介质，如盐酸、甲酸、草酸等介质中，由于钛的氧化膜不稳定，易遭破坏，因而在这种情况下纯钛并不耐腐蚀，而一些耐腐蚀钛合金，如钛镍、钛钼、钛钌、钛钯、钛钽等合金则有优良的耐腐蚀性能。

致密金属钛在通常条件下是稳定的。但在高温下钛的化学活性很高，可与卤族元素、氧、硫、碳、氮、氢、水蒸气、一氧化碳、二氧化碳和氨等发生强烈反应。在较低温度（100 ~ 200℃）下，钛可与 F_2、Cl_2、Br_2、I_2 相互作用生成易挥发的化合物。钛容易被氢氟酸溶解。室温下钛在稀硫酸（约 5% H_2SO_4）、稀盐酸（5% ~ 10% HCl）中相当稳定，随着酸的浓度和温度的增加，钛的腐蚀速度增加。当在盐酸或硫酸中加入少量氧化剂（如 HNO_3、$KMnO_4$、K_2CrO_7、$FeCl_3$、Cl_2、铜盐等）时，可显著降低钛的腐蚀率。

工业纯钛可承受锻造、轧制、挤压等压力加工。在力学性能和化学性能方面工业纯钛与不锈钢相似。可加工成板、带、箔、管、棒等各种形式的型材。微细钛粉具有爆炸性。海绵钛和钛粉有较大的活性表面，遇火可燃烧。

钛的一个重要特性是能强烈吸收 O_2、N_2、H_2 等气体。钛与 O_2、N_2 的作用是不可逆的，因此钛是一种良好的吸气剂，常被用于真空技术和炼钢工业。钛吸收 H_2 具有可逆性，在真空下加热到 800 ~ 900℃ 时所吸收的 H_2 可解吸出来。钛吸收气体后会变硬、变脆，塑性降低。但致密金属钛在 400℃ 以下只在表面有轻微的吸气现象，常温下在空气中是稳定的。

1.5.2.3　钛的力学性质

钛的力学性质不仅取决于化学成分，而且与所承受的机械加工及热处理方法有关。对于使用不同方法生产的钛，由于所含杂质量不同，在力学性能上有着明显的差异。

钛的比强度（强度/密度比）高于铁和铝。比纯铁大1倍，比纯铝高约5倍。钛作为结构金属，曾被称为"未来的钢铁"。可锻钛具有优良的力学性能（强度、屈服点、极限强度等）。其力学性能介于优质钢和高强度轻合金之间，优于一系列高熔点金属和耐热合金。

硬度是判断海绵钛质量的基本参数之一。优质工业纯钛的布氏硬度一般小于120。钛的硬度越高，质量越差。微量杂质会使钛的硬度显著增高，可塑性明显降低。当同时存在几种杂质时对钛硬度的影响基本上是加合性的。影响最大的元素有N、O、C、Fe等。

钛和钛合金在低温下仍能保持其力学性能。某些钛合金在－253℃下仍具有足够的韧性，此种性能被用来制造盛装液态气体（如液氮、液氦、液氢等）的容器。

在高温下许多钛合金仍能保持室温下的性能，一般钛合金的长期使用温度达400～500℃。

 教学活动建议

本部分内容较多且不易记忆，建议此部分内容采用课内学习与课外学习相结合的方式进行教学，结合金属钛的用途学习了解其性质。

1.5.3 钛的化合物

钛具有两性，其化合物种类很多，一般可划分为钛的简单化合物和钛的络合物两大类。

钛的简单化合物分为三类：

第一类称为酸化物，其原子间键的性质具有共价键特征，在这类化合物中钛一般为四价，如 $TiCl_4$、TiF_4。

第二类称为盐类，其原子间键的性质具有离子键特征，在这类化合物中一般钛为三价和二价，可在水溶液中或熔盐中离解出 Ti^{3+}、Ti^{2+} 离子，如 $TiCl_3$、$TiCl_2$。

第三类称为金属间化合物，其原子间键的性质具有金属键特征，它们是钛与其金属及氢生成的化合物。

钛的络合物可分为两类：

第一类：各种价态的钛阳离子与络阴离子结合而成的络合物。

第二类：钛本身是络离子形成体，它可与其他元素结合而生成络合物。

1.5.3.1 钛的氧化物

钛氧化物的碱性按 TiO_2、Ti_3O_5、Ti_2O_3、TiO 的顺序增强。TiO_2 是两性氧化物，但酸碱性都很弱，碱性相对要强些；TiO 是典型的碱性氧化物。氧化物的还原性是按 Ti_3O_5、Ti_2O_3、TiO 的顺序增强的，其中 TiO 是一种强还原剂。

在钛的氧化物中，主要是二氧化钛，其次还有许多低价钛氧化物，如 TiO、Ti_2O_3、Ti_3O_5。此外，还有钛的高价氧化物，如 TiO_3、Ti_2O_7 等。它们彼此间可形成固溶体。

A　二氧化钛（TiO_2）

（1）制取方法。在 Ti-O 系中，TiO_2 在 $TiO_{1.90} \sim TiO_{2.00}$ 组成范围内稳定。

粉末钛或熔化钛在过量氧气中燃烧生成 TiO_2。

在 800℃下，TiO 等低价氧化钛的氧化也生成 TiO_2：

$$2TiO + O_2 \Longrightarrow 2TiO_2 \qquad (1-4)$$

TiO_2 可由钛的各种化合物氧化反应制取，如 $TiCl_4$ 的氧化。同时，各种钛酸燃烧时也生成 TiO_2，如：

$$H_2TiO_3 \Longrightarrow TiO_2 + H_2O \qquad (1-5)$$

$$H_4TiO_4 \Longrightarrow TiO_2 + 2H_2O \qquad (1-6)$$

但 TiO_2 的工业生产方法只有硫酸法和氯化氧化法。

（2）晶体结构。TiO_2 在自然界中存在三种同素异形态，即金红石型、锐钛型和板钛型三种，它们的性质是有差异的。其中，金红石型 TiO_2 是三种变体中最稳定的一种，即使在高温下也不发生转化和分解。金红石型 TiO_2 的晶型属于四方晶系，晶格的中心有一个钛原子，其周围有 6 个氧原子，这些氧原子正位于八面体的棱角处，两个 TiO_2 分子组成一个晶胞。其晶格常数为 $a = 0.4584$nm，$c = 0.2953$nm。

锐钛型 TiO_2 的晶型也属于四方晶系，由四个 TiO_2 分子组成一个晶胞，其晶格常数 $a = 0.3776$nm，$c = 0.9486$nm。锐敏型 TiO_2 仅在低温下稳定，在温度达到 610℃时便开始缓慢转化为金红石型，730℃时这种转化已有较高速度，915℃可完全转化为金红石型。

板钛型 TiO_2 的晶型属于斜方晶系，六个 TiO_2 分子组成一个晶胞，其晶格常数 $a = 0.545$nm，$b = 0.918$nm，$c = 0.515$nm。板钛型 TiO_2 是不稳定的化合物，在加温高于 650℃时则转化为金红石型。

（3）物理性质。TiO_2 是一种白色粉末，它的主要物理性能，即密度：金红石型为 4.261g/cm³（0℃），4.216g/cm³（25℃）；锐钛型为 3.881g/cm³（0℃），3.849g/cm³（25℃）；板钛型为 4.135g/cm³（0℃），4.105g/cm³（25℃）。

（4）化学性质。TiO_2 是两性化合物，它的碱性略强于酸性。TiO_2 是一个十分稳定的化合物，它在许多无机和有机介质中都具有很好的稳定性。它不溶于水和许多其他溶剂。

1）还原反应。在高温下 TiO_2 可被许多还原剂还原，还原产物取决于还原剂的种类和还原条件，一般为低价钛氧化物，只有少数几种强还原剂才能将其还原为金属钛。

干燥的氢气流缓慢通过 750 ~ 1000℃下的 TiO_2，便会还原生成 Ti_2O_3。

$$2TiO_2 + H_2 \Longrightarrow Ti_2O_3 + H_2O \qquad (1-7)$$

在温度 2000℃和 13 ~ 15MPa 的氢气中可还原为 TiO。

$$TiO_2 + H_2 \Longrightarrow TiO + H_2O \qquad (1-8)$$

加热的 TiO_2 可被钠蒸气和锌蒸气还原为低价氧化钛。

$$4TiO_2 + 4Na \Longrightarrow Ti_2O_3 + TiO + Na_4TiO_4 \qquad (1-9)$$

$$TiO_2 + Zn \Longrightarrow TiO + ZnO \qquad (1-10)$$

铝、镁、钙在高温下可还原 TiO_2 为低价氧化物，在高真空中也能将其还原为金属钛，如：

$$3TiO_2 + 4Al \Longrightarrow 3Ti + 2Al_2O_3 \qquad (1-11)$$

由 TiO_2 还原得到的金属钛，一般氧含量较高。TiO_2 在高温下可被金属钛还原为低价钛氧化物。

$$3TiO_2 + Ti = 2Ti_2O_3 \qquad (1-12)$$
$$TiO_2 + Ti = 2TiO \qquad (1-13)$$

铜和钼在加热 1000℃ 以上也能还原 TiO_2。

TiO_2 在高温下可被碳还原为低价钛氧化物及碳化钛。

$$TiO_2 + C = TiO + CO \qquad (1-14)$$
$$TiO_2 + 3C = TiC + 2CO \qquad (1-15)$$

TiO_2 与 CaH_2 反应生成氢化钛。

$$TiO_2 + 2CaH_2 = TiH_2 + 2CaO + H_2 \qquad (1-16)$$

反应生成的 TiH_2，在高温真空中脱氢后可制得金属钛。

2）与卤素及卤化物的反应。TiO_2 容易与 F_2 反应生成 TiF_4，并放出氧。

$$TiO_2 + 2F_2 = TiF_4 + O_2 \qquad (1-17)$$

TiO_2 较难与 Cl_2 进行反应，即使在 1000℃ 下反应也不完全。

$$TiO_2 + 2Cl_2 = TiCl_4 + O_2 \qquad (1-18)$$

TiO_2 与氟化氢反应生成可溶于水的氧氟钛酸。TiO_2 也可与气体氯化氢或液体氯化氢反应生成二氯二氧钛酸。

$$TiO_2 + 2HCl = H_2(TiO_2Cl_2) \qquad (1-19)$$

在高于 800℃ 时 TiO_2 与氯化氢加碳反应生成 $TiCl_4$。

$$TiO_2 + 2C + 4HCl = TiCl_4 + 2CO + 2H_2 \qquad (1-20)$$

在高温下，TiO_2 可与其他氯化物反应，生成 $TiCl_4$，如：

$$TiO_2 + 2SOCl_2 = TiCl_4 + 2SO_2 \qquad (1-21)$$

在高温下，TiO_2 可与许多金属卤化物反应生成钛酸盐，如：

$$2TiO_2 + 4KF = K_2TiO_3 + K_2(TiF_4O) \qquad (1-22)$$

TiO_2 在通常条件下不与氮发生反应，在加热时可与氮及氢的混合物反应生成氮化钛。

$$TiO_2 + N_2 + 2H_2 = TiN_2 + 2H_2O \qquad (1-23)$$

在高温下，TiO_2 可与氨反应生成氮化钛。

$$6TiO_2 + 8NH_3 = 6TiN + 12 H_2O + N_2 \qquad (1-24)$$

3）与无机酸和碱的反应。TiO_2 不溶于水，但可与过氧化氢反应生成过氧偏钛酸。除氢氟酸外，TiO_2 不溶于其他稀无机酸中，各种浓度的氢氟酸均可溶解 TiO_2 生成氧氟钛酸。TiO_2 可溶于热的浓硫酸、硝酸和苛性碱中，也能很好地溶于碳酸氢钾的饱和溶液中。但金红石型 TiO_2 很难溶于浓硫酸中。

4）与有机化合物的反应。TiO_2 既不溶于大多数有机化合物中，在低温下也不与它们发生反应，仅在高温下才能同有机物反应，如：

$$4TiO_2 + CH_4 = 4TiO + CO_2 + 2H_2O \qquad (1-25)$$
$$TiO_2 + CCl_4 = TiCl_4 + CO_2 \qquad (1-26)$$
$$TiO_2 + C_6H_4(CCl_3)_2 = TiCl_4 + C_6H_4(COCl)_2 \qquad (1-27)$$

在高温下，TiO_2 可被乙醇和丙醇还原为 TiO，甚至可还原为金属钛。

$$TiO_2 + C_2H_5OH = TiO + C_2H_4O + H_2O \qquad (1-28)$$

$$TiO_2 + 2C_2H_5OH =\!=\!= Ti + 2C_2H_4O + 2H_2O \qquad (1-29)$$

B 一氧化钛（TiO）

（1）制取方法。TiO 在 Ti-O 系中形成固溶体，它在 $TiO_{0.8} \sim TiO_{1.22}$ 组成范围内稳定。TiO 可由各种还原剂还原 TiO_2 制取，如用镁还原时反应如下：

$$2TiO_2 + Mg =\!=\!= TiO + MgTiO_3 \qquad (1-30)$$

也可用氢气、金属钛和碳等还原剂还原 TiO_2 制取 TiO。

在 $CaCl_2$ 或氟化物熔盐中电解 TiO_2 时，也可在阴极上析出 TiO。

（2）物理性质。TiO 是一种具有金属光泽的金黄色物质，熔点为 1760℃，沸点为 2850℃，20℃时电导率为 0.249μS/m，电导随温度升高而减少，这是具有金属性质的一种特征。20℃时磁化率为 1.38×10^{-6}。

（3）化学性质。TiO 是一种碱性氧化物，又是一种强还原剂，容易被氧化，与卤素作用生成卤化钛或卤氧化钛，如：

$$2TiO + 4F_2 =\!=\!= 2TiF_4 + O_2 \qquad (1-31)$$

$$TiO + Cl_2 =\!=\!= TiOCl_2 \qquad (1-32)$$

在空气中加热至 400℃时，TiO 开始逐渐被氧化，达到 800℃时则氧化为 TiO_2。

TiO 是一种碱性氧化物，能溶于稀盐酸和稀硫酸中，并放出氢气。

$$2TiO + 6HCl =\!=\!= 2TiCl_3 + 2H_2O + H_2 \qquad (1-33)$$

$$2TiO + 3H_2SO_4 =\!=\!= Ti_2(SO_4)_3 + 2H_2O + H_2 \qquad (1-34)$$

上述反应说明 TiO 具有金属性质，可在酸性溶液中离解出金属阳离子，上面二式可简化为离子式：

$$2TiO + 6H^+ =\!=\!= 2Ti^{3+} + 2H_2O + H_2 \qquad (1-35)$$

在沸腾的硝酸中 TiO 被氧化：

$$TiO + 2HNO_3 =\!=\!= TiO_2 + 2NO_2 + H_2O \qquad (1-36)$$

TiO 可以作为乙烯聚合反应的催化剂。

C 三氧化二钛（Ti_2O_3）

（1）制取方法。Ti_2O_3 在 Ti-O 体系中形成固溶体，Ti_2O_3 可由各种还原剂还原 TiO_2 而制取，如采用镁还原时反应为：

$$2TiO_2 + Mg =\!=\!= Ti_2O_3 + MgO \qquad (1-37)$$

（2）物理性质。Ti_2O_3 是一种紫黑色粉末，存在两种变体，转化温度为 200℃，转化热为 6.35J/g。低温稳定态 α-Ti_2O_3 属于斜方六面体，晶格常数 $a = 0.524nm$，$c = 1.361nm$，$\alpha = 56°36'$。高温稳定态 β-Ti_2O_3，10℃时密度为 $4.60g/cm^3$，25℃为 $4.53g/cm^3$。熔点为 1880℃，熔化热为 0.78kJ/g。液体 Ti_2O_3 在 3200℃时分解。Ti_2O_3 具有 P 型半导体性质。

（3）化学性质。Ti_2O_3 是一种弱碱性氧化物。Ti_2O_3 当蒸发为气态时则发生歧化反应。

$$Ti_2O_3 =\!=\!= TiO + TiO_2 \qquad (1-38)$$

Ti_2O_3 在空气中仅在很高的温度下才氧化为 TiO_2。

$$2Ti_2O_3 + O_2 =\!=\!= 4TiO_2 \qquad (1-39)$$

Ti_2O_3 不溶于水，也不与稀盐酸、硫酸和硝酸反应，溶于浓硫酸时生成紫色溶液。

$$Ti_2O_3 + 3H_2SO_4 === Ti_2(SO_4)_3 + 3H_2O \tag{1-40}$$

Ti_2O_3 能与氢氟酸、王水反应，并放出热量。它还能溶于熔化的硫酸氢钾并发生氧化还原反应。

$$Ti_2O_3 + 4KHSO_4 === K_2[TiO_2(SO_4)] + K_2[TiO(SO_4)_2] + SO_2 + 2H_2O \tag{1-41}$$

Ti_2O_3 与 CaO、MgO 等金属氧化物熔融时，反应生成复盐。

D 五氧化三钛（Ti_3O_5）

Ti_3O_5 在 Ti – O 体系中形成固溶体，它在 $TiO_{1.67} \sim TiO_{1.79}$ 组成范围内稳定。Ti_3O_5 存在两种变体，转化温度为 177℃。$\alpha - Ti_3O_5$ 密度为 $4.57g/cm^3$，$\beta - Ti_3O_5$ 密度为 $4.29g/cm^3$。在高钛渣中存在的 Ti_3O_5 是一种蓝黑色粉末。

 教学活动建议

本部分内容较多且不易记忆，建议此部分内容采用课内学习与课外学习相结合的方式进行教学，对后续生产过程中需要的主要化合物进行详细讲解。

 查一查 钛其他氧化物的性质及用途。

1.5.3.2 氮化钛、碳化钛

A 氮化钛

钛的氮化物很多，如 TiN、TiN_2、Ti_2N、Ti_3N、Ti_4N、Ti_3N_4、Ti_3N_5、Ti_5N_6 等，但其中比较重要的要算 TiN。它们相互能形成一系列连续固溶体。

（1）制取方法。TiN 在 Ti-N 体系中形成固溶体，它在 $TiN_{0.37} \sim TiN_{1.2}$ 组成范围内稳定。在 800 ~ 1400℃ 下钛可直接与 N_2 反应生成 TiN，如粉末钛或熔化钛在过量的氮气中燃烧便生成 TiN。

$$2Ti + N_2 === 2TiN \tag{1-42}$$

TiO_2 和碳的混合物在氮气流中加热至高温也生成 TiN。

$$2TiO_2 + 4C + N_2 === 2TiN + 4CO \tag{1-43}$$

氮和氢的混合物可在高温金属表面上（如 1450℃ 钨丝上）与 $TiCl_4$ 反应，在该金属表面上沉积 TiN 层。

$$2TiCl_4 + N_2 + 4H_2 === 2TiN + 8HCl \tag{1-44}$$

在铁表面上沉积 TiN 层可不需用氢。

$$2TiCl_4 + N_2 + 4Fe === 2TiN + 4FeCl_2 \tag{1-45}$$

（2）物理性质。TiN 的外形像金属。它的颜色随其组成而变化，可为亮黄色至黄铜色。它的晶体构造为立方晶系，晶格常数为 $a = 0.4235nm$。25℃ 时密度为 $5.21g/cm^3$。它的硬度很高，莫氏硬度为 9，显微硬度为 2.12GPa。熔点为 2930℃。TiN 具有很好的导电性能，20℃ 时电导率为 $8.7\mu S/m$。随温度升高，它的导电性降低，表现为金属性质。在 1.2K 时，TiN 具有超导性。在电解质表面上镀上一 TiN 薄层，便成为半导体。

（3）化学性质。在常温下 TiN 是相当稳定的。在真空中加热时它可失去部分氮，生成含氮量比 TiN 少的升华物，此升华物可重新吸氮。TiN 不与氢反应，可在氧中或空气中燃烧生成 TiO_2。

$$2TiN + 2O_2 \Longrightarrow 2TiO_2 + N_2 \qquad (1-46)$$

在高于 1200℃时，上述反应已有足够的反应速度，但随着时间的延长出现的白色二氧化钛消失表面变黑，这是因为在 TiN-TiO 系中形成了含氧无限固溶体。

TiN 在加热时可与氯反应生成氯化物。

$$2TiN + 4Cl_2 \Longrightarrow 2TiCl_4 + N_2 \qquad (1-47)$$

TiN 不溶于水，在加热时与水蒸气反应生成氨和氢。

$$2TiN + 4H_2O \Longrightarrow 2TiO_2 + 2NH_3 + H_2 \qquad (1-48)$$

TiN 在稀酸中（除硝酸）是相当稳定的，但存在氧化剂时可溶于盐酸。TiN 与加热的浓硫酸反应为：

$$2TiN + 6H_2SO_4 \Longrightarrow 2TiOSO_4 + 4SO_2 + N_2 + 6H_2O \qquad (1-49)$$

在 1300℃下 TiN 与氯化氢反应生成 $TiCl_4$。TiN 与碱反应析出氨。

TiN 不与 CO 反应，可慢慢与 CO_2 反应生成 TiO_2。

$$2TiN + 4CO_2 \Longrightarrow 2TiO_2 + N_2 + 4CO \qquad (1-50)$$

（4）用途。TiN 硬度大，耐磨耐蚀性好，外观呈金黄色，颜色很美。在涂镀工业上常用它代替装饰用镀金和硬质合金表面强化镀层。也可直接应用作硬质合金材料和制造熔融金属的坩埚。

B　碳化钛

钛的碳化物也很多，其中最重要的是 TiC。

（1）制取方法。熔化的金属钛（1800～2400℃）直接与碳反应生成 TiC。一般在高温（1800℃以上）真空下用碳还原 TiO_2 制取 TiC。

在高于 1600℃下碳和氢（或 CO + H_2）的混合物与 $TiCl_4$ 反应也生成 TiC。

$$TiCl_4 + 2H_2 + C \Longrightarrow TiC + 4HCl \qquad (1-51)$$

$$TiCl_4 + CO + 3H_2 \Longrightarrow TiC + 4HCl + H_2O \qquad (1-52)$$

（2）物理性质。TiC 是一种具有金属光泽的钢灰色结晶，晶型构造为正方晶系，晶格常数 $a = 0.4329nm$，20℃时密度为 $4.91g/cm^3$。TiC 具有很高的熔点和硬度，熔点为（3150 ± 10）℃，沸点为 4300℃，升华热为 10.1 kJ/g，莫氏硬度为 9.5，显微硬度为 2.795GPa，它的硬度仅次于金刚石。TiC 具有良好的传热性能和导电性能，随着温度升高其导电性降低，这说明 TiC 具有金属性质。它在 1.1K 时具有超导性。TiC 是弱顺磁性物质。

（3）化学性质。在常温下 TiC 是稳定的，在真空加热高于 3000℃时会放出含钛量比 TiC 更多的蒸气。在氢气中加热高于 1500℃时它便会慢慢脱碳。高于 1200℃时 TiC 与 N_2 反应生成组成变化的 Ti（C、N）化合物。致密的 TiC 在 800℃时氧化很慢，但粉末状 TiC 在 600℃时可在氧中燃烧。

$$TiC + 2O_2 \Longrightarrow TiO_2 + CO_2 \qquad (1-53)$$

TiC 在 400℃时可与氯反应生成 $TiCl_4$。TiC 不溶于水，在高于 700℃时与水蒸气反应生成 TiO_2。

$$2TiC + 6H_2O = 2TiO_2 + 2CO + 6H_2 \qquad (1-54)$$

TiC 不溶于盐酸，也不溶于沸腾的碱，但能溶于硝酸和王水中。

TiC 在 1200℃下可与 CO_2 反应生成 TiO_2。

$$TiC + 3CO_2 = TiO_2 + 4CO \qquad (1-55)$$

TiC 在 1900℃下与 MgO 反应生成 TiO。

$$TiC + 2MgO = TiO + 2Mg + CO \qquad (1-56)$$

（4）用途。碳化钛是已知的最硬的碳化物，是生产硬质合金的重要原料。TiC 与其他碳化物比较，它的密度最小，硬度最大，还能与钨和碳等形成固溶体。

TiC 还具有热硬度高、摩擦系数小、热导率低等特点，因此含有 TiC 的刀具比 WC 及其他材料的刀具具有更高的切削速度和更长的使用寿命。如果在其他材料（如 WC）的刀具表面上沉积一层 TiC 薄层时，则可大大提高刀具的性能。TiC 薄层可在高温（1000℃以上）真空中由 $TiCl_4$ 与甲烷反应制得。

 教学活动建议

本部分内容较多且不易记忆，建议此部分内容采用课内学习与课外学习相结合的方式进行教学，对后续生产过程中需要的主要化合物进行详细讲解。

1.5.3.3 钛的氯化物

钛的氯化物常见的有四氯化钛($TiCl_4$)、三氯化钛($TiCl_3$)、二氯化钛($TiCl_2$)、氯氧化钛($TiOCl_2$, TiOCl 等)，以及混合卤化钛如 TiF_2Cl_2 等。其他卤化钛品种与氯化钛相似。

A 四氯化钛

（1）制取方法。$TiCl_4$ 的制取方法很多，一般是用氯或其他氯化剂（如 $COCl_2$、$SOCl_2$、CCl_4 等）氯化钛及其化合物（如氧化钛、氮化钛、碳化钛、硫化钛、钛酸盐及其他含钛化合物）而制得。

在工业生产中，均采用氯化金红石和高钛渣等富钛物料的方法来制取 $TiCl_4$。在加入还原剂时，TiO_2 便可十分容易进行下列反应：

$$TiO_2 + C + 2Cl_2 = TiCl_4 + CO_2 \qquad (1-57)$$
$$TiO_2 + 2C + 2Cl_2 = TiCl_4 + 2CO \qquad (1-58)$$
$$2FeTiO_3 + 3C + 7Cl_2 = 2TiCl_4 + 2FeCl_3 + 3CO_2 \qquad (1-59)$$

（2）物理性质。常温下四氯化钛是无色透明液体，在空气中冒白烟，具有强烈的刺激性气味。$TiCl_4$ 分子是正四面体结构，钛原子位于正四面体的中心，$TiCl_4$ 呈单分子存在，不导电，$TiCl_4$ 是共价键化合物。四氯化钛固体是白色晶体，属于单斜晶系。熔点为 -23.2℃，沸点为 135.9℃。

（3）化学性质。$TiCl_4$ 是共价键化合物。它的热稳定性很好，在 2500K 下仅有部分分解，只有在 5000K 高温下才能完全分解为钛和氯。但是，$TiCl_4$ 是很活泼的化合物，它可与许多元素和化合物发生反应。

1）与金属的反应。依据还原剂的种类和还原条件的不同，许多金属都能把 $TiCl_4$ 还原成 $TiCl_3$、$TiCl_2$ 和金属钛。

镁、钠和钙在高温下都能把 $TiCl_4$ 还原为金属钛。$TiCl_4$ 的此性质是目前工业上生产海绵钛的理论基础。克劳尔法采用镁还原生产海绵钛，亨特法采用钠还原生产海绵钛。

$$TiCl_4 + 2Mg = Ti + 2MgCl_2 \tag{1-60}$$

$$TiCl_4 + 4Na = Ti + 4NaCl \tag{1-61}$$

铝与 $TiCl_4$ 在 200℃ 时便可进行反应：

$$3TiCl_4 + Al = 3TiCl_3 + AlCl_3 \tag{1-62}$$

在约 1000℃ 下可还原为金属钛。

$$3TiCl_4 + 4Al = 3Ti + 4AlCl_3 \tag{1-63}$$

由于钛与铝生成金属间化合物，所以铝还原产物为 Ti - Al 合金。

$TiCl_4$ 在低于 300℃ 时几乎不与金属钛反应，在 400℃ 时可反应生成 $TiCl_3$，500～600℃ 时反应生成 $TiCl_3$、$TiCl_2$ 的混合物，700℃ 时主要反应产物为 $TiCl_2$。若金属钛过量时主要生成 $TiCl_2$，$TiCl_4$ 过量时主要生成 $TiCl_3$。

铜可把 $TiCl_4$ 还原为 $TiCl_3$；有氧存在时，铜与 $TiCl_4$ 反应生成 $Cu(TiCl_4)$。

$$TiCl_4 + Cu = Cu(TiCl_4) \tag{1-64}$$

在加热时银能部分把 $TiCl_4$ 还原为 $TiCl_3$。

$$TiCl_4 + Ag = TiCl_3 + AgCl \tag{1-65}$$

在大于 100℃ 时，汞也能与 $TiCl_4$ 反应生成 $TiCl_3$。

2）与气体和硫的反应。在 500～800℃ 下氢把 $TiCl_4$ 还原为 $TiCl_3$。

$$2TiCl_4 + H_2 = 2TiCl_3 + 2HCl \tag{1-66}$$

在高于 800℃ 时，过量氢可将 $TiCl_4$ 还原为 $TiCl_2$。

$$TiCl_4 + H_2 = TiCl_2 + 2HCl \tag{1-67}$$

在更高的温度下（2000℃ 以上）和大量过量氢则可还原为金属钛。

$$TiCl_4 + 2H_2 \rightleftharpoons Ti + 4HCl \tag{1-68}$$

$TiCl_4$ 与氧在 550℃ 开始反应生成 TiO_2。

$$TiCl_4 + O_2 = TiO_2 + 2Cl_2 \tag{1-69}$$

此时也有可能生成氯氧化钛。

$$4TiCl_4 + 3O_2 = 2Ti_2O_3Cl_2 + 6Cl_2 \tag{1-70}$$

$TiCl_4$ 与氧的反应在 800～1000℃ 下可反应完全，生成 TiO_2。

在通常条件下，$TiCl_4$ 不与氮发生反应。

在存在氯化铝时，$TiCl_4$ 与硫反应生成 $TiCl_3$。

$$2TiCl_4 + 2S \xrightarrow{AlCl_3} 2TiCl_3 + S_2Cl_2 \tag{1-71}$$

3）与卤素及卤化物的反应。氟与 $TiCl_4$ 发生取代反应：

$$TiCl_4 + F_2 \longrightarrow TiF_2Cl_2 \longrightarrow TiF_3Cl \longrightarrow TiF_4 + Cl_2 \tag{1-72}$$

$TiCl_4$ 与液氯可按任意比例混合，也可溶解气体氯。

0.1MPa 压力下，氯气在 $TiCl_4$ 中的溶解度如表 1-4 所示。

表 1-4　氯气在 $TiCl_4$ 中的溶解度

温度 t/℃	-20	0	20	40	60	80	100
溶解度（摩尔分数）/%	56.7	28.1	16.3	10.1	6.75	4.71	3.27

$TiCl_4$ 与溴可按任意比例混合,其混合物为亮红色。

$TiCl_4$ 能很好地溶解碘,混合物为紫色。$TiCl_4$ 不与碘生成化合物。

液体 $TiCl_4$ 与液体氯化氢可按任意比例混合,也能溶解气体氯化氢。固体 $TiCl_4$ 也可溶解在液体氯化氢中。

$TiCl_4$ 在 NaCl 熔盐中的溶解度不大,在 830℃约 0.5%(摩尔分数)。$TiCl_4$ 在 $MgCl_2$ 熔盐中的溶解度更小。

4)与水的反应。使 $TiCl_4$ 与水接触便发生激烈反应,冒白烟,生成淡黄色或白色沉淀,并放出大量热。水和液体 $TiCl_4$ 间的反应是复杂的,它与温度和其他条件有关。在水量充足时生成五水化合物 $TiCl_4 \cdot 5H_2O$,在水量不足时和低温时生成二水化合物 $TiCl_4 \cdot 2H_2O$,然后它们继续发生水解。

在低温下反应较慢,可分离出中间产物;在高温时上述水解反应很快。$TiCl_4$ 水解的最终产物,在水量充足时,是正钛酸的胶体溶液。长期放置或加热后,可得到更稳定的偏钛酸。沸腾的水与 $TiCl_4$ 迅速反应生成偏钛酸。

$$TiCl_4 + 3H_2O \rightleftharpoons H_2TiO_3 + 4HCl \tag{1-73}$$

在 300~400℃下气体 $TiCl_4$ 与水蒸气反应生成 TiO_2。

$$TiCl_4 + 2H_2O \rightleftharpoons TiO_2 + 4HCl \tag{1-74}$$

(4)用途。四氯化钛是钛及其化合物生产过程中的重要中间产品工业生产的重要原料,并有着广泛的用途。

$TiCl_4$ 在工业中的主要用途如下:1)生产金属钛的原料;2)生产钛白的原料;3)生产三氯化钛的原料;4)生产钛酸酯及其衍生物等钛有机化合物的原料;5)生产聚乙烯和三聚乙烯的催化剂,也是生产聚丙烯及其他烯烃聚合催化剂的原料;6)发烟剂。此外,还可应用于陶瓷玻璃、皮革和纺织印染等工业部门。

B 三氯化钛

(1)制取方法。无水的三氯化钛是用各种还原剂还原 $TiCl_4$ 而制得。如在 500~800℃下用氢还原制得 $TiCl_3$。但是,这个反应是可逆的,如果不断排出反应产物则还原反应便容易进行。

也可用其他金属还原剂,控制适宜的反应条件还原 $TiCl_4$ 而制取 $TiCl_3$,如:

$$TiCl_4 + Na \xrightarrow{270℃} TiCl_3 + NaCl \tag{1-75}$$

$$2TiCl_4 + Mg \xrightarrow{400℃} 2TiCl_3 + MgCl_2 \tag{1-76}$$

$$3TiCl_4 + Ti \xrightarrow{400~600℃} 4TiCl_3 \tag{1-77}$$

$$3TiCl_4 + Al \rightleftharpoons 3TiCl_3 + AlCl_3 \tag{1-78}$$

三氯化钛的水溶液,可在氢气氛或惰性气体保护下由金属钛溶于盐酸而制得。

(2)物理性质。$TiCl_3$ 存在四种变体,通常在高温下还原 $TiCl_4$ 所制取的是 α 型,它是紫色片状结构,属于六方晶系。烷基铝还原 $TiCl_4$ 得到 β 型 $TiCl_3$,它是褐色粉末,纤维状结构。铝还原 $TiCl_4$ 得到 γ 型 $TiCl_3$,它是红紫色粉末。将 γ 型 $TiCl_3$ 研磨则得到 δ 型 $TiCl_3$,它比其他晶型具有较高催化性能。$TiCl_3$ 的熔点为 730~920℃,密度(25℃时)的计算值 2.69g/cm³, 测量值为 2.66g/cm³。

（3）化学性质。三氯化钛中的钛是中间价态，这种化合物稳定性较差，容易分解。$TiCl_3$ 具有还原剂的特征，容易被氧化为高价钛化合物；但它也可以被还原，不过被氧化的倾向大于被还原的倾向。另外，$TiCl_3$ 既具有盐类的特征，也具有弱酸性的特征，它可形成三价钛酸盐。$TiCl_3$ 不溶于 $TiCl_4$。

1）歧化反应。$TiCl_3$ 在真空中加热至 500℃ 便发生歧化反应。

$$2TiCl_3 \Longrightarrow TiCl_2 + TiCl_4 \tag{1-79}$$

在氢气流中加热 $TiCl_3$ 时，歧化同时发生还原。

$$2TiCl_3 + H_2 \Longrightarrow 2TiCl_2 + 2HCl \tag{1-80}$$

2）氧化和还原反应。在氧气中加热 $TiCl_3$ 会发生氧化。

$$4TiCl_3 + O_2 \Longrightarrow 3TiCl_4 + TiO_2 \tag{1-81}$$

在卤素的作用下，$TiCl_3$ 也会被氧化，如：

$$2TiCl_3 + Cl_2 \Longrightarrow 2TiCl_4 \tag{1-82}$$

高温下 $TiCl_3$ 也可被 HCl 氧化。

$$2TiCl_3 + 2HCl \Longrightarrow 2TiCl_4 + H_2 \tag{1-83}$$

加热时碱金属或碱土金属能将 $TiCl_3$ 还原为金属钛，如：

$$TiCl_3 + 3Na \Longrightarrow Ti + 3NaCl \tag{1-84}$$

3）与水的反应。$TiCl_3$ 在湿空气中潮解，可溶于水，慢慢蒸发其水分可得到紫色的 $TiCl_3 \cdot 4H_2O$ 或 $TiCl_3 \cdot 6H_2O$ 结晶。可用碱从 $TiCl_3$ 的水溶液中析出三价钛的氢氧化物沉淀。

$$TiCl_3 + 3OH^- \Longrightarrow Ti(OH)_3 + 3Cl^- \tag{1-85}$$

如果在 $TiCl_3$ 的水溶液中存在氧化剂，则 $TiCl_3$ 容易被氧化。

$TiCl_3$ 在 600℃ 能与水蒸气反应生成氧氯化物。

$$TiCl_3 + H_2O \Longrightarrow TiOCl + 2HCl \tag{1-86}$$

（4）用途。在化学工业中，$TiCl_3$ 是许多有机化学反应的催化剂，它广泛用作为生产聚丙烯的主催化剂。

C　二氯化钛

（1）制取方法。$TiCl_2$ 通常是用还原剂，在控制适宜的反应条件下还原 $TiCl_4$ 制得。

$$TiCl_4 + 2Na \xrightarrow{270℃} TiCl_2 + 2NaCl \tag{1-87}$$

$$TiCl_4 + Ti \xrightarrow{700 \sim 1000℃} 2TiCl_2 \tag{1-88}$$

还可采用氢还原 $TiCl_4$，或在真空中（<133Pa）加热 $TiCl_3$ 至 450℃ 歧化而制取。

然而用上述这些反应方法生成的 $TiCl_2$，一般不容易将它分离出来，因为 $TiCl_2$ 在空气中容易氧化。例如，把金属钛溶于稀盐酸中，开始为无色的 $TiCl_2$ 溶液，过一段时间便产生颜色，即出现了 $TiCl_3$。用干法制取的 $TiCl_2$ 中，一般含有 $TiCl_3$ 和其他反应产物的混合物，需在惰性气氛或还原性气氛中保存。

（2）物理性质。$TiCl_2$ 是黑褐色粉末，属于六方晶系。$TiCl_2$ 熔点为 1030℃ ±10℃；沸点为 1515℃ ±20℃；密度（25℃）的计算值为 3.06g/cm^3，实测值为 3.13g/cm^3。

（3）化学性质。$TiCl_2$ 是具有离子键特征的化合物，是一种典型的盐类。它的稳定性较差，容易被氧化，是一种强还原剂，加热时分解。

1）歧化反应。在真空中加热至 800℃ 或氢气中加热至 1000℃，$TiCl_2$ 则发生歧化反应。

$$2TiCl_2 = Ti + TiCl_4 \tag{1-89}$$

2）氧化和还原反应。$TiCl_2$ 在空气中吸湿并氧化。溶于水或稀盐酸时迅速被氧化，并放出氢气。

$$2TiCl_2 + 2HCl(H_2O) = 2TiCl_3 + H_2 \uparrow \tag{1-90}$$

$TiCl_2$ 溶于浓盐酸时，开始溶液呈绿色，逐渐被氧化为紫色。在空气中或氧气中加热则氧化生成 TiO_2 和 $TiCl_4$。

$$2TiCl_2 + O_2 = TiCl_4 + TiO_2 \tag{1-91}$$

$TiCl_2$ 也可被 Cl_2 和 $TiCl_4$ 所氯化。

$$TiCl_2 + Cl_2 = TiCl_4 \tag{1-92}$$

$$TiCl_2 + TiCl_4 = 2TiCl_3 \tag{1-93}$$

在高温下，$TiCl_2$ 与 HCl 反应生成 $TiCl_3$ 或 $TiCl_4$。

$$2TiCl_2 + 2HCl = 2TiCl_3 + H_2 \tag{1-94}$$

$$TiCl_2 + 2HCl = TiCl_4 + H_2 \tag{1-95}$$

在加热时，$TiCl_2$ 可被碱金属或碱土金属还原为金属钛，如：

$$TiCl_2 + 2Na = Ti + 2NaCl \tag{1-96}$$

$TiCl_2$ 能溶于甲醇和乙醇中，并放出氯气，生成黄色溶液。

在钛的卤化物中还有许多混合卤化钛，如 $TiOCl_2$、$TiOCl$、TiF_4、$TiBr_4$、TiI_4、TiF_3Cl、TiF_2Cl_2、$TiFCl_3$、$TiCl_2Br_2$、$TiCl_3I$ 等；还有许多氧卤化钛，如 Ti_2OCl_6、$Ti_2O_3Cl_2$、$TiOBr_2$、$TiOI_2$ 等。

教学活动建议

本部分内容较多且不易记忆，建议此部分内容采用课内学习与课外学习相结合的方式进行教学，对后续生产过程中需要的主要化合物进行详细讲解。

查一查　钛的其他卤化物的性质及用途。

复习思考题

填空题

1-1　钛的原子序数是（　　　），位于元素周期表中的第（　　　）周期第（　　　）族。

1-2 钛在地壳中的储量丰富,按其丰度计位居第( )位。

1-3 金红石的主要成分是( )。

1-4 钛矿资源以( )和( )的形式存在,其中具有开采价值的钛矿矿床可分为( )和( )两大类。

1-5 钛的元素符号是( ),在1789年由英国牧师兼业余矿物爱好者W·格列戈尔在一种黑色磁铁矿中首先发现的。

1-6 由于钛具有一系列优良特性,曾被誉为( ),( )。

1-7 在目前的技术经济水平具有开采意义的钛资源主要是( )和( )。

1-8 致密的金属钛是( ),外观似不锈钢,钛粉呈( )。

1-9 钛能强烈吸收氧气、N_2、H_2等气体,因此,钛是一种良好的( )常用于( )和( )。

1-10 钛氧化物的还原性,由弱到强的顺序为( ),( ),( )。

1-11 二氧化钛有( )、( )和( )三种晶型。

1-12 常温下纯$TiCl_4$是无色透明、密度较大的液体,在空气中易挥发( )、有强烈的( )气味,因此在军事上用作烟雾弹。

1-13 氯化法生产钛白粉的理论基础是( )(写出反应方程式)。

1-14 钛是一种十分活泼的元素,特别是对( )的亲和能力非常大,因此在自然界中没有( )的元素钛存在。

选择题

1-15 钛铁矿的理论分子式是( )。
A TiO_2　　　B $FeTiO_3$　　　C $Fe_2O_3·3TiO_2$　　　D $TiO_2·nH_2O$

1-16 根据钛铁矿中各组分与Cl_2的反应能力的差异来生产人造金红石的方法是( )。
A 选择性氯化法　B 还原锈蚀法　C 硫酸浸出法　　D 电炉熔炼法

1-17 MD法属于( )。
A 碳还原法　　B 氢还原　　C 金属热还原　　D 直接还原

1-18 镁还原真空循环蒸馏法又称( )。
A MD　　　B ML　　　C MH　　　D SL

判断题

1-19 砂矿床是原生矿床,来源于熔浆为火成岩矿床。　( )

1-20 攀枝花地区是一个超大型钒钛磁铁矿储存区。　( )

1-21 云南钛精矿是一种质量较好和应用价值高的钛精矿。　( )

1-22 金红石的品位低、杂质多。　( )

1-23 钛和钛金属在低温下,仍能保持其力学性能。　( )

1-24 $TiCl_4$与O_2在高温下反应生成TiO_2。　( )

1-25 TiC溶于盐酸和碱液,但不溶于硝酸和王水。　( )

简答题

1-26 请比较硫酸法生产钛白粉和氯化法生产钛白粉的优缺点。

综合题

1-27 请绘出由原矿出发生产海绵钛的工艺流程框图,并写明在哪些工序发生了哪些化学反应。

1-28 请绘出硫酸法生产钛白粉的工艺流程框图,并写明在哪些工序发生了哪些化学反应。

1-29 请绘出氯化法生产钛白粉的工艺流程框图,并写明在哪些工序发生了哪些化学反应。

课外拓展学习链接　钛工业相关图书推荐及参考文献

亲爱的同学：

　　如果你在课外想了解更多的有关钛行业的知识，请参阅下列图书！书籍会让老师教给你的一个点变成一个圆，甚至一个面！

[1] 莫畏. 钛［M］. 北京：冶金工业出版社，2008.

[2] 中国有色金属工业协会专家委员会. 中国钛业［M］. 北京：冶金工业出版社，2014.

[3] 黄旭，朱知寿，等. 先进航空钛合金材料与应用［M］. 北京：国防工业出版社，2012.

[4] 日本钛工业协会编著，周连生译. 钛材料及其应用［M］. 北京：冶金工业出版社，2008.

项目 2　富钛料生产

【知识目标】

(1) 掌握富钛料生产原理；

(2) 掌握富钛料生产的原料种类及对其要求；

(3) 掌握各种富钛料生产工艺操作的要点；

(4) 熟悉人造金红石生产方法及其工艺操作要点。

【能力目标】

(1) 初步具备钛渣生产工艺技能，能正确操作设备完成工艺任务；

(2) 能够识别、观察、判断钛渣生产中的各种仪表的正常情况；

(3) 能识别钛渣生产所用原材料，并具备一定的质量判断能力。

【任务描述】

前文提到，我国钛资源比较丰富，除少量钛铁砂矿外，主要以钛铁岩矿为主，国内钛铁岩矿品位低，杂质含量高，不能直接满足氯化法钛白对原料的要求，仅适宜作硫酸法钛白的原料。以钛铁矿作原料硫酸法钛白虽然存在原料价格低，技术较成熟，设备简单等优点，但也存在流程长，硫酸、水消耗高，废物及副产物多，对环境污染大等缺点。随着海绵钛和氯化法钛白工业的迅速发展，减轻钛白行业环保压力的需要，对钛渣等富钛料的需求越来越大，钛渣是生产四氯化钛、钛白粉和海绵钛产品的优质原料。本项目从钛渣生产的基本原理、钛渣生产方法、富钛料生产方法、钛渣生产的主要设备、项目涉及的实践技能几方面介绍富钛料的生产。

【职业资格标准技能要求】

(1) 能完成原料的破碎操作；

(2) 能完成配料操作，配置合格电炉料；

(3) 能完成钛渣的破碎、磁选和筛分；

(4) 能控制破碎设备的进料量；

(5) 能操作捣炉设备和加料设备进行捣炉和加料操作；

(6) 能按要求下放电极；

(7) 能完成电炉配电操作；

(8) 能检查渣包状况并垫好渣包；

(9) 能完成出炉操作；

(10) 能进行钛生铁铸锭操作；

（11）能监控电炉系统各类仪表、设备运行情况。

【职业资格标准知识要求】

（1）生产原料的质量要求；

（2）钛渣配料生产工艺流程及设备使用知识；

（3）钛渣熔炼的工艺和电气特点；

（4）磁选目的及除铁机理；

（5）钛渣包的结构；

（6）钛渣加工工艺及设备使用知识；

（7）钛生铁铸锭知识；

（8）钛渣电炉熔炼岗位操作规程。

【相关知识点】

2.1 富钛料生产概况

随着我国经济迅速腾飞，我国钛业崛起。钛业在广义上包括金属钛即海绵钛和钛白两种工业产品。时至 2008 年，我国海绵钛年产量达 4.96 万吨，钛材年产量达 2.77 万吨，钛白粉年产量达 80 万吨。实际上，上述三种产品的产量均在世界上名列前茅。我国已经成了名副其实的世界产钛大国和钛白生产大国。

但从钛业的长生产链来看，目前我国钛工业生产链的瓶颈仍在原料的供应，即在生产链的前端环节——钛铁矿的富集。因此钛铁矿的富集技术是钛业转型升级的一个关键环节。

2.1.1 钛精矿富集的必要性

钛铁矿（$FeTiO_3$）的理论含 TiO_2 量为 52.63%，但钛铁矿的实际组成是与成矿原因和经历的自然条件有关，可以把自然界的钛铁矿看成是 $FeO-TiO_2$ 和其他杂质氧化物组成的固溶体，可以用 $m[(Fe, Mg, Mn)O \cdot TiO_2] \cdot n[(Fe, Al, Cr)_2O_3]$，$m + n = 1$ 通式表示。

在自然界中，钛铁矿分为岩矿和砂矿两类。我国岩矿产地主要是四川、云南和河北，从岩矿选出的钛精矿品位（TiO_2 含量）一般为 42% ~48%，砂矿产地主要有广东、广西、海南和云南，从砂矿选得的钛精矿品位一般为 50% ~64%。虽然钛铁矿精矿可以直接用于制取金属钛和钛白，但因为其品位低，常常经过富集处理获得高品位的富钛料（钛渣或人造金红石），才进行下一步的处理。钛铁矿精矿富集处理可以减少其他原料消耗，降低生产成本；减轻后续分离、净化和处理副产物工序的负担，简化工艺过程；增大设备单位容积的产能。

2.1.2 钛精矿富集生产富钛料的主要方法

随着对钛铁矿富集方法的深入研究，人们已经研究和提出了 20 多种方法，各种方法都有其特点。在这些方法中，大致可分为以干法为主和以湿法为主两大类。干法包括电炉熔炼法、等离子熔炼法、选择氯化法和其他热还原法。湿法包括部分还原—盐酸浸出法和部分还原—硫酸浸出法（总称酸浸法），全还原—锈蚀法和全还原—$FeCl_3$ 浸出法，以及其他化学分离法。目前获得广泛应用的工业方法有电炉熔炼法、酸浸法和还原锈蚀法。电炉熔炼法制取的产品为钛渣，而其他方法制取的产品为人造金红石。

2.1.2.1　电炉熔炼法

电炉熔炼法是一种成熟的方法。这种方法是以无烟煤或石油焦为还原剂，与钛精矿经过配料（制团）后，加入矿热式电弧炉内，于 1600 ~ 1800℃ 高温下还原熔炼，所得凝聚态产物为生铁和钛渣，根据铁和钛渣的密度和磁性差别，使钛氧化物与铁分离，从而得到含 TiO_2 72% ~ 95% 的钛渣。电炉熔炼法主要优点是工艺简单，副产品金属铁可以直接应用，不产生固体和液体废料，电炉煤气可以回收利用，三废少，工厂占地面积小，是一种高效的冶炼方法，其不足之处是分离除铁及除去非铁杂质能力差，耗电量大，仅限于电力充足地区使用。

电炉熔炼法处理不同类型的钛铁矿可获得各种用途的钛渣。通常把 TiO_2 含量大于90% 的产品称为高品位钛渣或简称高钛渣，把 TiO_2 含量小于 90% 的产品称为钛渣。目前该法在加拿大（魁北克铁钛公司，简称 QIT）、南非（理查兹湾，简称 RBM）、挪威（廷法斯钛铁公司，简称 TTI）、前苏联（乌克兰）、中国获得了广泛应用，见表 2 – 1。

表 2 – 1　电炉熔炼法在各国的应用情况

国　　家	加拿大	南非	挪威	前苏联	中国攀钢
电炉类型	矩形密闭	矩形密闭	圆形密闭	圆形半密闭	圆形半密闭
电炉功率/MV·A	60	105	36	16.5	25.5
作业连续性	连续	连续	连续	间断	间断
原　　料	岩矿	砂矿	岩矿	砂矿	岩矿

近年来随着氯化法钛白的迅速发展，对高品位富钛料的需求量日益增长，使电炉熔炼法获得了进一步的发展。例如南非理查兹湾（Richards Bay）矿业公司（简称 RBM 公司）扩大了钛渣（85% TiO_2）生产量；加拿大魁北克（Quebec）铁钛公司（简称 QIT 公司）新建高钛渣（95% TiO_2）；挪威廷法斯（Tinfos）钛铁公司（简称 TTI 公司）将改用澳大利亚矿生产高钛渣（90% TiO_2）。另外，南非那马克瓦（Namakwa）公司采用明特克（Mintek）公司的直流转移等离子弧技术建设了一个年产 19.5 万吨的钛渣（86% TiO_2）工厂，于 1995 年投入运行。但此法也有局限性，熔炼过程主要是分离除铁，除去非铁杂质能力差，耗电量大，限于电力充足地区使用。

2.1.2.2　酸浸法

酸浸法是以硫酸或盐酸来浸出钛矿，去除杂质铁和部分 CaO、MgO、MnO、Al_2O_3 等，获得含 TiO_2 90% ~ 96% 的高品位人造金红石，适合处理各种类型的矿物。在美国、印度、马来西亚、澳大利亚和我国都有采用盐酸浸出法生产人造金红石的工厂，总计生产能力约25 万吨/年。日本石原公司利用硫酸法钛白厂的废酸浸出砂矿制取人造金红石，生产能力为 5 万吨/年，被称为石原法。尽管盐酸浸出法可实现盐酸的再生回收循环利用，但对设备腐蚀严重。硫酸浸出法的含铁副产品为硫酸亚铁，且稀硫酸浸出能力较差，适宜处理品值较高的钛铁矿。酸浸法由于"三废"量大，副流程复杂，因而限制了它的应用。

2.1.2.3 还原锈蚀法

还原锈蚀法是以煤为还原剂和燃料，在锈蚀过程消耗少量盐酸或 NH_4Cl，产生的赤泥和废水接近中性，较易处理，是一种污染少和成本较低的方法，在澳大利亚获得了重要的应用，不过该法仅适宜处理高品位的砂矿。在澳大利亚，以含 $TiO_2 > 54\%$ 的砂矿为原料制得了含 TiO_2 大于 92% 的人造金红石，现已建成了人造金红石生产能力约 70 万吨/年的工厂。

2.1.2.4 选择氯化法

选择性氯化法生产人造金红石是利用钛铁精矿中各组分与氯的反应能力不同来进行的。在 850 ~ 950℃温度下，在有还原剂碳存在的情况时，精矿中各组分与 Cl_2 作用的顺序依次为：$CaO > MnO > FeO > V_2O_5 > MgO > Fe_2O_3 > TiO_2 > Al_2O_3 > SiO_2$，因此通过控制配碳量或预氧化使 FeO 转变成 Fe_2O_3，氯化时可使位于 TiO_2 前的那些组分优先氯化，并使铁以 $FeCl_3$ 形式挥发出来；而钙、镁、锰等的氧化物则转变为 $CaCl_2$、$MgCl_2$、$MnCl_2$ 等氯化物形式，它们虽难以挥发而残留在没有被氯化的 TiO_2 中，但在下一步可通过水洗分离除去，从而得到人造金红石产品。

虽然钛精矿富集生产富钛料的富集工艺很多，而且各种方法差异也较大，各种方法之间同样也存在竞争。但是，总的说来，评价一个工艺的优劣有着下列标准：（1）产品质量的优劣，看工艺制取的富钛料中的 TiO_2 品位和主要化学成分；（2）技术经济指标的高低，看产品的生产成本和产品的竞争力；（3）环境保护的好坏，看生产过程中"三废"的多少和三废的治理状况。

各种工艺方法都存在着一些优缺点，各种方法都只能某些方面有优势，而在其他方面又有不足，完全达到上述三条标准的方法不多。

教学活动建议

建议运用比较教学法，让学生分组收集资料比较几种不同的钛渣生产方法各自的特点，为后续学习打下基础，也提升学生收集资料、整理资料等拓展学习能力、持续学习能力。

学生查阅相关资料比较各生产方法使用表格如表 2－2 所示。

表 2－2 钛铁矿富集方法比较

比较项目＼方法	湿 法			干 法	
	盐酸浸出法	硫酸浸出法	还原锈蚀法	电炉熔炼法	选择氯化法
反应试剂					
钛铁矿预处理					

方法 比较项目	湿　　法			干　　法	
	盐酸浸出法	硫酸浸出法	还原锈蚀法	电炉熔炼法	选择氯化法
可除去杂质					
产品粒度					
铁的存在形式					
副产品铁的利用					
工业应用情况					

2.2　钛渣生产的原理

富钛料主要的生产方法有电炉熔炼法、还原锈蚀法、稀硫酸浸出法、选择氯化法，其中电炉熔炼法生产流程短、设备处理能力大、副产生铁易于回收利用和"三废"少并易于治理，是一种高效的钛渣生产方法。

2.2.1　还原熔炼的主要化学反应和热力学特征

钛铁矿的基本成分是偏钛酸亚铁 $FeTiO_3$（$FeO \cdot TiO_2$），它实际上是以 $FeTiO_3$ 晶格为基础的多组分复杂固溶体，可表示为：$m[(Fe、Mg、Mn)O \cdot TiO_2] \cdot n[(Fe、Al、Cr)_2O_3]$，$m + n = 1$，也有少量游离态的铁氧化物。还原熔炼的实质是钛铁矿精矿中铁氧化物的还原并伴随钛氧化物还原为低价。初始还原在固态下进行，随着原料的渣化及温度的提高，还原过程在熔融炉料中进行，最终达到熔融生铁和高钛渣的分层分离。还原过程中产生复杂的物理化学变化和晶型转化。

对 Fe-C-O 系，铁氧化物还原是分阶段进行的，其还原顺序与炉内温度高低有关。当温度低于 570℃，$Fe_2O_3 \rightarrow Fe_3O_4 \rightarrow Fe$；当温度高于 570℃，$Fe_2O_3 \rightarrow Fe_3O_4 \rightarrow FeO \rightarrow Fe$。铁的高价氧化物还原成低价氧化物比较容易，而低价氧化物 FeO 还原成金属铁要困难些，需要的温度也高，一般炉内温度低于 1500℃，铁氧化物就可以还原成金属铁。

对 Ti-C-O 系，在 CO 与 CO_2 分压之和为 0.1MPa 下的热力学近似计算分析表明，TiO_2 被 C 还原是分阶段进行的。钛的氧化物在还原熔炼过程中随温度的升高按下顺序逐渐发生变化：$TiO_2 \rightarrow Ti_5O_9 \rightarrow Ti_3O_5 \rightarrow Ti_2O_3 \rightarrow TiO \rightarrow TiC$（或 $TiC(N)$）$\rightarrow Ti(Fe)$。

2.2.1.1　钛铁矿主要矿物的化学反应和热力学特征

A　用固定碳作还原剂

298～1600K 时

$$FeO \cdot TiO_2 + C = Fe + TiO_2 + CO \tag{2-1}$$

$$\Delta G^{\ominus}_{(2-1)} = 190900 - 161T \quad T_{开(2-1)} = 1186K$$

298～1700K 时

$$\frac{3}{4}FeTiO_3 + C = \frac{1}{4}Ti_3O_5 + \frac{3}{4}Fe + CO \tag{2-2}$$

$$\Delta G^{\ominus}_{(2-2)} = 209000 - 168T \quad T_{\text{开}(2-2)} = 1244\text{K}$$

298~1700K 时

$$\frac{2}{3}\text{FeTiO}_3 + \text{C} = \frac{1}{3}\text{Ti}_2\text{O}_3 + \frac{2}{3}\text{Fe} + \text{CO} \tag{2-3}$$

$$\Delta G^{\ominus}_{(2-3)} = 213000 - 171T \quad T_{\text{开}(2-3)} = 1246\text{K}$$

$$\frac{1}{2}\text{FeTiO}_3 + \text{C} = \frac{1}{2}\text{TiO} + \frac{1}{2}\text{Fe} + \text{CO} \tag{2-4}$$

$$\Delta G^{\ominus}_{(2-4)} = 252600 - 177T \quad T_{\text{开}(2-4)} = 1427\text{K}$$

$$2\text{FeTiO}_3 + \text{C} = \text{FeTi}_2\text{O}_5 + \text{Fe} + \text{CO} \tag{2-5}$$

$$\Delta G^{\ominus}_{(2-5)} = 185000 - 155T \quad T_{\text{开}(2-5)} = 1194\text{K}$$

$$\frac{1}{4}\text{FeTiO}_3 + \text{C} = \frac{1}{4}\text{TiC} + \frac{1}{4}\text{Fe} + \frac{3}{4}\text{CO} \tag{2-6}$$

$$\Delta G^{\ominus}_{(2-6)} = 182500 - 127T \quad T_{\text{开}(2-6)} = 1437\text{K}$$

$$\frac{1}{3}\text{FeTiO}_3 + \text{C} = \frac{1}{3}\text{Ti} + \frac{1}{3}\text{Fe} + \text{CO} \tag{2-7}$$

$$\Delta G^{\ominus}_{(2-7)} = 304600 - 173T \quad T_{\text{开}(2-7)} = 1761\text{K}$$

$$\frac{1}{3}\text{Fe}_2\text{O}_3 + \text{C} = \frac{2}{3}\text{Fe} + \text{CO} \tag{2-8}$$

$$\Delta G^{\ominus}_{(2-8)} = 164000 - 176T \quad T_{\text{开}(2-8)} = 932\text{K}$$

按上述各化学反应式的标准吉布斯自由能变化与温度的关系式，计算出在不同温度下的标准吉布斯自由能变化值（$\Delta G^{\ominus}$），并将其绘制成 $\Delta G^{\ominus} - T$ 图（见图 2-1），进行反应趋势的比较。

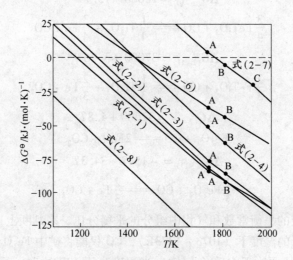

图 2-1 钛铁矿还原熔炼反应的 $\Delta G^{\ominus} - T$ 关系

A—FeTiO$_3$ 固→液温度 1743K；B—Fe 熔点 1809K；C—TiO$_3$ 熔点 1933K

生产实践电炉还原熔炼钛铁矿作业是在约 2000K（1727℃）左右的高温下进行的。在这样高的温度下，式（2-1）~式（2-8）反应的 $\Delta G^{\ominus}$ 值均是负值，从热力学上说明这些反应均可进行；并随温度的升高，反应的倾向均增大。但各反应的开始反应温度是不相同的，在同一温度下各反应进行的趋势大小也是不一样的。

在低温（小于 1500K）的固相还原中，主要是矿中铁氧化物的还原，TiO_2 的还原量较少，即主要按式（2-8）、式（2-1）、式（2-5）进行还原反应生成金属铁和 TiO_2 或 $FeTi_2O_5$（亚铁板钛矿）。

在中温（1500~1800K）液相还原中，除了铁的氧化物被还原外，还有相当数量的 TiO_2 被还原，即主要按式（2-2）、式（2-3）、式（2-4）进行还原反应生成金属铁和低价钛氧化物。

在高温（1800~2000K）下，按式（2-6）和式（2-7）进行反应生成 TiC 和金属钛（熔于铁中）的量增加。

综上所述，随着温度的升高，TiO_2 被还原生成低价钛的量增加，即钛的氧化物在还原熔炼过程中随温度的升高 $TiO_2 \rightarrow Ti_3O_5 \rightarrow Ti_2O_3 \rightarrow TiO \rightarrow TiC \rightarrow Ti(Fe)$ 顺序逐渐发生变化。在熔炼过程中，不同价态的钛化合物是共存的，它们的相互比例随熔炼温度和还原度大小而变化。

B　用 CO 作还原剂

在还原熔炼过程中，除了碳的还原作用外，由于碳的气化反应产生的 CO 和反应生成的 CO 也要参与反应：

298~1700K 时

$$CO_2 + C == 2CO \tag{2-9}$$

$$\Delta G^{\ominus}_{(2-9)} = 172200 - 173T \quad T_{开(2-9)} = 995K$$

$$FeTiO_3 + CO == TiO_2 + Fe + CO_2 \tag{2-10}$$

$$\Delta G^{\ominus}_{(2-10)} = 18680 + 15.7T$$

$$\frac{3}{4}FeTiO_3 + CO == \frac{1}{4}Ti_3O_5 + \frac{3}{4}Fe + CO_2 \tag{2-11}$$

$$\Delta G^{\ominus}_{(2-11)} = 37000 + 3.26T$$

$$\frac{2}{3}FeTiO_3 + CO == \frac{1}{3}Ti_2O_3 + \frac{2}{3}Fe + CO_2 \tag{2-12}$$

$$\Delta G^{\ominus}_{(2-12)} = 32600 + 4.8T$$

$$Fe_2O_3 + CO == 2FeO + CO_2 \tag{2-13}$$

$$\Delta G^{\ominus}_{(2-13)} = -1547 - 34.3T$$

$$\frac{1}{3}Fe_2O_3 + CO == \frac{2}{3}Fe + CO_2 \tag{2-14}$$

可以利用各反应的平衡常数和气相中组分的平衡分压，来判断上述反应的可能性。估算结果表明，在较低的温度下（1073~1273K），CO 仅能将矿中 Fe_2O_3 按反应式（2-13）和式（2-14）分别还原为 FeO 和金属铁。当温度高于 1273K 时，反应式（2-10）~式（2-12）均可进行，但因它们的反应平衡常数均很小，因此可以预计这些反应在熔炼过程中所占的比例不大，是次要的。在敞口电炉中 CO 的还原作用更小，只有靠底层的固体料才有可能按式（2-10）~式（2-12）进行还原反应。在密闭电炉中，CO 的还原作用会得到加强。

钛铁矿的还原在高温反应区，主要发生碳的直接还原。当炉料疏松，有孔隙，还原反应生成的 CO 气体沿料层上升，使炉料加热，对 Fe_2O_3、Fe_3O_4 和 FeO 也有还原作用，生产中要注意利用这一优势，以降低还原剂用量和电能消耗。此外还会有少量 C 溶于铁水成为渗碳体。

2.2.1.2 杂质的化学反应和热力学特征

钛铁矿中的杂质组分有 MgO、CaO 和 Al_2O_3、SiO_2、MnO、V_2O_5 等，它们可能相互作用形成复杂化合物，为简化起见只考虑单一氧化物的碳还原反应。

$1376 \sim 3125K$ 时

$$MgO + C \Longrightarrow Mg + CO \tag{2-15}$$

$$\Delta G^{\ominus}_{(2-15)} = 597500 - 277T \quad T_{开(2-15)} = 2153K$$

$1756 \sim 2887K$ 时

$$CaO + C \Longrightarrow Ca + CO \tag{2-16}$$

$$\Delta G^{\ominus}_{(2-16)} = 661900 - 269T \quad T_{开(2-16)} = 2463K$$

$1696 \sim 2000K$ 时

$$SiO_2 + C \Longrightarrow SiO + CO \tag{2-17}$$

$$\Delta G^{\ominus}_{(2-17)} = 667900 - 327T \quad T_{开(2-17)} = 2043K$$

$1696 \sim 2500K$ 时

$$\frac{1}{2}SiO_2 + C \Longrightarrow \frac{1}{2}Si + CO \tag{2-18}$$

$$\Delta G^{\ominus}_{(2-18)} = 353200 - 182T \quad T_{开(2-18)} = 1944K$$

$932 \sim 2345K$ 时

$$\frac{1}{3}Al_2O_3 + C \Longrightarrow \frac{2}{3}Al + CO \tag{2-19}$$

$$\Delta G^{\ominus}_{(2-19)} = 443500 - 192T \quad T_{开(2-19)} = 2322K$$

$1517 \sim 2054K$ 时

$$MnO + C \Longrightarrow Mn + CO \tag{2-20}$$

$$\Delta G^{\ominus}_{(2-20)} = 285300 - 170T \quad T_{开(2-20)} = 1681K$$

$943 \sim 2190K$ 时

$$\frac{1}{2}V_2O_5 + C \Longrightarrow \frac{1}{2}V_2O_3 + CO \tag{2-21}$$

$$\Delta G^{\ominus}_{(2-21)} = 165700 - 133T \quad T_{开(2-21)} = 1243K$$

$298 \sim 2190K$ 时

$$\frac{1}{3}V_2O_3 + C \Longrightarrow \frac{2}{3}V + CO \tag{2-22}$$

$$\Delta G^{\ominus}_{(2-22)} = 293800 - 167T \quad T_{开(2-22)} = 1762K$$

钛铁矿中的杂质也可进行 CO 的气相还原反应，只不过是次要反应。

式（2-15）、式（2-16）及式（2-19）开始反应温度分别为 2153K、2463K 和 2322K，因此 MgO、CaO 和 Al_2O_3 在还原熔炼钛铁矿的温度（2000K 左右）下不可能被还原，但在电弧作用的局部高温区仍有可能发生这种还原反应。其他杂质如 SiO_2、MnO 和 V_2O_5 在钛铁矿还原熔炼温度下，会发生不同程度的还原，还原产物硅、锰和钒溶于金属铁相中。但这些杂质远比 FeO 和 TiO_2 难还原得多，所以可以预计，钛铁矿中的大部分杂质（除 SiO_2 还原量较多外）基本上被富集在渣相中。

上述是按各反应单独进行考虑的，实际上还原熔炼过程是多种反应在一个多组分系统中同时进行的，所以实际发生的反应要复杂得多。

2.2.2　还原熔炼反应动力学

2.2.2.1　还原熔炼反应机理

钛铁矿的还原分为两个阶段。

第一阶段是矿中 $Fe^{3+} \rightarrow Fe^{2+}$，即矿中假金红石（$Fe_2Ti_3O_9$ 或写成 $Fe_2O_3 \cdot 3TiO_2$）还原为钛铁矿和金红石：

$$Fe_2Ti_3O_9 + C = 2FeTiO_3 + TiO_2 + CO \tag{2-23}$$

第一阶段的还原易进行，即使在低温下（如 900℃）也可在较短时间内完成。

第二阶段的还原是 $Fe^{2+} \rightarrow Fe$，这一阶段的还原比较复杂。在（FeO + 脉石成分）- TiO_2-Ti_2O_3 三元图中（图 2-2），$FeTiO_3$ 的还原反应基本上是沿着或接近 $FeTiO_3 \rightarrow FeTi_2O_5$ $\rightarrow Ti_3O_5$ 这条线路进行的，而不是沿着 $FeTiO_3 \rightarrow TiO_2$ 线进行。也就是说钛铁矿的还原过程必然导致 TiO_2 的部分还原，不可能获得不含低价钛而纯含 Ti^{4+} 的钛渣。虽然在较低的温度下，$FeTiO_3$ 可还原生成金红石和金属铁，但当温度高于 1100℃ 时，$FeTiO_3$ 还原生成亚铁板钛矿（$FeTi_2O_5$）而析出金属铁。

$$2FeTiO_3 + C = FeTi_2O_5 + Fe + CO \tag{2-24}$$

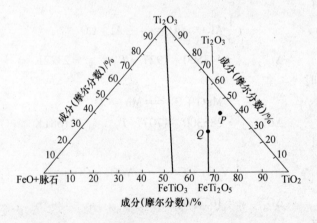

图 2-2　（FeO + 脉石成分）-TiO_2-Ti_2O_3 三元组成图

亚铁板铁矿的稳定温度高于 1150℃，但因矿中的 MgO 和 MnO 等固溶其中增加了 $FeTi_2O_5$ 的稳定性。

分析表明，$FeTiO_3$ 的还原在 FeO 被还原的同时，伴随发生了 TiO_2 的部分还原，即反应（2-5）与反应（2-25）是同时进行的。

$$\frac{x}{2}FeTi_2O_5 + 5\left(\frac{x}{2}-1\right)C = Fe_{(3-x)}Ti_xO_5 + 3\left(\frac{x}{2}-1\right)Fe + 5\left(\frac{x}{2}-1\right)CO \tag{2-25}$$

式中，x 在 2~3 间变化，还原产物是 $FeTiO_3 \rightarrow Ti_3O_5$（$Me_3O_5$ 型）固溶体。矿中的杂质

MgO、MnO 等不被还原而固溶于还原产物中，所以还原产物是 Me_3O_5 型（Me 为 Fe、Ti、Mg、Mn 等）固溶体：$FeTi_2O_5 - Ti_3O_5 - MgTi_2O_5 - MnTi_2O_5$。按反应（2-5）和反应（2-25）进行还原反应的终点，即所有 Fe^{2+} 全部被还原为 Fe 时（$x=3$ 时），理论还原产物是 Ti_3O_5，但实际上得不到纯的 Ti_3O_5 产品，一是因为矿中含有固溶杂质，二是因为 FeO 很难被还原完全。例如图 2-2Q 点是加拿大铁钛公司熔炼南非钛铁矿的熔炼终点，P 点是我国以沿海砂矿为原料生产含 ΣTiO_2 为 93% 左右的高钛渣终点。

2.2.2.2 还原熔炼反应速率

钛铁矿以无烟煤为还原剂时，在温度小于 1100℃ 时，反应属动力学区，此阶段化学反应速度是控制因素，提高反应温度对还原速度影响很大，如图 2-3 和图 2-4 所示。在温度高于 1300℃ 时，反应属于扩散区，此时化学反应速度已足够快，控制反应速度的因素是反应物和产物的扩散速度。在 1100~1300℃ 属于过渡区。

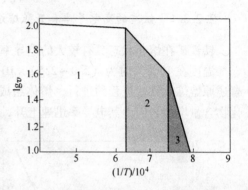

图 2-3 无烟煤还原钛铁矿中铁氧化物的标准反应速度的对数与温度倒数的关系
1—化学反应控制区；2—混合控制区；
3—扩散控制区

由图 2-4 可见，反应温度由 900℃ 提高到 1100℃ 时，还原反应进行 2h 铁氧化物的还原率由 2% 提高到 35%。在温度高于 1300℃ 时，反应属于扩散区，此时化学反应速度已足够快，控制反应速度的因素是反应物和产物的扩散速度。在 1100~1300℃ 属于过渡区。

炉料熔化后的初期 FeO 的还原速度较大（见图 2-5），但随熔体中 FeO 含量的降低，FeO 的还原速度迅速下降，特别是当熔体中 FeO 等杂质含量小于 8% 时，FeO 的还原变得更加困难。

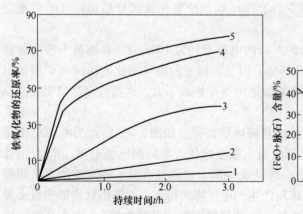

图 2-4 无烟煤还原钛精矿还原率与
持续时间的关系

1—900℃；2—1000℃；3—1100℃；
4—1200℃；5—1300℃

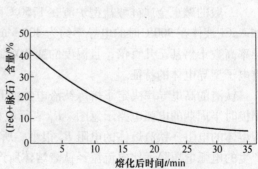

图 2-5 溶化后渣中杂质含量
与时间的关系

2.2.3　还原熔炼钛渣过程的主要特征

铁渣是一种高熔点的炉渣，钛渣熔体具有强的腐蚀性、高导电性和其黏度在接近熔点温度时而剧增的特性，而且这些性能在熔炼过程中随其组成的变化而发生剧烈的变化。钛渣具有的上述特性不同于普通冶金炉渣，因而熔炼钛渣过程具有与铁合金、有色金属冶炼过程不同的许多特征。

2.2.3.1　钛渣的高电导率和开弧熔炼特征

钛铁矿在熔化状态具有较大的电导率，钛渣的高电导率与温度和化学成分有关。

温度在 1500℃时为 $(2.0 \sim 2.5) \times 10^3 s/m$，在 1800℃时为 $(5.5 \sim 6.0) \times 10^3 s/m$。随着还原熔炼钛铁矿过程的进行，熔体组成发生变化，FeO 含量减少，而 TiO_2 和低价钛氧化物含量增加，因此其电导率迅速上升，如图 2-6 和图 2-7 所示。

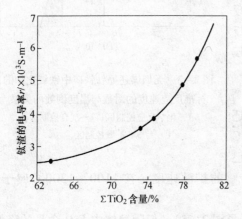
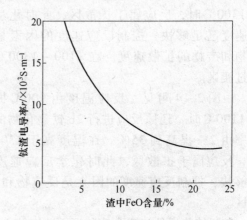

图 2-6　钛渣的电导率与 $\sum TiO_2$ 含量的关系　　图 2-7　钛渣的电导率与 FeO 含量的关系

钛渣电导率的变化规律是：随温度的升高而升高；随 CaO 含量及 FeO 含量的增加而减少。随还原过程的进行，FeO 含量减少，$\sum TiO_2$ 和低价氧化钛含量增加，钛渣的电导率总的趋势是增加的。

一般的碱土金属硅酸盐型炉渣在 1750℃时的电导率约为 100S/m。普通离子型电解质如 NaCl 液体在 900℃时的电导率约为 400S/m，可见，钛渣的电导率比普通冶金炉渣的电导率高数十倍甚至几百倍，且温度的变化对钛渣电导率影响不大，这些情况都说明钛渣具有电子型导电体的特征。

钛渣的高电导率决定了熔炼钛渣电炉的开弧熔炼特征。如图 2-8 所示为左端电极是阳极时半周期的电弧电路示意图。R_1 表示电极末端至熔化表面间的电弧电阻，R_2 表示钛渣熔体的电阻。钛渣熔体的电阻 R_2 很小。所以 $R_1 \gg R_2$。电流经电极末端至熔池表面间所产生的电弧电压降远比电流流经钛渣熔体所产生的电压降大得多，即熔炼钛渣的热量来源主要是依靠电极末端至熔池表面间的电弧热，这就是所谓的"开弧冶炼"。而在高电阻炉渣的情况下，电极埋入炉渣，熔炼过程的热量来源主要是渣阻热，这就是所谓"埋弧熔炼"。熔炼钛渣过程的初期具有短期的矿热炉埋弧冶炼特征，随着熔炼过程的深入进行，开弧冶炼的电弧炉特征越来越明显。

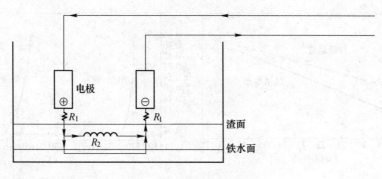

图 2 - 8   电弧电路示意图

2.2.3.2   钛渣的熔点和黏度特性

钛铁矿还原熔炼的最终产物有三种：一是还原性气体，逸出炉口后从烟囱排除或收集利用；二是含碳 1.5% 左右的生铁或称"半钢"；三是富集有钛的各种氧化物（TiO_2、Ti_3O_5、Ti_2O_3、TiO）的渣，称为钛渣。钛渣中 TiO_2、Ti_3O_5、Ti_2O_3 和 TiO 具有较高的熔点，分别为 1870℃、1774℃、1839℃ 和 1750℃。而 TiC 和 TiN 的熔点更高，分别为 3150℃ 和 2930℃。但是在高温熔炼状态下，一出现液相，这些高熔点氧化物就与熔体中的 MgO、CaO、Al_2O_3、SiO_2 和残存的 FeO 产生造渣反应，生成熔点为 1600 ~ 1700℃ 的钛渣。化学组成是影响钛渣的熔点的主要影响因素。钛渣的熔点随其中 TiO_2 含量的增加而升高（见图 2 - 9）。影响钛渣熔点的另一个重要因素是它的还原度，即渣中 Ti_2O_3 与 TiO_2 的比值。根据 Ti-O 系平衡图，当 $x(O)/x(Ti)$（摩尔量比）= 1.76 时，系统具有最低共熔点，随着 $x(O)/x(Ti)$ 比值降低，系统熔点升高，当 $x(O)/x(Ti)$ = 1.67 时达到一个较高的熔点，可见熔炼钛渣的终点最好在 $x(O)/x(Ti)$ = 1.76 左右。在一定还原度下，FeO、MgO、CaO、Al_2O_3 在一定含量范围内，都起降低钛渣熔点的作用。

钛渣的熔点高，熔炼过程还需要将其过热，所以熔炼钛渣要在高温下进行，这就要求热量必须高度集中在还原熔炼区。在设计钛渣电炉时，电极极心圆直径与电极直径之比要设计得较小，一般这个比值在 2.5 ~ 3.0 之间，以保证在最小的容积内（3.5 ~ 4.0 倍电极直径的区域内）集中热量进行还原和造渣。

钛渣熔体的黏度具有短渣的特性，如图 2 - 10 所示。在温度高于熔点处于完全熔化的钛渣熔体具有很低的黏度，一般在 0.3×10^{-3} ~ $1 \times 10^{-3} Pa \cdot s$ 之间。但当渣温接近其熔点时，其黏度急剧增加。这是因为钛渣的结晶温度范围很窄，温度接近熔点时少量结晶固体（如高品位钛渣熔炼时的 TiN、TiC）析出悬浮在熔体中，使熔体变得十分黏稠。为了保证顺利出炉，在出炉前必须将钛渣熔体过热，使其具有较大的过热度（即钛渣实际温度与其熔点之差），以免出炉过程的降温而造成出炉困难。

化学组成对钛渣熔体黏度的影响如图 2 - 11 所示。由图 2 - 11 可知，钛渣的黏度随 FeO 含量的增高而下降，随 Ti_2O_3 含量的增高而增高，当渣中的 FeO 含量小于 5% 时，钛渣黏度随渣中 Ti_2O_3 含量的增加开始下降，Ti_2O_3 : TiO_2 比值在 0.6 时黏度最小（渣中含 Ti_2O_3 约在 80% 以下）。以后随渣中 Ti_2O_3 含量增加黏度迅速提高，当 Ti_2O_3 : TiO_2 比值接近 1.0；黏度呈几倍增大。可见钛低价氧化物对钛渣黏度影响之大。

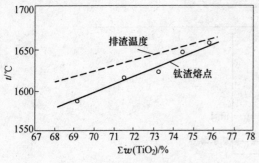

图 2 - 9　钛渣的熔点和排放温度与
$\sum TiO_2$ 含量的关系

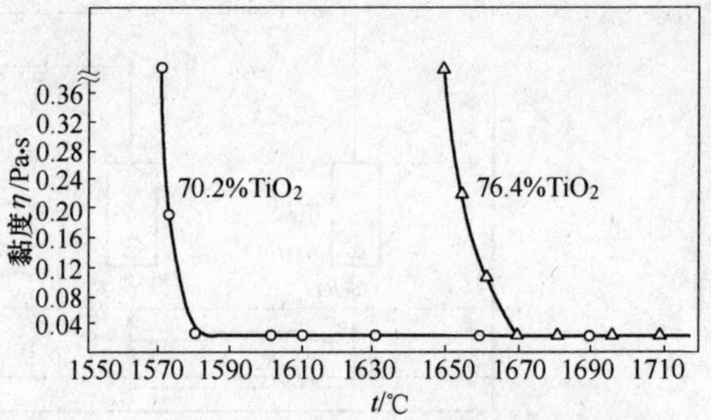

图 2 - 10　钛渣的黏度与温度的关系

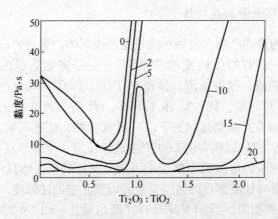

图 2 - 11　1550℃黏度与渣中 Ti_2O_3 ：TiO_2 比值和 FeO 含量的关系

（曲线数字表示 FeO 含量）

综上所述，可以认为 Ti_2O_3 具有提高钛渣黏度和熔度的作用，FeO 的增加则具有降低渣的黏度和熔度的作用。

在冶炼过程中，随渣中 TiO_2 品位的提高，FeO 含量的减少，渣的流动性变坏，使操作难以进行。如为使 FeO 还原完全，则需延长时间，这将导致电能消耗过大并生成较多的钛低价氧化物和碳化钛。所以，为了保证还原过程的顺利进行，实际生产中要适当的控制低价氧化物的含量，保证渣中含有一定量的 FeO（3% ~ 5%）是必要的。

2.2.3.3　钛渣熔体的沸腾

钛铁矿的还原反应主要在熔体表面进行。但当固体炉料突然掉落到熔体中时，或者由于表面还原反应生成的高碳铁经熔体下降，都可能在熔体中或金属铁与熔渣界面上发生瞬间的激烈反应，生成大量 CO 气体经熔渣逸出，使熔渣沸腾和喷溅。熔渣的沸腾会把电极淹没。使电炉的瞬间电流急剧增大，极端情况下造成短路跳闸。因此在设计电炉时，要考虑炉膛有足够的高度，以便在钛渣沸腾时避免熔体逸出炉外；电极的升降速度要快（1 ~ 4m/min），以保证钛渣沸腾时电极及时离开熔体液面，避免短路跳闸。

2.2.3.4 钛渣的主要物相

固体钛渣中，可能存在三种不同的矿相结构，但以黑钛石相为主。

（1）黑钛石固溶体相。在钛渣熔体出炉后的冷却结晶过程中，大部分钛的氧化物与其他碱性较强的金属氧化物化合形成二钛酸盐（如 $FeO \cdot 2TiO_2$、$MgO \cdot 2TiO_2$、$MnO \cdot 2TiO_2$），它们与 $Al_2O_3 \cdot TiO_2$、Ti_3O_5 等形成所谓黑钛石固溶体。

（2）塔基石固溶体相。在钛渣熔体出炉后的冷却结晶过程中，钛的氧化物与其他碱性较强的金属氧化物化合形成少量偏钛酸盐（如 $FeO \cdot TiO_2$、$MgO \cdot TiO_2$、$MnO \cdot TiO_2$），它们与 Al_2O_3、Ti_2O_3 等形成所谓塔基石固溶体。

（3）玻璃体相。在钛渣熔体出炉后的冷却结晶过程中，少量钛氧化物进入硅酸盐玻璃中，嵌于以上两种固溶体之间。

另外，钛渣熔体在空气中冷却时，其中部分低价钛还会被氧化生成游离的 TiO_2，当这种氧化发生在温度 $t > 750℃$ 时，氧化产物主要是金红石型 TiO_2（MO_2 固溶体）。

钛渣酸溶试验表明，黑钛石固溶体中的钛氧化物最易溶于硫酸，金红石型 TiO_2 不溶于硫酸。作为酸溶性钛渣，应含有适量的助溶杂质（主要是 FeO 和 MgO）和一定量的 Ti_2O_3 以使钛的氧化物尽可能赋存于黑钛石固溶体中，并在工艺上采取措施避免生成金红石型 TiO_2。

攀枝花矿酸性钛渣的物相分析表明，钛渣的主相是黑钛石固溶体，在显微镜下观察此相面积占90%以上；塔基石固溶体数量较少，不易与黑钛石分辨清楚；次相是硅酸盐玻璃体，此相面积小于10%。电子探针微区分析这两相中各组分的含量列于表2-3。X射线面分布图也证实钛主要赋存在黑钛石固溶体中。按上述分析数据计算表明，渣中钛氧化物90%以上进入黑钛石固溶体中，4%~7%进入硅酸盐相，1%左右是以金红石型 TiO_2 形式存在。

表 2-3 钛渣各相组成分析

样品号	相别	相面积 $A/\%$	组成（质量分数）/%								
			ΣTiO_2	MgO	FeO	MnO	Al_2O_3	SiO_2	CaO	其他	总计
1	黑钛石	>90	88.5	6.2	4	0.3	0.9			0.1	100
	硅酸盐	<10	6.8	10.1	3.6	4.4	5.2	46.3	15	8.6	100
2	黑钛石	>90	86.9	86.9	2.5	0.8	0.8			0.1	100
	硅酸盐	<10	9.2	9.2	1.7	5.8	5.8	44.7	15.3	5.8	100

2.2.4 影响钛渣熔炼的主要因素

2.2.4.1 钛的低价氧化物对熔炼的影响

从钛渣还原熔炼的理论分析可知，在生产钛渣时，要求渣中 FeO 尽可能地被还原。但是，随着 FeO 被还原得越完全，钛的低价氧化物也就越多，这种现象被称为"过还原"。当出现"过还原"时，电炉熔炼过程变得十分困难。首先是渣中高熔点物质增加，使渣的熔点升高，黏度增大，流动性变坏，电炉出渣困难。其次是渣的电导率显著提高，渣与炉料的电导率差异增大，使电炉受电困难和不均匀，配电操作难度大。三是当出现熔渣后，钛的低价氧化物促进渣中生成 $FeO \cdot 2TiO_2$-Ti_3O_5 和 $FeO \cdot TiO_2$-Ti_2O_3 固溶体，降低 FeO 活度，致使进一步还原困难。欲得到高品位钛渣，需要延长液相还原时间和提高还原温度。因此，要采取一些解决措施：

（1）选择适宜的钛渣成分。因为钛渣的还原度（Ti_2O_3 与 TiO_2 量的比值）直接影响钛渣电炉熔炼的技术经济指标，所以，过高的还原度和全部彻底地还原渣中的 FeO 是不合理的。随着还原深度的增加（即 $FeO_{渣}$ 减少），钛渣熔炼的单位成本增加，而氯化作业时 $TiCl_4$ 的单位成本降低。所以，在钛渣熔炼与 $TiCl_4$ 制取之间，要有一个合理的平衡点，以使两步作业的技术经济指标都达到比较理想的状态。

（2）采用高效熔炼的生产工艺。如炉料预还原，强化钛铁矿熔点（1370℃）以下的固相还原，减少液相还原。

2.2.4.2　温度的影响

为了避免过还原，作业温度最好在低温度下进行，熔炼作业的实际温度一般在 1400～1750℃ 范围。可将配料计算确定的总碳量中的一部分碳留在后期造渣阶段才加入炉内的办法来降低前期还原阶段物料的熔化温度。

钛渣处于完全熔融状态时黏度较低，流动性很好。但当熔渣温度降低至熔点附近时，黏度将剧增。这是因为钛渣的析晶温度范围很狭窄，温度接近熔点时，少量固体结晶析出，悬浮在熔体液相中，使之变得黏稠。在熔炼高品位 TiO_2 的高钛渣时，此种现象尤为明显，从而给放渣出炉带来困难。为顺利出炉，可在放渣前的一个短时间内提温使熔渣过热，过热度（超过钛渣熔点的温度）一般为 50～100℃。

2.2.4.3　还原剂种类和配入量的影响

熔炼中常用的还原剂是无烟煤、焦炭和石油焦。碳是还原钛铁矿石不可少的还原剂，但配比不合适将直接影响还原效果及冶炼过程。实际生产中的控制条件是：FeO（3%～5%），此时 Ti_2O_3 与 TiO_2 比值在 0.4～1.0。如果配碳量过高，氧化铁还原完全，渣中 FeO 过低，钛渣的黏度增高，不利于铁和渣相分离，操作困难。如果配碳量过低，氧化铁还原不完全，渣中 FeO 过高，钛渣的品位不高，这也是不希望的。此时可补碳调整，延长作业时间，结果会降低产量。应选择适当的配碳比，以达到良好的技术经济指标。

2.2.4.4　炉体结构和电气制动的影响

熔炼钛渣时，在电极周围会形成钛渣的熔池，熔池属高温区。适当提高炉膛高度可增加熔池的深度。炉子的生产能力也会随之而增加。

适当提高炉电压，有利于提高电能利用系数，降低单位电耗，并相应提高炉产能。拉长电弧，可提高电弧区的电能利用率，并使被炉气带出的粉尘量减少，金属回收率提高。但另一面会导致热辐射损失增加。因此应有一个合理的操作电压范围。

2.2.4.5　精矿性质的影响

精矿成分也对还原过程有一定影响。作为氯化法特别是沸腾氯化生产 $TiCl_4$ 的原料，钛渣中含有过多的 CaO 和 MgO 将给氯化工艺造成许多困难。因此，生产高品位钛渣时，要严格地限制 CaO 和 MgO 的含量，其最佳原料是钛铁砂矿，熔炼时不外加 CaO 或 MgO 作助熔剂；而含 CaO 和 MgO 较高的原生钛铁矿适宜于生产"酸溶性"钛渣和熔盐氯化的钛渣。

2.2.4.6 熔炼工艺制度的影响

合理的熔炼工艺制度很重要。各工艺参数应相互协调，匹配得当。

教学活动建议1

本部分内容理论性较强，文字表述较多，学生学习过程中难以理解，在学习之前或过程中，通过现场参观或观看现场视频增强学生对富钛料生产实践的感性认识，提高学生的学习兴趣；教师讲授时，应采用多媒体教室，将相关示意图与文字表述结合起来，使抽象、枯燥的文字生动有趣，提高课堂教学效果。

教学活动建议2

本部分是培养学生创新能力及冶金原理知识应用能力的很好载体，教师可引导学生应用冶金原理相关知识分析本部分原理，比如判断反应的可行性，计算开始反应温度等，以提升学生分析问题、解决问题的能力以及对知识的综合应用能力。

2.3 钛渣生产的工艺流程

钛渣是经过物理生产过程而形成的钛矿富集物俗称，通过电炉加热熔化钛铁矿，是钛铁矿中二氧化钛和铁熔化分离后得到的二氧化钛高含量的富集物。钛渣既不是废渣，也不是副产物，而是生产四氯化钛、钛白粉和海绵钛产品的优质原料。

钛渣生产流程取决于炉料预处理工艺。炉料预处理的方法有预氧化、预还原和制团。制团工艺根据所选用的黏结剂不同（煤沥青或是纸浆废液），其工艺流程又略有区别。预氧化是指钛铁矿在回转窑中进行氧化过程中形成了假金红石（$2FeO \cdot TiO_2$）、三氧化二铁、金红石和三价铁板钛矿等新的物相，使原矿中的铁由低价转变成高价时，破坏了原有矿物结构，颗粒内部形成了大量的比表面积，得以活化；并可在下一步提高铁氧化物的还原速度和还原率，减少烧结现象的发生。加拿大索雷尔熔炼厂的钛渣是将钛铁矿经回转窑氧化焙烧后，使其磁化率大大提高，然后用磁选选出非磁性的含 SiO_2、Al_2O_3、CaO 等硅酸盐矿物3%，从而使钛渣中非铁杂质降低约5%，使 TiO_2 含量从原来的70% ~72%提高到80%；可使钛铁矿中含硫量降至0.02% ~ 0.03%，可获得含硫 0.1% 的钛渣和含硫0.13%的铁水，这种低硫铁水，容易进行炉外脱硫处理；全部以某厂熔炼钛渣产生的电炉煤气为燃料，最高温度可达 1000 ~1050℃。

钛铁精矿预还原是在回转窑中进行。用煤做燃料和还原剂将钛铁精矿中高价铁还原为低价铁或金属铁。钛铁矿的还原难度大于普通铁矿，通过粉体细化，可以加速铁矿的还原速度；通过晶粒长大技术将还原后的细微铁晶粒长大到一定粒度，通过简单的磁选，即可得到铁产品和钛渣。

以钛铁精矿、石油焦和煤沥青为原料，采用制团工艺预处理炉料生产钛渣的原则性流程图如图2-12所示。

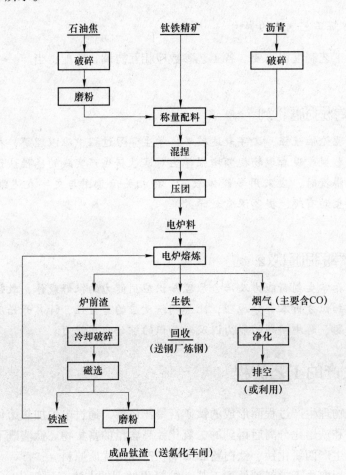

图2-12　电炉生产钛渣工艺流程示意图

2.3.1　敞口电炉熔炼高钛渣

2.3.1.1　生产原料

A　钛铁精矿

钛铁精矿的质量不仅影响还原熔炼过程的技术经济指标，而且对产品的质量有着十分重要的影响。可根据产品高钛渣的用途和要求，按照下列基本原则进行选择。

电炉熔炼钛渣的过程是一个选择性还原除铁的过程，钛铁矿中的非铁杂质（CaO、MgO、SiO_2、Al_2O_3、MnO）是造渣成分，它们在还原熔炼过程中基本上不被还原而被富集在渣中。因此作为冶炼高钛渣的原料应该选择非铁杂质低的钛铁矿，即应以钛和铁氧化物的总量作为钛铁矿质量好坏的标准。

磷和硫是熔炼高钛渣的有害杂质。在熔炼过程中，钛铁矿中硫一部分（约40%）以硫化物形式挥发逸出，恶化劳动条件和造渣环境污染；一部分进入渣中，另一部分（约25%）进入金属相。钛铁矿中的磷在熔炼过程中挥发量不大（约15%），大部分进入金属相（50%），另一部分进入渣相。可见，钛铁矿中的硫和磷存在不仅影响产品高钛渣的质量，而且使副产品金属铁质量变坏。对于高硫钛铁矿，一般在入炉前应进行氧化焙烧脱硫处理。一般来讲，钛铁矿的硫含量应小于0.1%，磷应小于0.05%。用于生产高钛渣的钛精矿，一般以矿的粒度粗一些为好，以降低在熔炼过程中飞扬损失和有利于改善环境。此外，为降低在熔炼过程中的飞扬损失应选择粗粒矿为佳。

B 还原剂

原则上，所有含碳物料，如煤炭、石油焦、冶金焦、木炭和石墨粉均可作为熔炼高钛渣的还原剂。从工艺和经济的角度考虑，应选择活性高、电导率低、灰分低、挥发性低、含硫量低且价格低廉的还原剂。国内的钛渣工厂几乎都选用资源易得、含固定碳较高的石油焦或冶金焦作还原剂。还原剂的活性高可以增加还原速度，减少熔炼时间，降低能耗和提高生产能力。

国外钛厂多用无烟煤。还原剂在使用前还要加工成一定的粒度组成，增加与钛铁矿接触的表面，促进固相还原反应。

C 黏结剂

目前在生产中应用的黏结剂有沥青（中温煤沥青）和酸性纸浆废液两种。沥青的黏结效果好，但毒性大，不利于劳动保护。纸浆废液含硫高，黏性差，它与钛精矿混合制成的球团料在熔炼时易塌料翻渣，炉矿不稳定，在炉表面形不成牢固的烧结炉料拱桥，不仅使热辐射损失增加，且不利于提高钛渣的品位。目前还没有找到一种比较理想的熔炼高钛渣的黏结剂，大多采用沥青作为黏结剂。

2.3.1.2 冶炼工艺操作

由图2-12所示，电炉熔炼钛渣的主要环节包括配料、制团、电炉熔炼、渣铁分离等。

A 配料

配料前首先进行生产原料的准备，即凡运进车间的钛铁矿、石油焦和沥青，都要经筛分和磁选，除去石块、铁块和杂物，以避免硬块杂物损坏混捏机和压团机。进入车间的钛铁精矿经提升运输机被送到配料仓备用。沥青用颚式破碎机破碎至小于15mm的块度，再输送到配料仓备用。大于150mm块度的石油焦，由颚式破碎机粗碎至小于150mm的块度，随后再经反击式锤碎机中碎至粒度小于20mm。小于20mm的石油焦粒最后通过磨粉设备细磨后入配料仓备用。

配料是制团工序的准备作业，把钛精矿、还原剂和黏结剂按适当比例混合均匀供制团使用。配料前必须准确确定配碳量，其确定方法采用计算和实际生产经验相结合的方法。理论上配碳量计算应包括：

（1）计算将钛铁矿中铁的氧化物还原为金属铁所需碳。

（2）将钛铁矿中部分还原为 TiO_2 还原为 Ti_2O_3 和 TiO 所需碳。

（3）将钛铁矿中部分杂质还原所需碳。

（4）铁水增碳所需碳。

（5）在炉内烧损的碳。

（6）机械损失的碳。

上述六项的总和便是所需碳量。所需碳量应等于加入的还原剂和黏结剂及所消耗的电极三者中的活性炭量总和。但计算还原钛铁矿中部分杂质所需碳比较麻烦，而炉内碳的烧损和机械损失只能根据生产实践经验加以估计。所以，在生产实际中配碳量确定的实际应用方法虽然很多，但主要有两种。

（1）计算将钛铁矿中所有铁的氧化物还原为金属铁所需碳称为"理论需碳量"，再加上所谓"过碳量"，便是需加入碳量。这种计算方法过于粗略，"过碳量"变化范围太大。

（2）计算将钛铁矿中所有铁的氧化物还原为金属铁和所有 TiO_2 还原为 Ti_3O_5 所需碳量的总和，再加上铁水增碳所需碳量便是需加入的碳量。假定炉内碳烧损由所消耗的电极碳补偿。这种计算方法比较准确，也比较简便。

无论采用哪一种计算方法都包含了一些估计因素，因此准确的配碳量（生产实际中的配碳比是指加碳量与钛精矿的重量百分比）只能在实际生产中经过验证才能确定。

B　制团

熔炼前预先将钛铁矿与磨细的还原剂混合均匀，并加入适量黏结剂制成团料，使矿与还原剂达到均匀的紧密接触，有利于固相还原反应的进行；同时，团料的熔化度比粉料高，可造成部分还原反应先于炉料的熔化，以减少液相中的还原反应量；其生成的钛渣中等的低价钛比粉料少，有利于降低电耗。此外，制团还可以改善炉料的透气性，使炉料相互间具有支撑作用以利于在熔池上方由于固体料的烧结而形成拱桥，减少热辐射损失，减少熔炼过程中的粉尘飞扬的损失。

混合均匀的炉料在间接加热的混捏锅中进行混捏，混捏时间为 15~20min，混捏料经制团机制成球团块，制成的团矿经干燥后入炉冶炼。混捏锅体四周墙板和底板都是中空的，其上设有蒸汽入口和出口，内有双螺旋搅刀，搅刀固定在转轴上通过减速器与电动机相连。按比例称量好的原料一批一批地从进料口加入锅体内，在蒸汽加热和搅刀的强力搅动翻转下，沥青软化并与钛铁矿精矿、石油焦粉混合均匀，随后从出料口排出。制团过程不仅操作繁琐，而且往往成团率不高（70%~90%），不经干燥的团块强度很差，大部分团块在入炉的过程中就已经破裂。所以目前国内大部分工厂已简化为拌料，即经混捏的料直接加入炉中进行熔炼。

在生产实践中，一些工厂采用团料与粉料并用的混合炉料的熔炼方法。一般先将少量粉料加在炉底，然后依次加入团料—粉料—团料。这种方法既具有团料的优点，又可多加入一些炉料，有利于提高炉产量。还有的工厂在熔炼过程中加入粉料，创造了一些好的熔炼方法。

为克服制团过程的缺点，人们采用造球的方法。将钛矿磨细，加入适量添加剂（如皂土）在圆盘造球机中喷水造成球，经干燥后的球料具有足够的强度。球料与适当的还原剂按一定的比例（根据配碳量）混合均匀加入炉中熔炼。造球法虽然避免了使用沥青黏结剂，但钛铁矿需要磨细，球料需要干燥，熔炼时是球外配碳，还原反应主要在液相中进行。所以，球料不适合敞口电炉使用，而比较适合于连续加料的密闭电炉中使用。虽然也有将钛矿与碳粉混合造球的方法，但由于矿与碳粉的密度差别较大，造球比较困难，所以球内配碳的造球方法没有得到广泛应用。

C 电炉熔炼

现在的钛渣生产工厂，大多数采用周期性间歇操作的方法。电炉熔炼的正常每炉的操作程序包括捣炉、加料、接放电极、送电熔炼、烧穿出料口、出炉等步骤。

目前的敞口电炉熔炼钛渣是一次将全部炉料或大部分炉料先加入炉内，再进行熔炼的方法。这种方法的熔炼过程大致分为炉料熔化、造渣和过热三阶段。

（1）炉料熔化阶段。从开始送电熔炼至炉料全部熔化（除熔池上方的固体拱桥外）完毕称为炉料熔化阶段。熔炼刚开始时，新加入的炉料比电阻大，电极与炉料直接接触，依靠炉料电阻热加热炉料，此时输入电流虽小但比较稳定，此段期间电阻热占主导地位，但这段时间不长。当电极下方炉料熔化形成三个"坩埚熔池"后，电极与"坩埚熔池"间产生电弧热加热炉料使熔池逐渐向外扩张，直至形成一个沟通三电极的"大熔池"。从"坩埚熔池"向"大熔池"的过渡期间，由于未熔化炉料部分被还原，其比电阻逐渐变小，所以炉料电阻热逐渐变小；而电极与"坩埚熔池"间的电弧热所占比例逐渐上升。从熔炼开始经过约半小时后电弧热便占主导地位。上述的"过渡期"为熔池高钛渣的不稳定时期，一是因为电流经过的线路（电极—坩埚熔池—未化炉料—坩埚熔池—电极）的电阻随时间而变化；二是"坩埚熔池"上方的固体炉料经常会陷落至熔池引起激烈的反应而使渣沸腾，而且这种"塌料—渣沸"现象是无规律的。

由于上述两方面的原因，造成三相电阻、电流失去平衡，电极串动频繁，甚至有时发生短路跳闸现象。在每次出炉完毕后，尽快将炉中熟料捣入炉底，并在熟料上面加入适量粉状钛铁精矿，然后再加入团料，便可加快炉底"大熔池"的形成，缩短上述"过渡期"，使操作负荷尽快稳定和达到最高允许值。

炉底"大熔池"形成之后，主要依靠电极与熔池间产生的电弧热加热炉料，此时三相功率容易调节平衡，从而可实现高负荷操作，以加快熔池周围炉料的熔化。此时熔池上方的炉料处于悬空状态，容易发生塌料、翻渣的现象，引起电极串动和负荷的波动。

在炉料熔化阶段，热量除了用于炉料的熔化外，还要用于与熔化同时进行的还原反应，所以此阶段消耗的能量约占熔炼全过程总能量的 2/3。

（2）造渣阶段。炉料熔化后，熔体的 FeO 含量通常为 8%～10%，仍需将熔体中残留的 FeO 进一步还原，这就是所谓"造渣"。

造渣阶段的特点是熔体具有很高的电导率，热量几乎全部靠电弧热供给，熔池上方形成的烧结炉料"拱桥"起着遮挡热辐射的作用。如果"拱桥"形成不牢固，则会出现大塌料、大翻渣现象，这不仅造成炉况的不稳定和达不到造渣的目的，还会造成大量热量损失。因为大量熔渣沸腾喷溅到炉表面经冷却后结壳，这种反复的"翻渣、结壳、塌料、熔化"过程显然造成不必要的热量损失，延长造渣时间，增加电耗。要使造渣阶段顺利进行，必要的条件是在熔池上方存在一个牢固的烧结料拱桥。拱桥的牢固程度主要取决于炉料中黏结剂的性能和它的加入量，如果炉料烧结性能不好，说明黏结剂的加入量不合适。

（3）过热阶段。当造渣结束时，即渣的品位已达到产品的要求，但不一定就能马上出炉，还需要继续对熔体进行加热，以使渣铁充分分离，并使渣过热，保证顺利出炉。渣的过热阶段虽然时间不长，但十分重要。钛渣熔体的黏度或其流动性与温度密切相关，如果钛渣熔体的过热度不够，在出炉过程中的冷却作用会使其黏度急剧上升，甚至有时凝结在出口通道上，造成出炉的困难。当钛渣达到要求的过热度后应及时出炉，否则不仅由于熔炼时间加长，造成渣的过还原生成较多的 TiC，反而不能顺利出炉，而且有可能使熔池上方的"拱桥"熔化造成大塌料而失去出炉的机会，因为生料落入熔池使钛渣的品位下降，又重新经历熔化、造渣和过热阶段。

　　D　影响熔炼过程的主要因素

熔炼过程中渣的品位、炉产量、电耗等技术经济指标受众多因素的影响。

（1）炉料的配碳量和加入状态。炉料中的配碳量对熔炼过程产生十分重要的影响，还原剂的过量和不足都会引起炉况的失调并导致熔炼失败。配碳过多，TiO_2 大量被还原，生成低价钛含量高的熔体，并助长 TiC 的生成，使熔炼过程和出炉变得困难，在极端的情况下，钛渣凝固在炉中排不出来；还会使炉料熔化量减少，降低产量。配碳不足会导致 FeO 还原不完全，需要造渣阶段补加大量碳，使熔炼时间增加，也会使电耗上升；另外，有时还会造成对炉衬的腐蚀。

炉料中的配碳量要采用计算与生产验证相结合的方法来确定配碳量。在采用两次配碳的操作方法时，要正确选择炉料配碳量与造渣时补加碳量之间的比例，一般认为在炉料中配入 80%，造渣时加入 20% 比较合适。在采用团料与粉料混合料工艺时，粉料中不配碳操作比较方便，但应在团料中多加入一些碳，团料与粉料的比例以（8∶1）~（9∶1）为宜。

（2）炉料加入量。在电炉功率、电极直径和极心圆直径已确定的情况下，增大炉膛直径只能增加固体渣层的厚度，而不可能增加炉产量。但适当增加炉膛高度，增加炉料加入量，可以增加熔池高度，因而可以增加炉产量。采用团料与粉料混合料工艺，比单一团料工艺可多加入一些炉料，因而有利于增加炉产量。

（3）电气制度。钛渣电炉基本上是在电弧条件下操作，所以熔炼钛渣过程接近炼钢过程。炼钢炉的操作要在高压下工作，有利于提高电能利用系数，降低单位电耗，并相应提高炉产量，这说明了钛渣电炉的操作电压比一般的矿热炉要高的原因。操作电压的升高，使电弧拉长，从而可提高电弧区电能利用率，并使炉尘带出的粉尘量降低，有利于提高钛的回收率。但电弧的加长会导致热辐射损失的增加，所以对给定功率的电炉应有一个相应的合理操作电压值。电炉额定电压与其功率的关系式为：

$$U_额 = 7.6 P_相^{0.4} \qquad\qquad (2-26)$$

式中　7.6，0.4——表示熔炼钛渣过程的特征系数；

　　　　$U_额$——二次电压，V；

　　　　$P_相$——电炉相功率，kV·A。

电炉二次电压的允许范围为 $(0.8 ~ 1.15)U_额$。

电炉功率较小时，选择的二次电压值比计算出的最大值可高一些。原因是炉子小，在熔池上方的固体料拱桥比较牢固，可有效地遮挡热辐射，在这种情况下可采用较高的二次电压值。

（4）熔炼温度。钛精矿的主要成分是 $FeTiO_3$，它的熔点温度是在 1470℃ 左右，钛渣的熔点依其组成不同在 1580 ~ 1700℃ 之间。热力学分析表明，提高温度促进 TiO_2 还原生成低价钛，这是不希望的。因此，钛渣熔炼过程应尽可能在较低的温度下进行。最理想的情况是在固相中进行还原，在液相中进行熔化分离。在电炉熔炼钛渣时，应尽可能采取措施增加固相还原量，但固相还原毕竟是有限的。因为炉料的熔化温度低于 $FeTiO_3$ 的熔点，约在 1250~1300℃下炉料便开始熔化，熔渣的热源主要是电弧热。为了降低熔体的温度，炉料配碳少一些进行熔炼所生成的初渣具有较低的熔点，这样大部分 FeO 便可在较低温度下，最理想的情况是在固相中进行还原，在液相中进行熔化分离。

E 渣铁分离及后处理

小功率的敞口电炉，渣铁分别排放存在一定困难。一是因为产品（钛渣和金属铁）量少，熔池高度小（一般 250~400mm），铁水的高度更小（一般在 100~150mm）。在炉上设两个出料口的高差太小，操作起来有一定的困难。二是因为渣铁界面可能不清晰，分别排放也不一定能将渣铁分离好。因此，目前国内仍然采用以铁带渣的渣铁同时排放的方法，在炉外再进行渣铁分离。

过热钛渣具有很好的流动性，因此一般可以顺利出炉。但有时流动性不好，出炉困难。出炉困难主要是因为在出炉过程中，特别是钛渣在通过出口通道被降温，少量固体物被析出使渣变得黏稠。因此要求钛渣出炉时要求动作要迅速，流程要设计得尽量短；并且出炉时不断电，电极随液面下降进行加热，以使钛渣处于过热状态向外流动。

渣铁分离包括炉外进行和炉内进行两种方式。在炉外进行渣铁分离的方法有两种，一种是渣和铁排至渣包分层凝固后进行渣铁分离；二是渣和铁流入渣包后，从底部放出铁水，钛渣熔体因降温失去流动性而留在包内。炉外分离方法的缺点是渣铁分离不好，渣中夹杂较多铁珠，在其后磁选分离出来的铁珠中夹渣，造成渣的损失。

渣铁分离最好在炉内进行，在炉上设有出渣口和出铁口，渣口在上，铁口在下。现将钛渣从出渣口排出，然后再从出铁口排出铁水，一般排放两次渣才排放一次铁。热接的铁水在炉外直接进行脱硫、增碳和合金化处理，加工成铸造生铁或其他产品。但只有在电炉的容量较大、炉产量较高的情况下才比较容易实现渣铁分别排放。

钛渣在冷却过程中发生物理化学变化。其中最重要的是与空气中氧的作用，钛渣中低价钛氧化成高价氧化钛（金红石型或锐钛型 TiO_2）。钛渣氧化的结果引起其组成和物理性质的变化，对其后钛渣的应用有直接的影响。由于不同价钛氧化物摩尔体积不一样，钛渣氧化后发生破裂粉化产生细粉，渣中低价钛含量减少，使钛渣在其后的氧化焙烧时或氯化时的放热量减少。减少钛渣在冷却中氧化的最有效和简便的方法是喷水冷却。

钛渣冷却后进行破碎、磨细，磨细的钛渣中还夹有一定数量的铁粒，应通过磁选将它们分离出来。分离出来的磁性物还夹杂有钛渣，需进行回收处理，或将磁性物加入炉中重新熔化以回收其中的钛渣。

2.3.1.3 技术经济指标

A 高钛渣质量

钛铁精矿中的 CaO、MgO、Al_2O_3 在还原过程中基本上不被还原，但在电弧高温区有小部分可能被还原，绝大部分富集在渣相中。MnO 有少量被还原入金属相，大部分入渣相。SiO_2 部分被还原入金属相或挥发逸出，相当一部分入渣相。因此，由不同矿源生产的高钛渣质量差别较大，由含非铁杂质含量高的钛精矿生产的高钛渣品位较低。

高钛渣有中华人民共和国有色金属行业标准（YS/T 298—2007）和高钛渣行业标准。

产品粒度：产品呈粉状交货，粒度在（88~420μm）之间的部分大于75%。粒度小于74μm（200目）的部分不能超过5%。

产品外观：为黑色粉末状物，产品中不能混入外来杂物。

B　单位电耗

电炉还原熔炼高钛渣的单位电耗与许多因素有关，如钛铁精矿的质量，电炉熔炼大小，工艺技术水平和工厂的管理水平等。因此，各厂生产高钛渣的单位电耗相差悬殊，以生产含$\sum TiO_2 \geqslant 94\%$的两厂（广东、广西）高钛渣为例，吨钛渣电耗变化范围大致在2800~3500kW·h。

2.3.1.4　存在的问题和改进方法

敞口电炉熔炼高钛渣的优点是产品品位高，生产技术容易掌握；缺点是炉况不稳定、热损失大、粉尘多、劳动条件差、劳动强度大、噪声大等，因而仅适用于小规模生产高质量钛渣。当前生产中急需研究解决的问题是降低工人劳动强度和改善劳动条件，改进的主要措施是实现机械化操作和治理粉尘，并改进渣铁分离方法，将半钢加工成产品出售。

2.3.2　敞口电炉熔炼酸性钛渣

用于硫酸法生产钛白的钛渣，在国内俗称为酸溶性钛渣。敞口电炉熔炼酸溶性钛渣与熔炼高钛渣的工艺、设备和操作方法基本上相同，但也有不同之处。即在还原熔炼时要控制适当的还原度，使获得的钛渣达到下列基本要求：

（1）具有良好的酸溶性。一般要求酸解率≥94%。

（2）要有适量的助溶杂质FeO和MgO（FeO和MgO具有促进钛渣中钛氧化物溶于硫酸的作用），以便钛渣具有良好酸解反应性能。

（3）低价钛含量要控制适量。

（4）对生产钛白有害的杂质（特别是硫、磷、铬、钒）含量不能超标。

钛渣的酸溶性能主要取决于它的物相结构，而物相结构又随其化学组成和它在出炉后的冷却方式而变化。

钛铁矿在电炉中还原熔炼时，除了铁氧化物被还原外，还伴随着TiO_2的部分还原。

$$2(FeO \cdot TiO_2) + C \stackrel{}{=\!\!=\!\!=} FeO \cdot 2TiO_2 + Fe + CO \qquad (2-27)$$

$$3(FeO \cdot 2TiO_2) + 5C \stackrel{}{=\!\!=\!\!=} 2Ti_3O_5 + 3Fe + 5CO \qquad (2-28)$$

在钛渣熔体出炉后的冷却结晶过程中，大部分钛的氧化物与其他碱性较强的金属氧化物化合形成二钛酸盐（如$FeO \cdot 2TiO_2$、$MgO \cdot 2TiO_2$、$MnO \cdot 2TiO_2$），它们与$Al_2O_3 \cdot TiO_2$、Ti_3O_5等形成所谓黑钛石固溶体；也形成少量偏钛酸盐（如$FeO \cdot TiO_2$、$MgO \cdot TiO_2$、$MnO \cdot TiO_2$），它们与Al_2O、Ti_2O_3等形成所谓塔基石固溶体；还有少量钛氧化物进入硅酸盐玻璃中，嵌于以上两种固溶体之间。另外，钛渣熔体在空气中冷却时，其中部分低价钛还会被氧化生成游离的TiO_2，当这种氧化发生在温度$t > 750℃$时，氧化产物主要是金红石型TiO_2（MO_2固溶体）。

钛渣酸溶试验表明，黑钛石固溶体中的钛氧化物最易溶于硫酸，金红石型TiO_2不溶于硫酸。作为酸溶性钛渣，应含有适量的助溶杂质（主要是FeO和MgO）和一定量的

Ti_2O_3 以使钛的氧化物尽可能赋存于黑钛石固溶体中，并在工艺上采取措施避免生成金红石型 TiO_2。

在敞口电炉熔炼攀枝花矿和承德矿生产酸溶性钛渣试验中，因受当地条件限制，存在产品品位较低和成本较高的问题。今后需要选择合理的工艺流程和设备加以解决。

2.3.3 半密闭电炉熔炼高钛渣

半密闭电炉是在敞口炉上放置一个烟罩（高 2m 左右，在烟罩的四周有数个大、小不同的炉门），使炉面上燃烧的烟气从烟罩上面的排气孔排出去处理，可以减少炉面上的辐射热。半密闭电炉的优点是人工加料时，大大减轻了对人体的热辐射，炉口周围操作条件得到改善，烟罩上面温度不高，更换铜瓦等操作可在其上进行，另外，可配置余热锅炉利用余热，烟气较易于净化处理。

攀钢钛冶炼厂 25500kV·A 的半密闭钛渣电炉，其熔炼工艺操作环节有送电前的检查工作、配料、送电及加料、还原熔炼、出渣、出铁等。其工艺流程大致为钛铁精矿与破碎好的还原剂按比例配料之后送至炉顶的料仓，经计量从加料管加入炉内。加料后采用手动方式调节三相功率进行还原熔炼，待三相功率基本稳定后转为自动调节。每炉总料量为 $(140 \pm 10)t$，其中中心料仓加料量 10~20t。正常情况下每炉料分 3~5 批完成加料，当炉况不正常时，要减少第一批料加料量（同时相应增加第一批料的送电功率）；当前批料大熔池基本形成时，方可加入下一批料。第一批料 90~100t，可分为两个阶段加入，第二批料 40~60t，第三批料 10~20t。满足所有出渣条件时，可以开始烧渣口，进行出渣，出渣完毕，打开铁口进行出铁。攀钢钛冶炼厂 25500kV·A 的半密闭钛渣电炉生产工艺操作环节简述如下。

2.3.3.1 送电前的检查工作

送电前的检查工作包括：

（1）送电前电气设备方面检查确认内容。

1）检查全厂高压室后台监控并确认电网处于安全运行状态。

2）对电炉本体和各平台绝缘进行彻底检查。

3）检查各高压室及配电室，确认仪表显示是否正常、高压设备绝缘等级是否符合送电要求。

（2）送电前电炉本体及机械设备方面确认内容。

1）检查炉内的挂渣层情况。

2）检查电极工作端长度、氧化及裂纹情况。

3）检查料嘴、炉盖、二次燃烧室是否漏水。

4）检查出渣、出铁口的堵口情况。

5）检查各观察孔及防爆孔的关闭情况。

6）检查冷却系统（水冷、风冷）设备运行状况，水冷设备是否漏水，各冷却水管路是否畅通，流量是否正常。

7）检查电炉本体系统设备运行状况，各连接处是否紧固连接，并定期对传动件加油润滑，旋紧各部螺丝。

2.3.3.2　送电及加料

送电及加料操作包括:

(1) 手动降电极。电炉启动前,中控室操作人员手动将电极降至合适的位置,一般在熔渣上方 200mm 左右的位置,值班长向中控人员发出送电信号。

(2) 送电。中控室操作人员在电极控制操作台上操作按钮手动启动电炉,三个单相变压器同时送电,选择变压器有载调压开关,通过转换按钮(升/降)开关的操作,确保各变压器在 16 挡(270V)及以上电压运行,并将起始电流控制在 25000 ~ 30000A;通过三个电极的升/降操作,尽快使电流达到额定负荷,保持该负荷 3 ~ 5min 后,将电极手动置于自动控制操作。

(3) 调节炉内压力。在加料过程中调节炉气管道上的调节阀,使电炉炉内压力达到 0 ~ -20Pa。

(4) 操作人员操作按钮,执行加料操作。加料的时间及数量根据冶炼过程具体情况而定。

2.3.3.3　还原熔炼

半密闭钛渣电炉熔炼钛渣是间歇式熔炼,其还原熔炼操作要点如下:

(1) 电极控制。冶炼过程中电极在自动控制模式进行升降,物料熔化、反应并逐步形成熔池,炉盖下的反应气体被直接引入二次燃烧室进行燃烧,炉气燃烧后经除尘再排空。

(2) 中控人员必须随时观察操作平台的监控画面如炉温、水分配器、配送料、报警、电炉冶炼参数、打印等。中控人员必须随时切换画面并观察各种检测参数(重量、功率、电流、电压、温度、流量、压力、CO 等)是否符合工艺要求,当出现红色报警信号,中控人员、冶炼工或检修人员根据报警提示对出现故障的设备(部件)及时处理。

(3) 中控人员须观察工业电视的监控画面,观察炉口是否出现跑渣、跑铁的异常情况,出现后立即停电并及时通知冶炼工对炉口进行处理。

(4) 冶炼工巡视炉盖、短网、电极把持设备及水路、气路的运行状况。

(5) 电炉送电制度。严格执行第一批料先送电后加料的制度;每次开始送电时,电压必须退至 16 挡及以上;当本炉次加料完成形成大熔池后,应逐步提高电压挡位。对相同容量的矿热电炉,熔炼钛渣时的二次电压比熔炼铁合金要高 20 ~ 30V。工作电流在一个熔炼周期中是变动的,可以分成三个时期:

1) 低电流稳定期。开始送电,电极间的炉料有较大的电阻,炉子受电困难,同时也为了控制电负荷焙烧电极,二次电流仅是额定值的 0.3 倍。在这一时期电极电流稳定,应尽量不调动电极下插深度,让其周围的炉料“安静”地升温烧结。要避免电流大,造成上抬电极,致使“坩埚”塌料,炉渣翻腾,电流再增大,再上抬电极的恶性循环操作。

2) 电流波动期。低电流稳定末期,“坩埚”出现熔体,电流进入波动期工作。因炉料的还原和熔化进行剧烈,并伴随有塌料翻渣,电极经常处于短路工作状态,电流在额定值范围内频繁变动,甚至超载跳闸。对于人工配电,这一时期的操作是极其关键的,要本着逐级稳定、升高的原则给上电流，准确、迅速地进行调整。

选用较高的二次工作电压，相间熔通快，可以缩短电流波动期的时间。

3）高电流稳定期。电流波动末期，"坩埚"壁的炉料层温度升高并烧结牢固，塌料现象减少，电极电流波动幅度小。此时，电负荷较大，"坩埚"化料速度快，化料深、区域宽，相间接近熔通。当三个"坩埚"最后熔通后，熔炼进入高电流稳定期，电极电流平稳易调，可稳定在额定值附近一直工作到熔炼终点。

2.3.3.4 过热、出渣、出铁

当渣的品位达到要求后，需要继续加热，使渣铁充分分离，保证顺利出炉。

电炉熔炼钛渣的操作关键是：自始至终控制三相"坩埚"的深度相一致，并使三相电极有合理的下插深度，让高温熔区保持在渣层与炉料层之间的同一个水平面上，同时，还要随时掌握炉况，及时处理不正常现象以及准确判断熔炼终点，并迅速出炉。借助于电表运行状况和对炉子的直接观察，可以判断还原过程进行的情况。

（1）当塌料翻渣不多，电极电流较为平稳，电弧响声有节奏，炉气从"坩埚"口均匀逸出，炉内化料良好，目测渣样含 TiO_2 94% ~96%（在熔炼高品位钛精矿时）为炉况正常。

（2）如果电炉受电不均匀和十分困难，电流波动剧烈，电弧发出奇异响声，炉内化料不好，渣流动性差，取渣样时粘铁棒，渣样表面凹凸不平，断口呈深蓝、深紫或金黄色，目测含 TiO_2 >98%，则为炉内"过还原"。这种不正常现象多由于炉料配碳量过高，或是塌料翻渣次数多，反复捣炉重熔所致。处理方法是外加适量钛铁精矿调整炉渣成分。若兼有"坩埚"底上涨，还可以外加部分铁渣或锈铁屑帮助"下炉底"；同时还要加大电力负荷提高炉温。

（3）如果电炉受电十分稳定易调，"坩埚"熔区宽大，渣流动性好，取渣样时不粘铁棒，渣样表面光滑，断口呈铁灰色，目测含 TiO_2 <94%，则为炉内还原剂不足。这种不正常现象是由于炉料配碳量不足或外加矿过多所致。

处理方法是往炉内补加适量颗粒为 10mm 的冶金焦粒（或石油焦粒）进行精炼。但若发现熔渣侵蚀炉墙，则应迅速出炉，随后在相应部位添加一定数量的石油焦粒，再转入下一炉次作业。

（4）熔炼终点判断。熔炼终点根据连续用电时间，用电度数，电表运转状况和炉膛化料情况综合判断。

当三相电极间已熔通，"坩埚"内又有相当数量的熔体，炉渣含 TiO_2 94% ~96%，即为熔炼终点。到熔炼终点，要赶在可能出现大塌料之前迅速出炉。用圆扒把炉口堵渣扒出，再用钢钎扎穿结渣层，炉内熔体便自动流出，盛于炉前渣包。

2.3.4 密闭电炉熔炼钛渣

密闭电炉熔炼钛渣可克服敞口电炉熔炼的许多缺点，是一种先进的熔炼钛渣方法。按炉型不同，又有圆形密闭电炉和矩形密闭电炉之分。

2.3.4.1 熔炼方法的特点和布料方法

密闭电炉熔炼钛渣，把粉料（钛精矿与冶金焦末混合料）连续加入电弧区，加入的

炉料立即反应熔化，在电极下面的泡沫渣与不断下落的炉料的混合物具有遮挡电弧和导电的作用。在熔炼过程中，炉料不断加入不断熔化，熔池液面逐渐上升，电极也随之上升，在熔池表面不形成坚硬的固体料壳，这就消除了敞口电炉熔炼方法存在的塌料、喷渣等弊病。

在密闭电炉中，炉盖具有除尘、保温等作用，可大大减少热辐射损失，因此连续加料的开弧熔炼方法可应用在密闭电炉中。但采用这种熔炼方法时，布料、电炉参数和电气制度的选择必须合理，才能获得较好的技术经济指标。

在采用开弧熔炼方法的密闭电炉中，热产生和传递路线如图 2－13 所示。由图 2－13 可知，开弧冶炼电炉在三个区域产生热量。

（1）在电极上（A），电流经过电极产生电阻热，这部分热量不能直接用于熔化炉料，仅作为热损失的一部分。

（2）电弧区（B），电流经过电极末端至熔池表面间的气体区产生电弧。由于气体的电阻大，电流经过时产生很大的压降，发出大量的热和光，这是开弧熔炼产生热的主要区域。电弧直径一般小于电极直径，能量密度最大的电弧的两端（电极末端和熔池顶部表面）。电弧区的热量必须充分利用，否则会严重破坏炉衬和炉盖。

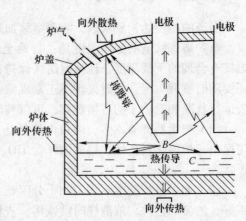

图 2－13　开弧熔炼电炉
热产生和传递路线

（3）熔池区（C），电流经过熔池产生电阻热。熔池渣层是高电导性的熔化钛渣，电流经过时电阻很小，只能产生少量的热。

以上三个区域产生的热量，一方面通过热传导和热辐射向熔池加热；另一方面也通过热辐射和热传导把热量传递到炉壁、炉盖、炉底和炉外的电极表面，然后部分热量由炉气带出炉外。可见热辐射是开弧电炉中一种最主要的传热方式。为了减少热损失和提高炉体寿命，必须设法降低炉内热源对炉壁和炉盖的热辐射。

按照辐射传热公式：

$$q = C_{1-2}\varphi F\left[\left(\frac{T_1}{100}\right)^4 - \left(\frac{T_2}{100}\right)^4\right] \tag{2-29}$$

式中　q——辐射传热速率，kJ/h；

　　C_{1-2}——总辐射系数，kJ/(m^2·h·K^4)；

　　φ——角系数或几何系数；

　　F——辐射面积，m^2；

　　T_1——较热物体温度，K；

　　T_2——较冷物体的温度，K。

在特定的密闭电炉中，可把较热物体（电弧区、熔池和电极下端）和较冷物体（炉壁、炉盖等）的面积以及公式中的其他系数看成常数，因此热辐射的传热速率仅与较热物体和较冷物体的温度有关。从上式估算,如果电弧区和熔池表面温度每降低400℃,则它们向炉壁和炉盖的热辐射传递速率降低1/2。可见,采用合理的布料方法来降低电弧区和表面熔池温度是十分重要的。

在开弧炉中,电弧是主要热源,炉渣的电阻热是次要的。所以,大部分炉料应直接加到电极下面的电弧区,如果这样做有困难,至少也应将大部分炉料加在电极周围。炉料进入高温区后立即反应熔化,放出气体使炉渣呈泡沫状态。这样在电极下面的电弧区形成泡沫渣与下落炉料的固—液—气混合物,这种混合物不仅可以遮挡电弧光和热的辐射,而且具有导电、传热和降温的作用。

由于开弧熔炼电炉的主要热源是在电弧区,随功率的增加,电弧区的能量密度增加,造成局部过热现象加剧,所以大功率电炉通常采用6电极排成一字型的矩形电炉。矩形电炉也是围绕电极布料,加料口分布在不同相的电极间和电极的两侧,少量的炉料由炉周的多个加料口加入。

除了加料口要合理分布外,每个加料口的加料量和加料速度对熔炼过程也会产生重要的影响,加料速度应与炉子的给电功率匹配适当。在给定电功率的条件下,加料速度太慢,电流不稳,炉温升高,炉盖和炉衬受侵蚀,电耗升高;加料速度太快,炉内出现涨渣,电流波动增大,如果长时间加料太快,炉料不能及时熔化而在炉中堆积起来,会出现塌料、喷渣、结壳等不良现象,导致破坏熔炼的正常进行。因此,在给电功率一定的条件下,寻找最合理的加料速度是保证熔炼正常的一个重要环节。

在给定电功率一定的条件下,炉盖和炉气温度随加料速度而变化。加料速度增大,炉盖温度下降;加料速度减慢,炉盖温度上升。如果长时间加料速度小,最终可能导致烧坏炉盖;停止加料而进行熔炼会严重影响炉体寿命。

2.3.4.2 圆形密闭电炉冶炼钛渣

圆形密闭电炉如图2-14所示。把经过预氧化焙烧的钛精矿和还原剂混合均匀的炉料放入炉顶料仓,由螺旋加料机输送至下料管,不断加入炉内。螺旋加料机由直流电机传动调节加料速度。炉料落入熔池后进行反应,反应放出的气体,使炉渣保持一定的沸腾上涨状态,并有不断下落的炉料吸收电弧。在正常下料熔炼时,炉功率比较平稳。在出炉前十分钟停止加料,露出电弧,负荷不稳,电流出现较大波动。钛渣和铁分开排放。密闭炉内温度比敞口炉高,渣口和铁口较容易打开。出炉完毕后,堵住渣口和铁口,可继续加料进行下一炉熔炼。

操作的关键是要使加料速度与给电功率之间达到匹配。在给电功率一定的条件下,加料速度太慢,炉内露出电弧,电流不稳,电耗升高;加料速度太快,炉内出现涨渣,电流波动增大。所以,在给电功率一定的情况下,寻找合适的加料速度是提高炉产量,降低电耗的一个重要途径。

在给电功率一定的条件下,炉盖温度随加料速度变化而变化。加料速度增大,炉盖温度下降;加料速度减慢,炉盖温度上升。在给电功率和加料速度不变时,炉盖温度几乎保持不变。因此,可根据炉盖温度来判断加料速度是否合适。炉盖内表面温度一般在900~1100℃,在出炉停止加料期间炉盖温度上升100~150℃。

密闭电炉熔炼钛渣与敞口电炉比较,有如下优点:

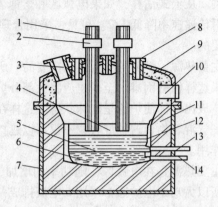

图 2 - 14   熔炼钛渣的圆形密闭电炉结构示意图

1—电极；2—电极夹；3—炉气出口；4—炉料；5—钛渣；6—半钢；7—钢壳；8—加料管；

9—炉盖；10—检测孔；11—筑炉材料；12—结渣层；13—出渣口；14—出铁口

（1）热损失减少，耗电量降低 5% ~ 8%，TiO_2 回收率提高了 5% 左右。

（2）还原熔炼在密闭的还原性气氛下进行，避免了电极的高温氧化和还原剂的氧化烧损，电极和还原剂消耗分别减少 50% 和 30%。

（3）无噪声，消除了烟尘污染，并可回收利用电炉煤气，有利于环境保护和改善劳动条件。

（4）炉况稳定，不需要进行捣炉作业，减轻工人劳动强度，有利于实现机械化作业。

2.3.4.3   矩形密闭电炉熔炼钛渣

与圆形密闭电炉比较，矩形密闭电炉具有如下的优点：

（1）密闭电炉熔炼钛渣采用开弧熔炼方法，主要热源是电弧热。圆形电炉 3 电极呈三角形排列构成三相，电弧区特点集中，炉中心易过热。热辐射是随炉内温度的四次方关系增加，所以炉内温度过高，对炉壁和炉盖会产生强烈热辐射侵蚀。电功率越大，这种过热现象就越严重，故圆形电炉的容量受此限制。可见，熔炼钛渣的大型密闭电炉选择矩形炉为宜。

（2）圆形密闭电炉在排料时，可能在炉内出现负压吸入空气。需采取特殊措施来防止这种情况的发生，给操作和控制带来了麻烦。而矩形电炉可以在一相停电，另外两相工作的情况下排料，排料过程不会出现炉内负压，从而可使密闭熔炼过程连续进行。

（3）在设计一个相同功率的电炉时，矩形电炉的电极直径和单个变压器功率要比圆形电炉的小，这对于建造大密闭电炉特别重要。

（4）矩形密闭炉的炉盖结构比较简单，制造、维修和更换都比较容易。

加拿大魁北克铁钛公司（简称 QIT）是目前世界上最大的采用矩形电炉冶炼钛铁矿生产钛渣的厂家，其结构示意图如图 2 - 15 所示，加料管布置如图 2 - 16 所示，其生产工艺流程见图 2 - 17。

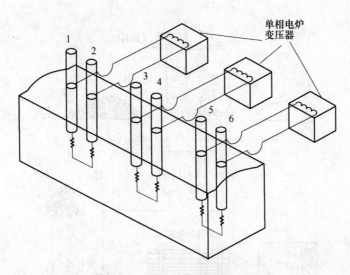

图 2-15 矩形密闭炉结构示意图

1~6—电极

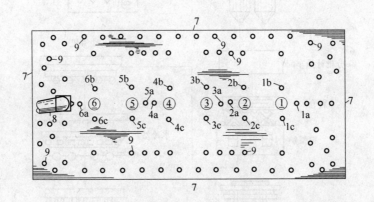

图 2-16 矩形电炉的加料管分布图

1a~6a—不同相间的加料管；1b~6b，1c~6c—电极侧部的加料管；7—炉壁；

8—未熔化的料；9—炉周加料管

目前钛渣生产中存在的问题有：

（1）炉料准备，包括混合和制团作业不够完善。

（2）熔炼过程不连续，呈周期性。

（3）产出的生铁还只是半成品，不能直接使用，影响其经济价值。

（4）电炉结构不完善，单台炉功率和炉产能不够大。

（5）由于收尘系统不完备致使含钛物料损失大，从而造成钛的回收率不够高。

（6）劳动条件和工作环境较差。

钛渣生产主要向电炉的密闭化，设备的大型化发展，采用二段法炼钛渣及在旋流炉中熔炼钛渣。两段还原熔炼法是指首先在回转炉或沸腾炉中让钛铁矿中大部分氧化铁在固相中被还原，而后送入电炉进行造渣与熔化分离，这可提高生产能力，降低电耗 20% ~ 30%。

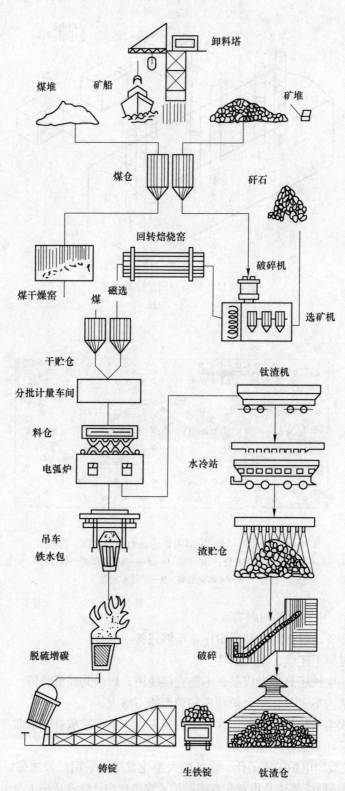

图 2－17　加拿大 QIT 公司 Sorel 熔炼厂钛渣生产流程图

本部分内容讲授钛渣生产工艺实践，在学习之前或过程中，通过现场参观或观看现场视频增强学生对钛渣生产实践的理解，提高学生的学习兴趣；教师讲授时，应采用多媒体教室，将相关示意图与文字表述结合起来，使抽象、枯燥的文字生动有趣，提高课堂教学效果。

2.4　人造金红石的生产

到目前为止经过研究或已获得工业应用的人造金红石制取方法主要有：电热法、选择性氯化法，还原—锈蚀法、酸浸出法等。

2.4.1　电热法

电热法是我国特有的一种生产金红石的方法，首先在电炉中还原熔炼钛铁矿获得高钛渣，然后在回转窑中焙烧高钛渣成人造金红石。这种人造金红石主要用作电焊条涂料。

高钛渣氧化焙烧过程有两方面的目的：一是将高钛渣中不同价态的钛氧化物氧化焙烧转变成金红石型 TiO_2；二是脱去高钛渣中部分硫、磷、碳，使这些元素在产品中的含量达到电焊条涂料的要求。

2.4.1.1　高钛渣在氧化焙烧过程中的化学变化

高钛渣含有许多变价元素，如钛、锰、铁、钒、铬、硫、磷、碳等，其中一些处于低价状态。在焙烧过程中这些低价物被氧化成高价。

A　硫、磷、碳的氧化过程

高钛渣中的硫主要是以金属硫化物形式存在。例如 FeS、MnS 和钛的硫化物等，在焙烧过程中这些硫化物被氧化生成 SO_2。

$$FeS + O_2 \longrightarrow FeO + SO_2 \uparrow \qquad (2-30)$$

500℃ 左右开始发生脱硫反应，650℃ 时脱硫反应加快。高钛渣在 750~850℃ 下停留 1h，脱硫率便达到 90% 左右。影响脱硫的因素有物料的粒度、窑内温度和气氛、料层厚度和窑的转速等。

高钛渣中的磷以磷化物和磷酸盐形式存在，脱磷比脱硫困难，幸而钛精矿的磷含量一般不高，因此产品中的磷一般不超标。

高钛渣中的碳以金属碳化物和游离形式存在，在焙烧时发生氧化生成 CO 或 CO_2 逸出。但因有些金属碳化物（如 TiC）比较稳定，这部分碳不容易脱去。

B　高钛渣中低价钛的氧化反应

高钛渣中的低价钛含量较高，因此低价钛的氧化反应是焙烧过程中的主要反应，也是焙烧过程中的主要热量来源之一。其反应为：

$$2Ti_2O_3 + O_2 \Longrightarrow 4TiO_2 \qquad \Delta H_{1073K} = -383J/mol \qquad (2-31)$$

低价钛的氧化放热为焙烧过程提供大约 50% 的热量。

在低温下生成的锐钛型 TiO_2 在高温下转化为金红石型 TiO_2，高钛渣焙烧产品中的 TiO_2 主要是以金红石型存在。

C　金属铁和 FeO 的氧化反应

高钛渣中存在的少量金属铁在焙烧时容易氧化成 FeO，但 FeO 较难氧化成高价的，这是存在低价铁的缘故。FeO 的氧化比低价钛的氧化要困难得多。温度高于 700℃ 时，FeO 才开始氧化，在 850℃ 下也不容易氧化完全，所以在焙烧人造金红石产品中仍然残留少量 FeO。

D　其他杂质的氧化反应

高钛渣中的锰、钒和铬等低价物在焙烧过程中也发生氧化生成相应的氧化物。

2.4.1.2　高钛渣在焙烧过程中的物理变化

高钛渣的主要相是以 Ti_3O_5 为基的黑钛石固溶体，它含有 Ti_3O_5、$FeTi_2O_5$、$MgTi_2O_5$、$MnTi_2O_5$、$Al_2O_3 \cdot TiO_2$ 等矿物，这些矿物相互溶解形成复杂的固溶体。固溶体可表示为：$m[(Fe、Mg、Mn、Ti)0.2TiO_2] \cdot n[(Al、Ti)_2O_3 \cdot TiO_2]$，$m + n = 1$。在氧化焙烧过程中，黑钛石固溶体逐渐受到破坏。最终的氧化焙烧产品的主相是金红石型 TiO_2，但仍然残留着晶格发生了畸变的黑钛石固溶体结构。高钛渣中存在较多的低价钛，它的颜色呈黑色。随着焙烧过程的深入进行，其中低价钛发生氧化，其颜色也相应发生变化，尽管最终的产品中不含低价钛，但因含有一些有色杂质如铁、锰、钒和铬等氧化物，所以产品仍呈现不同的颜色。产品的颜色不仅与这些有色杂质的含量有关，还与它们的氧化完全程度有关，一般电热法人造金红石的颜色为褐色。

2.4.1.3　产品质量

人造金红石产品的质量取决于高钛渣的质量。人造金红石主要由 TiO_2、FeO、Fe_2O_3、CaO、MgO、SiO_2、Al_2O_3、MnO 组成。电热法生产人造金红石的优点是三废少，工艺技术容易掌握；主要缺点是用电量大，人造金红石品位较低，生产过程中的劳动强度大，劳动条件差等。

2.4.2　选择性氯化法

选择性氯化法生产人造金红石是利用钛铁精矿中各组分与氯的反应能力不同来进行的。在 850 ~ 950℃ 温度下，在有还原剂碳存在的情况下，精矿中各组分与 Cl_2 作用的顺序依次为：$CaO > MnO > FeO > V_2O_5 > MgO > Fe_2O_3 > TiO_2 > Al_2O_3 > SiO_2$。因此通过控制配碳量或预氧化使 FeO 转变成 Fe_2O_3，氯化时可使位于 TiO_2 前的那些组分优先氯化，并使铁以 $FeCl_3$ 形式挥发出来；而钙、镁、锰等的氧化物则转变为 $CaCl_2$、$MgCl_2$、$MnCl_2$ 等氯化物形式，它们虽难以挥发而残留在不被氯化的 TiO_2 中，但在下一步可通过水洗分离除去，从而得到人造金红石产品。其工艺流程示意图如图 2 - 18 所示。

2.4.2.1　预氧化

预氧化的目的在于，使精矿中的 FeO 成分先氧化成 Fe_2O_3，在氯化时直接转变成易挥发除去的 $FeCl_3$ 蒸气，从而避免经过挥发性小易破坏沸腾操作的 $FeCl_2$ 阶段，同时在预氧化时使矿石晶格松动而有提高铁选择性氯化率的作用。

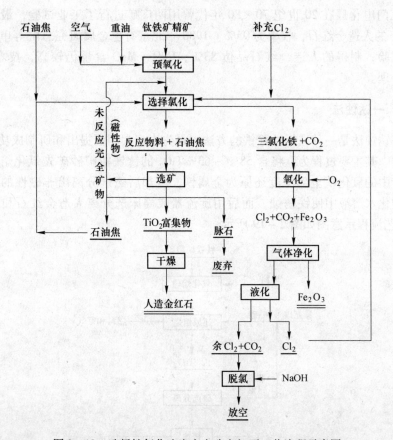

图 2 - 18 选择性氯化法生产人造金红石工艺流程示意图

预氧化时的反应为:

$$2FeO \cdot TiO_2 + \frac{1}{2}O_2 = Fe_2O_3 \cdot TiO_2 + TiO_2 \qquad (2-32)$$

2.4.2.2 选择氯化

选择氯化时的主要反应为:

$$Fe_2O_3 \cdot TiO_2 + 3C + 3Cl_2 = TiO_2 + 2FeCl_3 + 3CO \qquad (2-33)$$

$$Fe_2O_3 \cdot TiO_2 + 1.5C + 3Cl_2 = TiO_2 + 2FeCl_3 + 1.5CO_2 \qquad (2-34)$$

选择氯化时的影响因素有:反应温度、配碳量、精矿来源及其成分和矿粒大小等。

2.4.2.3 回收

从沸腾炉中挥发出来的 $FeCl_3$ 蒸汽经冷凝收尘后,在氧化炉内氧化再生成 Cl_2,经加压冷冻提高浓度后返回氯化炉,达到循环利用的目的。

$$2FeCl_3 + \frac{3}{2}O_2 = Fe_2O_3 + 3Cl_2 \qquad (2-35)$$

尾气经碱洗脱除余 Cl_2 后排空。

日本三菱金属公司按此流程首先研制成功,建成月产1000t人造金红石的实验工厂。

我国广东江门电化厂在20世纪70~80年代曾用两广矿进行了工业试验，最终得到TiO_2含量为92%的人造金红石，收率为95%。1980年北京有色金属研究总院等单位用攀矿按此法进行试验，制得的人造金红石品位83%，$CaO + MgO$含量仍较高，技术难度较大，经济上不合理。

2.4.3 还原—锈蚀法

还原—锈蚀法是一种选择性除铁的方法，最先由澳大利亚提出和研制成功，并在工业上得到应用。其主要过程为：将含58%~63% TiO_2的钛铁精矿砂矿先氧化焙烧，然后用无烟煤将矿中的氧化铁全部深度还原为金属铁，冷却后磁选分离出非磁性的焦煤返回利用，再在酸化水溶液中使铁锈蚀，而后用旋流器或摇床选分离人造金红石和赤泥（氧化铁）。其工艺流程示意图如图2-19所示。

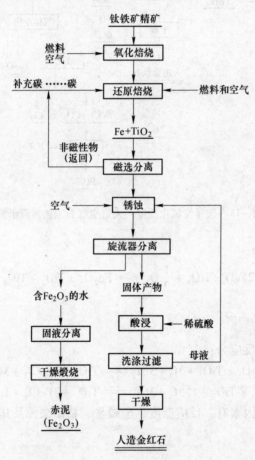

图2-19 还原—锈蚀法生产人造金红石工艺流程示意图

2.4.3.1 预氧化

钛铁矿氧化生成高铁板钛矿（Fe_2TiO_5）和金红石，使Fe^{2+}转变成Fe^{3+}。

$$2FeTiO_3 + 1/2O_2 \longrightarrow Fe_2TiO_5 + TiO_2 \tag{2-36}$$

预氧化在回转窑中进行，其作用是使原矿中的铁由低价转变成高价时得以活化，并可在下一步提高铁的还原速度和还原率，减少在固相还原过程中矿物的烧结。在空气中进行氧化焙烧，钛铁矿的氧化是不完全的，氧化矿中含有 3% ~7% 的 FeO。氧化矿冷却至 600℃ 左右进入还原窑。

2.4.3.2 预还原

还原焙烧是锈蚀法的关键步骤。钛铁矿的碳还原表面上看来还原剂是固体碳，但研究表明，在温度大于 1030℃ 时，主要是碳气化反应产物 CO 的还原作用。

在窑炉中还原过程分两步进行：第一步是在 1000 ~1200℃ 温度下使 Fe^{3+} 还原为 Fe^{2+}。第一阶段是 $Fe^{3+} \rightarrow Fe^{2+}$：

$$Fe_2Ti_3O_9 + CO \Longrightarrow 2FeTiO_3 + TiO_2 + CO_2 \qquad (2-37)$$

$$Fe_2TiO_5 + TiO_2 + CO \Longrightarrow 2FeTiO_3 + CO_2 \qquad (2-38)$$

第二阶段是 $Fe^{2+} \rightarrow Fe$，并伴随 TiO_2 的部分还原：

$$2FeTiO_3 + CO \Longrightarrow FeTi_2O_5 + Fe + CO_2 \qquad (2-39)$$

$$nTiO_2 + CO \Longrightarrow Ti_nO_{2n-1} + CO_2 \quad (n>4) \qquad (2-40)$$

$$FeTi_2O_5 + CO \longrightarrow Fe_{3-x}Ti_xO_5 + Fe + CO_2 \quad (2 \leqslant x \leqslant 3) \qquad (2-41)$$

还原钛铁矿是由金属铁、Me_3O_5 固溶体（$FeTiO_3$-Ti_3O_5）和还原金红石三相组成的。

还原焙烧也在回转窑中进行。用煤作燃料和还原剂。窑内温度是通过调节加煤速度和通风速度控制的。窑炉中要维持还原性气氛。还原后的物料温度高达 1140 ~1170℃，需在筒外壁喷淋冷却水的回转冷却筒中冷却至 70 ~80℃，冷却料经双层回转筛筛选出的非磁性部分为碳和灰分（煤灰和余焦）的细粉，弃之。磁性部分为还原钛铁矿送去锈蚀处理。

2.4.3.3 锈蚀

锈蚀过程是一个电化学腐蚀过程，在电解质溶液（含 1% 的 NH_4Cl 或盐酸水溶液，初始 pH =6 ~7，NH_4Cl 起电化腐蚀催化剂的作用）中进行。还原钛铁矿颗粒内的金属铁微晶相当于原电池的阳极，颗粒外表面相当于阴极。在阳极，Fe 失去电子变为 Fe^{2+} 离子进入溶液。

$$Fe \longrightarrow Fe^{2+} + 2e^- \qquad (2-42)$$

在阴极区，溶液中的氧接受电子生成 OH^- 离子。

$$O_2 + 2H_2O + 4e^- \longrightarrow OH^- \qquad (2-43)$$

颗粒内溶解下来的 Fe^{2+} 离子沿着微孔扩散到颗粒外表面的电解质溶液中，如在溶液中含有氧则进一步氧化生成水合氧化铁细粒沉淀。

$$2Fe^{2+} + 4OH^- + 1/2O_2 \Longrightarrow Fe_2O_3 \cdot H_2O \downarrow + H_2O \qquad (2-44)$$

所生成的水合氧化铁粒子特别细，根据它与还原矿的物性差别，可将它们从还原矿的母体中分离出来，获得富钛料。

锈蚀温度可达 80℃（靠锈蚀反应放热维持），锈蚀时间 13 ~14h。锈蚀完毕，在四级旋流器中逆流分离并洗涤。分离出的人造金红石中铁氧化物小于 0.2%，TiO_2 收率为 98% ~99.5%。

2.4.3.4　酸浸

采用4%的稀硫酸在80℃下常压浸出富钛料,其中残留的一部分铁和锰等杂质溶解出来,经过滤、干燥则可获得人造金红石产品。

还原锈蚀法最先由澳大利亚提出和研制成功,并在工业上得到应用。澳大利亚在20世纪60~70年代用此法先建成一座年产1万吨,后来扩建成了年产3万吨的人造金红石厂。加拿大1972年建成一座年产2万吨的工厂。我国湖南株洲东风冶炼厂在20世纪70~90年代进行了年产2000t规模的工业试验,用广西北海矿为原料,得到TiO_2含量为90%,收率87%的人造金红石。

还原腐蚀法的优点有:(1)人造金红石产品粒度均匀,颜色稳定。(2)用电量和化学试剂量均少,主要原料是煤,并可利用廉价的褐煤,因此产品成本较低。(3)三废容易治理,在腐蚀过程中排出的废水接近于中性(pH=6~6.5),赤泥可经干燥作为炼铁原料,也可进一步加工成铁红。其缺点为不宜处理高钙镁矿。

2.4.4　盐酸浸出法

在国外的盐酸浸出制取人造金红石方法中有两种稍微不同的方法,一种是美国华昌(HuaChang)公司研究成功的华昌法(浓盐酸浸出法),另一种是美国比尼莱特(Benilite)公司研究成功的BCA盐酸循环浸出法(稀盐酸循环浸出法)。美国贝尼莱特公司发明的BCA稀盐酸循环浸出法被公认为是制取人造金红石的一种先进方法,在20世纪70年代年总生产能力就已达到40万吨以上。在美国、印度和我国台湾都建有盐酸浸出法生产人造金红石的工厂。在国内,盐酸浸出法也有两种,一种是攀枝花矿预氧化常压浸出法,另一种是攀枝花矿加压浸出法。虽然盐酸浸出法的工艺多种多样,但其基本原理是相同的,即钛铁矿在稀酸中选择性浸出铁和钙、镁等杂质而使TiO_2达到富集。主要的反应有:

预还原焙烧:

$$TiO_2 + Fe_2TiO_5 + C \Longrightarrow 2FeTiO_3 + CO \qquad (2-45)$$

浸出:

$$FeO \cdot TiO_2 + 2HCl \Longrightarrow TiO_2 + FeCl_2 + H_2O \qquad (2-46)$$

$$CaO \cdot TiO_2 + 2HCl \Longrightarrow TiO_2 + CaCl_2 + H_2O \qquad (2-47)$$

$$MgO \cdot TiO_2 + 2HCl \Longrightarrow TiO_2 + MgCl_2 + H_2O \qquad (2-48)$$

$$MnO \cdot TiO_2 + 2HCl \Longrightarrow TiO_2 + MnCl_2 + H_2O \qquad (2-49)$$

在浸出过程中TiO_2也被部分溶解,而当溶液的酸浓度降低时溶解生成的$TiOCl_2$又发生水解析出TiO_2的水合物。

$$FeO \cdot TiO_2 + 4HCl \Longrightarrow TiOCl_2 + FeCl_2 + 2H_2O \qquad (2-50)$$

$$TiOCl_2 + (x+1)H_2O \Longrightarrow TiO_2 \cdot xH_2O \downarrow + 2HCl \qquad (2-51)$$

再生:将浸出液中的$FeCl_2$用喷雾法使其热分解制取铁红粉和HCl,再用水淋洗回收HCl制取稀盐酸。

$$4FeCl_2 + 4H_2O + O_2 \Longrightarrow 2Fe_2O_3 + 8HCl \qquad (2-52)$$

2.4.4.1　BCA盐酸循环浸出法

盐酸循环浸出法制取人造金红石工艺流程示意图如图2-20所示。

BCA法主要工序有还原、酸浸、过滤、煅烧和废酸再生。含TiO_2 58%~61%、Fe_2O_3

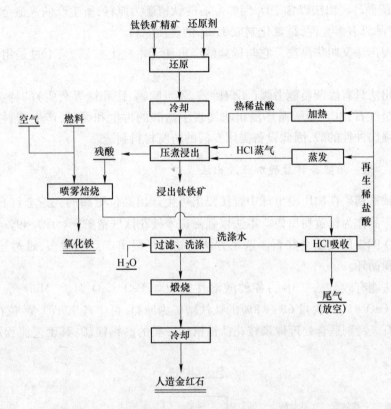

图 2－20 稀盐酸循环浸出法生产人造金红石工艺流程示意图

30%、FeO 3%,其他氧化物杂质6%的钛铁砂矿,加入回转窑中,用重油做还原剂进行还原焙烧,在850℃温度下可将90%的 Fe_2O_3 还原成 FeO,还原率为80%～95%。加入矿中2%左右的硫有加速还原反应的作用。还原尾气被风机抽出,经收尘和燃烧炉烧除 CO 后,由烟囱放空。还原后的高温物料由窑头落入冷却圆筒中,筒外喷淋冷水将物料冷至93℃左右,进贮料仓备用。还原物料成分:TiO_2 58%～61%,Fe_2O_3 降至4%,FeO 升至26%左右,其他杂质氧化物9%。

还原物料在压煮球中用18%～20%的再生稀盐酸进行二段浸出。浸出温度靠通入的稀盐酸蒸汽带入的热量和反应放热维持。这样避免了用水蒸气加热引起的浸出液变稀、酸度降低的问题。浸出母液主要含 $FeCl_2$,过量余酸和少量其他杂质氯化物。在喷雾焙烧中在650℃分解回收稀盐酸返回浸出用。吸收 HCl 后的尾气由钛风机抽至烟囱排空。

经过滤洗涤后的滤饼送入回转窑中在870～980℃温度下干燥煅烧。煅烧尾气经旋风收尘、水洗后烟囱放空。洗水去稀酸回收系统吸收 HCl。最终产品人造金红石成分为:TiO_2 92.5%～96%,Fe_2O_3 1.5%～2.5%,其他杂质氧化物2%～5.0%。

用这种方法可获得高品位的人造金红石,并实现了盐酸的再生和循环,产生废料较少。但生产中盐酸对设备的腐蚀性很强。

浸出母液中的铁和其他金属氯化物,通过喷雾法使它们热分解。

$$2FeCl_2 + 1/2O_2 + 2H_2O \longrightarrow Fe_2O_3 + 4HCl \qquad (2-53)$$

用洗涤水吸收被分解出来的 HCl 便得再生盐酸。再生盐酸返回浸出使用。

BCA 盐酸循环浸出法以含 TiO_2 54% 左右的钛精矿为原料,所生产的人造金红石含 TiO_2 94% 左右,产品具有多孔性,是氯化制取 $TiCl_4$ 的优质原料。

浓盐酸浸出法又叫华昌法。它与稀盐酸浸出法无本质上差别,只不过是用浓盐酸做浸出剂而已。

盐酸浸出法具有除杂质能力强(不仅除铁,还可除钙、镁和锰等杂质)的特点,可获得高品位的人造金红石;BCA 盐酸循环浸出法实现了盐酸的再生和循环,产生废料较少。由于盐酸是一种强腐蚀性的酸,因此设备需用专门的防腐材料制造。

2.4.4.2 选 - 冶联合稀盐酸加压浸出法

攀枝花钛铁精矿在加压浸出球中直接浸出可生产出品位更高的人造金红石,过程中所产生的细粒产品作为钛黄粉出售。本法以强磁选攀枝花钛铁精矿(含 TiO_2 49%)为原料,可生产出含 TiO_2 94% 的人造金红石。这个方法的缺点是浸出产品细粒多,难过滤,尚未实现盐酸的再生和循环。

这种方法能有效除去矿中的各种酸溶性杂质如 FeO、CaO、MgO、MnO 等。用含 TiO_2 45% ~48% ,CaO + MgO 含量 6% ~8% 的钛铁精矿为原料,可生产出 TiO_2 品位在 92% 以上的人造金红石。特别适合处理像攀枝花钛铁精矿一类的高钙镁矿,其工艺流程示意图如图 2 - 21 所示。

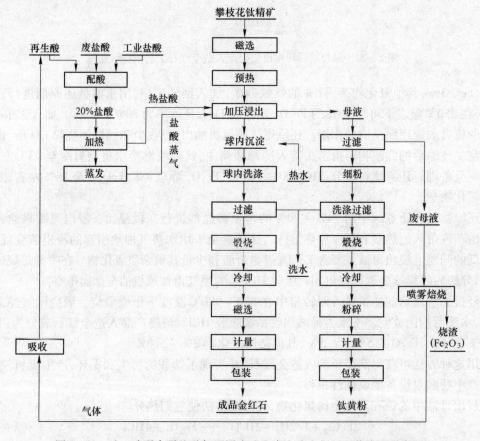

图 2 - 21　选 - 冶联合稀盐酸加压浸出法生产人造金红石工艺流程示意图

这种方法的基本工艺过程与 BCA 法相同,所不同的是取消了预还原,增加了前磁选和后磁选两步作业步骤。

此法特别适合处理像攀枝花钛铁精矿一类的高钙镁矿。此法能有效除去矿中的各种酸溶性杂质如 FeO、CaO、MgO、MnO 等,用含 TiO_2 45% ~48%,CaO + MgO 含量 6% ~8% 的钛铁精矿为原料,可生产出 TiO_2 品位在 92% 以上的人造金红石。

之所以不用预还原,是因为攀矿是原生矿,钛铁精矿是从选铁尾砂中选别出来的,其低价 FeO 多,高价 Fe_2O_3 少,矿的酸溶性好,在较高温度下直接加压酸浸,铁和其他杂质的浸出率较高。

又因为钙、镁、铝、硅的氧化物在钛精矿中是以石英和硅酸盐形式存在,它们是非磁性或弱磁性矿物,增加前磁选可分离除去它们,使钛精矿中 TiO_2 含量提高 2% ~3%。

煅烧窑料经后磁选,可进一步除去浸出时不能分解的具有弱磁性的钛辉石(TiO_2 无磁性),使金红石品位增加约 2% 提高到 94% 左右。全流程 TiO_2 收率约 98%。

这种方法的缺点是浸出产品细粒多,难过滤。

2.4.4.3　稀盐酸流态化浸出法

重庆天原化工厂采用的是预氧化—流态化常压稀盐酸浸出法,建成了一套 5000t/a 人造金红石的装置,主要设备有回转窑和流态化浸出塔。这种方法是为了解决盐酸浸出过程中产品粉化的问题而提出的。

此法同样用攀矿浸出,所得人造金红石品位比压煮浸出法要低一些,TiO_2 含量只有87% ~90%,且氯化时活性也要差一些。

钛铁矿低温(750℃左右)氧化生成 $FeTiO_3$ – Fe_2O_3 的 Me_2O_3 型固溶体和金红石微晶。

$$mFeTiO_3 + 1/2O_2 \longrightarrow (m-2)FeTiO_3\text{-}Fe_2O_3 + 2TiO_2 \qquad (2-54)$$

在低温氧化过程中钛铁矿的氧化程度不高,矿中高价铁增加不多,矿中的铁仍以 Fe^{2+}为主,浸出时的主要反应有:

$$FeTiO_3 + 2HCl =\!=\!= FeCl_2 + TiO_2 + H_2O \qquad (2-55)$$

$$Fe_2TiO_5 + 6HCl =\!=\!= 2FeCl_3 + TiO_2 + 3H_2O \qquad (2-56)$$

$$MgTiO_3 + 2HCl =\!=\!= MgCl_2 + TiO_2 + H_2O \qquad (2-57)$$

这种方法以攀枝花钛铁矿(TiO_2 47% 左右)为原料可生产出含 TiO_2 90% 左右的人造金红石。

稀盐酸浸出法的主要缺点是:

(1)用喷雾焙烧法回收盐酸的能耗大,约 70% 的热量消耗在水的蒸发潜热上。

(2)所得焙烧产物 Fe_2O_3 没有什么用途。

(3)腐蚀比较严重。

(4)此法尚未实现盐酸的再生和循环,还存在处理母液的副流程较长等问题。

2.4.5　硫酸浸出法

日本石原产业利用硫酸法生产钛白排出的废酸(浓度 22% ~23%)浸出钛铁矿生产人造金红石,所以又称为石原法。该公司建成的用这种方法生产人造金红石工厂的年产能力达 10 万吨。其工艺流程如图 2 – 22 所示。

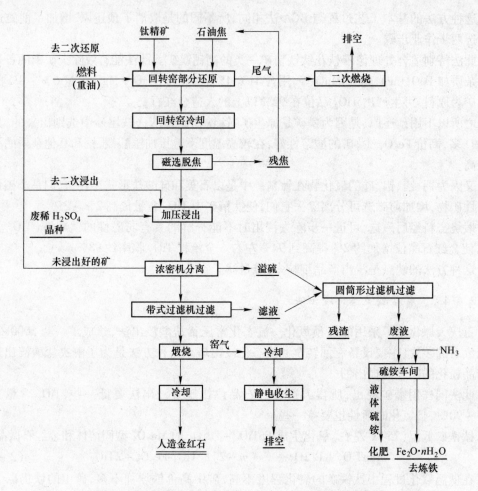

图 2 - 22　稀硫酸浸出法生产人造金红石工艺流程示意图

日本石原法采用印度高品位钛矿（氧化砂矿）。矿中的铁主要是以 Fe^{3+} 形式存在。该法是先将矿中的 Fe^{3+} 还原为 Fe^{2+}，然后用稀硫酸加压浸出溶解矿中的铁等杂质而使 TiO_2 富集。主要包括还原、加压浸出、过滤和洗涤、煅烧等作业。

2.4.5.1　还原

以石油焦为还原剂对钛精矿（印度高品位氧化砂矿）进行弱还原，在 900～1000℃ 温度下将矿中高价铁还原成低价铁（$Fe_2O_3 \rightarrow FeO$），还原率 90% 以上。

$$C + 1/2O_2 \Longrightarrow CO \qquad\qquad (2 - 58)$$
$$Fe_2Ti_3O_9 + CO \Longrightarrow 2FeTiO_3 + TiO_2 + CO_2 \qquad\qquad (2 - 59)$$

还原料在冷却窑中冷却至80℃出料。除去残焦的还原矿作为下步浸出的原料。

2.4.5.2　加压浸出

还原矿用硫酸法钛白生产中产生的 22%～23% 浓度的废稀硫酸在 0.2MPa 压力，120～130℃ 下热压浸出，加 TiO_2 水合胶体溶液作晶种（可扩大固液两相间的浓度差），加速并提高脱铁率,且减少细颗粒产品。矿中的 Fe^{2+} 被溶解生成 $FeSO_4$ 进入溶液,而 TiO_2 留在固相中。酸浸反应为:

$$FeTiO_3 + H_2SO_4 \Longrightarrow FeSO_4 + TiO_2 + H_2O \qquad (2-60)$$

2.4.5.3 过滤和洗涤

浸出后的产物经固液分离(带式真空过滤),分出的固相经洗涤即为富钛料,分出的液相 $FeSO_4$ 滤液(当然还含有 Ca、Mg、Mn、Al 等其他杂质),用 NH_3 中和法进一步处理,得化肥硫酸铵,水合氧化铁用作炼铁原料。

$$3FeSO_4 + 6NH_3 + (n+3)H_2O + 1/2O_2 \longrightarrow 3(NH_4)_2SO_4 + Fe_2O_4 \cdot H_2O_2 \quad (2-61)$$

2.4.5.4 煅烧

煅烧是除去富钛料中的水分和脱硫,煅烧温度 900℃ 左右,煅烧品经冷却,包装为产品。

稀硫酸浸出法的特点是:

(1)有效的利用硫酸法钛白生产排除的废稀硫酸,采用低浓度、低温度酸浸,产品成本低。

(2)对过程中的三废集中处理,基本无污染,浸出后废酸液(含较多 $FeSO_4$ 和 100g/L H_2SO_4)可用多种方法处理,予以综合利用。

(3)过程总回收率为91%。产品人造金红石品位高(大于 95% TiO_2),杂质少,粒度与天然金红石相似,是氯化法钛白生产如钛冶金的优质原料。

2000 年,我国北京有色金属研究总院开展了用硫酸法钛白生产中产生的废酸处理攀矿制人造金红石的扩大试验,产品含 TiO_2 大于88%。但这种方法存在的问题是:硫酸浸出效果比盐酸差,反应速度较慢,浸出时间长,钛精矿 TiO_2 品位越低工艺越复杂。

教学活动建议

建议运用比较教学法,让学生再用表2-2,分组比较几种不同的钛渣生产方法各自的特点,进一步巩固对各种方法的认识,并判断何种原料采用何种生产方法。

2.5 钛渣生产主要设备

整个钛渣生产工艺的主要设备有:原料破碎磨粉设备、配料设备、钛渣电炉、渣包、破碎机、筛分机、磁选机、运输设备等。

2.5.1 原料破碎磨粉设备

石油焦、沥青、钛渣的粗碎一般采用颚式破碎机如图2-23所示。石油焦和钛渣的中碎用反击式锤碎机,磨粉用干式球磨机,如图2-24所示,或是雷蒙磨。

图2-23　颚式破碎机

图2-24　干式球磨机

2.5.2　制料设备

制料设备包括：

（1）配料秤。常用的是机械秤（如磅秤、弹簧秤、配料车），精度达 ±0.5%。

（2）混捏锅。采用蒸汽间接加热的专用混捏锅。其锅体四周墙板和底板都是中空的，其上设有蒸汽入口和出口，锅内有双螺旋搅刀，搅刀固定在转轴上通过减速器与电动机相连。按比例称量好的原料一批一批地从进料口加入锅体内，在蒸汽加热和搅刀的强力搅动翻转下，沥青软化并与钛铁矿精矿、石油焦粉混合均匀，随后从出料口排出。

2.5.3　电炉设备

国内外的厂家多采用敞口式或半密闭式、密闭式、矩形矿热电炉熔炼钛渣。电炉设备包括炉体，供电系统及电气仪表，电极把持器（分悬臂式和悬挂式）、电极下放装置、电极升降机构、水冷系统、加料设施和防护措施等。

敞口式熔炼电炉如图2-25所示，其上口是敞开的，炉面上的火焰较大，不便于操作。

半密闭炉（见图2-26）在敞口炉上放置一个烟罩（高2m左右，在烟罩的四周有数个大、小不同的炉门），使炉面上燃烧的烟气从烟罩上面的烟囱排出去，可以减少炉面上的辐射热。

密闭炉（见图2-27）是在开口炉的上方加盖，盖上布置有加料管、防爆孔和操作孔等。冶炼过程中炉膛内部不与大气相通，维持微正压操作，正常冶炼时炉内压力为9.8～19.6Pa。

矩形密闭炉的炉盖结构比较简单，制造、维修和更换都比较容易。加拿大魁北克铁钛公司（简称QIT）是目前世界上最大的采用矩形电炉冶炼钛铁矿生产钛渣的厂家。其结构示意图如图2-15所示。

2.5.3.1　炉体

炉体结构如图2-28所示，由炉壳、炉衬和出铁口、出渣口（小型炉通常只有一

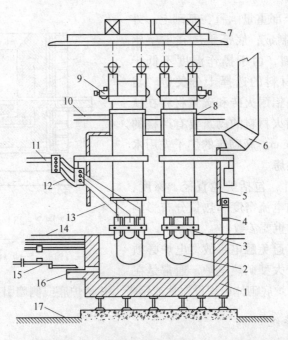

图 2 - 25 熔炼钛渣的敞口式电炉

1—炉体;2—电极;3—电极把持器;4—隔热水冷壁;5—炉罩;6—烟囱;7—电极升降装置及支架;

8—炉顶密封绝缘装置;9—电极下放制动装置;10—三楼工作面;11—铜硬母线;12—铜软母线;

13—水冷导电铜管;14—二楼工作面;15—电弧烧穿器;16—炉口;17—一楼工作面

图 2 - 26 熔炼钛渣的半密闭式电炉

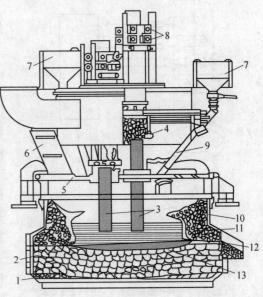

图 2 - 27 熔炼钛渣的圆形密闭电炉

1—炉壳;2—镁砖内衬;3—电极;4—导电夹;
5—水冷炉顶;6—烟气管道;7—料仓;8—
电极升降机构;9—炉料供给管;10—冷凝
壳层;11—熔渣;12—排料口;13—生铁

个放料口）构成。全部重量承重在基础上。外壳用锅炉钢板铆焊制成，底部平放在工字钢上。内衬是耐火材料，由于操作温度不低于 1800℃，所以耐火材料的选择十分关键。目前，镁质耐火砖，高铝耐火砖和碳素材料在钛渣炉上都有应用。耐火材料的砌筑要有严格的要求，砖缝不超过 2mm。新砌筑的炉子先用木柴烘烤，然后送电烘烤。

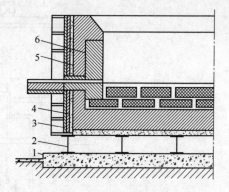

图 2 - 28 炉体结构
1—混凝土基础；2—工字钢；3—炉壳；
4—石棉板；5—填料层；6—耐火材料

炉膛的几何尺寸，包括炉膛直径、深度、极心圆直径等对炉内电流密度和热量分布影响很大，是电炉设计的重要参数。

为了用电安全，避免触电事故，电炉必须设置接地装置。对于大型矿热电炉，通常是在两根电极之间下面的炉底砌体内埋设铜片或钢带，并从炉底或侧墙引出导线接地。

2.5.3.2 供电系统

电炉供电系统包括开关站、炉用变压器、母线等供电设施和继电保护设施。供电系统电路如图 2 – 29 所示。

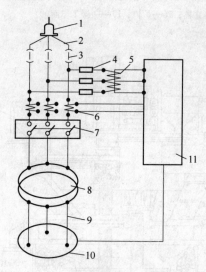

图 2 – 29 供电系统电路
1—电缆；2—高压母线；3—高压隔离开关；
4—高压熔断器；5—电压互感器；6—电流
互感器；7—高压断路器；8—电炉变压器；
9—二次短网；10—电炉炉体；11—控制仪表

（1）高压母线或称汇流排，它的作用是把电流汇集起来再分配出去。

（2）高压隔离开关或称刀闸，作用是检修时用以隔开电源。

（3）高压断路器通常多采用油式负荷开关，但也有使用真空型负荷开关的，其性能允许带负荷跳闸 2000 次，更适合于钛渣熔炼工艺的特点。它的作用是能在高压电路带有负荷的情况下闭合或是切断电路，在短路时能自动切断短路电流。

（4）电流互感器也称为"CT"，它的作用是把大电流变成小电流（二次侧电流一般是 5A），再供给测量仪表和继电保护装置。

（5）电压互感器又称为"PT"，它的作用是把高电压变成低电压（二次侧电压为 100V），再供给测量仪表和继电保护装置。

（6）高压熔断器也称为高压保险器，它是一种保安设备，可以保护电压互感器。

（7）电炉变压器它的作用是把高电压小电流的三相交流电变成低电压大电流供给电炉能量。为了适应不同熔炼条件，变压器设有若干个电压等级，使低压侧有多级电压可供选用。变压器在运行中铁芯和线圈要产生热量，需要降温冷却，使其温度不超过60℃，一般采用强制油循环水冷却系统效果较好。

(8) 短网或称短线路。它的作用是把变压器输出的电能送至电极上。其组成包括导电铜排（硬母线）、铜软线（软母线）和导电铜管。

2.5.3.3 电极系统

电极分石墨电极、碳素电极和自焙电极，其作用是把电能变成热能供熔炼之用。电极系统由电极、电极把持器、电极升降装置、压放装置等几部分构成。

A 电极种类

电极分石墨电极、碳素电极和自焙电极。

(1) 碳素电极。碳素电极以低灰分无烟煤、冶金焦、石油焦和沥青焦为原料，按一定的比例、粒度组成，混合时加入黏结剂油焦油和沥青，在适当的温度下搅拌均匀后压制成型，最后在焙烧炉中缓慢焙烧制得。

(2) 石墨电极。石墨电极以石油焦沥青焦为原料制成碳素电极，再放到温度为2000~2500℃的石墨化电阻炉中，经石墨化而制成。

(3) 自焙电极。自焙电极以无烟煤、冶金焦、石油焦和沥青焦为原料，在一定的温度下制成电极糊，然后把电极糊装入已安装在电炉上的电极壳中，经过烧结成型。这种电极可连续使用，边使用边接长边烧结成型，因其工艺简单、成本低，因此被广泛采用。自焙电极在焙烧完整后，其性能与碳素电极相差不大，但其制造成本仅为石墨电极的1/8；是碳素电极的1/3。

大型电炉电极直径较大，一般采用自焙式电极。自焙式电极由电极糊和电极壳组成。电极壳用薄铁板制作，用于电极成形和保护电极糊不被氧化。同时，在电极糊烧结前，还使电极具有一定的导电性和机械强度。电极糊通常采用标准牌号的电极糊，其化学成分如表2-4所示。

表2-4 电极糊化学成分 (%)

成分\名称	固定碳	挥发分	灰 分
电极糊	>74	14~16	8~10
底糊	>80	8~10	

自焙电极焙烧分为三个阶段：第一阶段称为软化段，由室温升到200℃，此时电极糊全部软化成流体状态，并有少量黄烟冒出。第二阶段称为挥发段，温度200~600℃阶段，此时电极糊已充分熔化充填电极壳，并明显地挥发，电极糊逐渐变稠。第三阶段称为烧结段，电极糊烧结已移至铜瓦下部2/5。温度已升到600~800℃，电极糊焦化，将最后少量挥发物排出，变硬，形成导电好的电极。

B　自焙电极制作

（1）电极壳。电极壳薄钢板制成的圆筒，作为电极焙烧的模子，其作用是赋型和保护电极不受氧化；作为导电元件，当电极未烧好时能承受大部分电流，起导电作用；下放电极时，承受整个电极的自重，并能提高电极的机械强度。为提高电极的机械强度和分担电极壳上可能承受的更大电流，在电极壳内等距离并连续焊接若干个筋片，每个筋片还做成若干个切口，将各切口的小三角形舌片分别交错向两侧折弯成约 30° ~ 50°，形成小三角形孔，也有制作成圆形孔。

（2）电极糊。电极糊一般有固体碳素材料（无烟煤、冶金焦、石油焦、沥青焦及碎石墨电极）和黏结材料组成（沥青、煤焦油）。无烟煤要求灰分小于 14%，挥发分小于 5%，含硫低，需竖炉或回转窑在隔绝空气条件下，经 1200℃ 煅烧 18 ~ 24h；冶金焦要求灰分小于 14%；石油焦、沥青焦要求灰分小于 1%；煤焦油要求灰分小于 0.15%；水含量小于 5%；电极糊的配方要考虑各种固体材料的配比、粒度组成、黏结剂的软化点和加入量。

电极糊加入电机壳内利用电炉送电焙烧，在冶炼过程中，不断消耗而逐渐下放，电极糊温度不断升高，排出挥发物，最终完成烧结过程。

自焙电极的烧结过程是随温度的升高，黏结剂逐渐分解排出挥发物的过程。电极焙烧过程分为三个阶段，软化段、挥发段、烧结段。

C　电极把持器

电极把持器的作用是夹紧电极，将电流传给电极以及配合电极的压放和升降操作，电极把持器有多种形式，通常由电极夹持环、铜瓦和把持筒组成，中小型炉子常用螺栓顶紧式电极把持器，电极夹持环由两个通水冷却的半环组成。为起到隔磁作用，可采用非磁性钢作为半环材料。大型和密闭炉采用液压驱动的锥形环式电极把持器，其铜瓦背部有 18° 斜形垫铁，它和铜瓦之间是绝缘的，压紧装置是一个内圆呈锥形的套，锥角和筒瓦上的斜形垫铁的角度相同，都是 18°，驱动锥形环的液压缸固定在把持筒上，当锥形环往上吊紧时，其锥形套和筒瓦上的斜形垫铁的斜面紧密结合，从而把筒瓦顶紧。反之，液压缸驱动锥形环下移时，松开筒瓦。其结构应保证铜瓦与电极接触良好，使电流均匀分布在电极上，以减少电阻热损失并保证电极烧结良好。

（1）电极夹持环。电极夹持环是为了夹紧电极，分环式和钳式。大中型电炉多使用环式。

（2）铜瓦。铜瓦的结构要方便维修更换。它的内部有中空水道或埋铸水管，可通水冷却；高和宽要适应电极的烧结条件，一般高度等于电极直径，宽度取决于铜瓦的数量。并根据各厂铸造条件不同，铜瓦采用青铜、紫铜、黄铜、铜铬合金（含铬 5%）等材料铸造。

（3）把持筒。把持筒又称电极外筒，是用 4 ~ 10mm 厚的钢板制成的圆筒，其内径比电极大 100 ~ 150mm。它的作用是悬挂夹紧环和保护电极壳。

D　电极制动装置

电极在生产过程中不断地被消耗，所以要定时地放下电极，以保持电极工作端（铜瓦以下的电极）长度。为了控制电极放下的长度和防止电极自行下滑，直径较大的电极还设有电极制动装置。

E　电极升降装置

小型电炉的电极升降装置包括卷扬机、钢丝绳（或链条）、滑车（或链轮）支架及电器驱动装置。大中型钛渣电炉自焙电极升降装置采用比较先进的液压系统控制。液压系统由泵站、电极压放盘装置和烟道阀门控制装置三部分组成。

通过使电极被提升或者下降，来控制电极插入炉料中的深度，从而调整电炉变压器的功率输出。电极的升降速度一般为 0.6m/s 左右。为了保证电极在规定的行程范围内安全升降，还装有限位开关，控制升降的极限位置。

F　电极水冷系统

电极把持器附近的温度有时达到 1100~1500℃，因此夹持环、铜瓦、导电铜管都要通水冷却。对于自焙式电极，在铜瓦上部至把持筒下口约 600mm 的高度上设有冷却水箱，防止电极过早烧结。

电炉的冷却水管集中排列，每根进水管都有阀门控制进水量，还装有进水管的总阀门，利于操作和检修。回水流入集水槽，利于操作人员观察回水流出情况，要求冷却水畅流不漏。水管进入炉内前的一段都装有胶管与炉外水管相连接，便于电极上升下降不折断水管，也起到绝缘的作用。冷却水进口温度不高于 30℃，出口温度不高于 50℃。

2.5.3.4　电炉的电气仪表装置

电气仪表是用来保证生产顺利进行并使电气设备得到更好利用的监测手段。仪表主要安装在高压开关柜和操作台上。

A　高压开关柜的仪表装置

最重要的是过负荷和短路的继电保护装置，前者用于保护工作短路（电极与熔料接触），后者是保护故障短路。

此外，高压开关柜还装有测量变压器一次侧电流和电压的电流表、电压表。电流表和电压表都串接在电流互感器和电压互感器的二次侧电路里。各种预警信号装置（高温信号、瓦斯信号、事故跳闸信号、接地信号、欠压信号）也都安装在高压开关柜。

B　操作台上的仪表装置

操作台上的仪表装置有：

（1）电流表：一般控制电炉变压器高压侧电流，也有的控制低压侧电流。

（2）电压表：用于测量变压器低压侧的电压（也称二次电压或工作电压）。

（3）功率表：它指示炉子使用功率的瞬时值。

（4）功率因数表（$\cos\varphi$）：有功功率与视在功率之比叫功率因数。无功功率越大，功率因数越低，因此要求我们操作时要尽可能地减小无功功率。

（5）有功电度表：是一种用来测量用电量的仪表，单位是"度"，一度电的含义就是一千瓦的电功率使用 1 小时，即 1 度电 = 1kW·h。

另外，操作台上还装有电极升降的电气操作开关和限位信号，电极吹风机的工作信号。具有液压传动装置的电炉在操作台上还装有液压传动系统信号。

2.5.3.5　加料系统

粉料加料系统是由料仓、加料管、给料机等设备组成的。

用沥青做黏结剂制成的团块炉料，主要靠手工加料。炉料通过特设在炉顶上的加料管道落到炉膛内，随后用人工使其分布均匀。

2.5.3.6　烟罩及防护措施

电炉体的上部设有烟罩，烟罩与炉子烟囱相连接，将电炉产生的大量废气和粉尘排出厂房之外。出炉口上方也有烟罩，再外加烟囱把熔体出炉时的高温气体排出厂房外。出炉口和炉前的操作平台上，设置有轴流式风机，以加强通风除尘。凡是有热辐射危及到工人健康的操作点上，都装有隔热水冷壁加以防护。

近年来，随着国家对工业卫生和余热利用的要求越来越高，敞口式电炉炉气除尘和余热利用的研究被提到重要地位，炉型趋向于密闭或半密闭。目前，钛渣电炉烟气净化比较成熟的方案是干法收尘，即烟气经沉降室分离粗粒炉尘后进入冷却器，再经布袋收尘器，然后排空。

2.5.3.7　烧穿器

烧穿器用来烧穿出炉口。钛渣电炉出口以电弧烧穿为主，氧气烧穿为辅。

2.5.3.8　渣包

渣包用于炉前盛放从电炉内放出的高温熔体，让钛渣和生铁在其内分离冷却。外壳用钢板焊制，内衬耐火材料。耐火材料可选用碳素块，石墨块、电极糊捣固烧结；也有用黏土砖、镁砖砌筑。在使用时里面还要垫一层 50~100mm 厚的钛渣。

查一查　国内外钛渣生产的设备和现状。

教学活动建议

本部分内容讲授钛渣生产主要设备实践，太抽象学生不易学懂，在学习过程中，最好有条件让学生通过现场技术人员或教师结合工艺现场讲解，增强学生对钛渣生产设备的感性认识，结合设备巩固钛渣生产工艺知识，激发学生的学习兴趣；教师讲授时，应采用多媒体教室，将相关视频录像与文字表述结合起来，使抽象、枯燥的设备生动有趣，提高课堂教学效果。

2.5.4　磁选设备

炉前钛渣磁选处理一般采用皮带磁选机或者是圆盘式磁选机，可以连续操作，机械化程度较高。

教学活动建议

本部分内容实践性较强，比较抽象，学生学习过程中难以理解，在学习之前或过程中，通过现场参观、讲解，观看现场视频增强学生对高钛渣生产设备的感性认识，提高学生的学习兴趣；教师讲授时，应采用多媒体教室，将相关现场图片、示意图与文字表述结合起来，使抽象、枯燥的文字生动有趣，提高学生学习效果。

【实践技能】

训练目标：

(1) 能完成原料的破碎操作；

(2) 能完成配料操作，配置合格电炉料；

(3) 能完成钛渣的破碎、磁选和筛分；

(4) 能控制破碎设备的进料量；

(5) 能操作捣炉设备和加料设备进行捣炉和加料操作；

(6) 能按要求下放电极；

(7) 能完成电炉配电操作；

(8) 能检查渣包状况并垫好渣包；

(9) 能完成出炉操作；

(10) 能进行钛生铁铸锭操作；

(11) 能监控电炉系统各类仪表、设备运行情况。

技能训练实际案例 2.1 半密闭电炉监控及异常炉况的处理

2.1.1 翻渣

(1) 翻渣时电极自动（或手动）快速提升，当翻渣结束后，再自动下放电极。

(2) 当翻渣剧烈时，电极提升到达上限位时，电极自动断电（或中控人员按下停电按钮），当渣沸腾平息后，值班长必须确认电极脱离液面距离大于200mm后，通知中控人员送电，并手动操作电极升降按钮，当功率、电流达到设定值后转入自动控制，进行正常的冶炼。

2.1.2 炉压及钟罩阀控制

(1) 中控人员通过画面对炉压、CO含量进行监控，炉况正常时电炉炉盖下方的负压稳定在 $-20 \sim 0Pa$，烟道上的截止阀打开，钟罩阀关闭。

(2) 当发生以下四种情况，钟罩阀、烟道切断阀自动产生动作：

1) 当炉内压力上升到20Pa时，钟罩阀自动打开。当炉内的压力下降到5Pa时，人工关闭钟罩阀，恢复正常炉气处理。

2) 二次燃烧室后检测CO含量≥10.5%，钟罩阀自动打开；当CO含量<5%，人工关闭钟罩阀。

3) 点火器熄灭后，必须恢复正常工作后方可继续冶炼。

4) 如果钟罩阀控制失灵，炉内压力上升到600Pa时防爆孔打开。

2.1.3 二次燃烧室

中控人员在冶炼过程必须监测二次燃烧点火器火焰燃烧情况、风机压力、CO含量和温度等参数是否正常，出现异常情况时，发出红色报警信号，提示处理。

(1) 二次燃烧室两个点火器一用一备。二次燃烧室点火器火焰发生中断、熄灭后，发出红色报警信号。

（2）当二次燃烧室点火器火焰发生中断、熄灭后，除发出红色报警信号外，钟罩阀打开，烟道切断阀关闭；当 CO 含量 <5% 后，中控人员手动操作点火器点火按钮重新进行点火，燃烧器火焰恢复后打开切断阀，关闭钟罩阀。

（3）二次燃烧室两台助燃风机一台开启，另一台备用。

2.1.4　电炉炉体监测

（1）中控室操作人员冶炼时必须监控循环水的参数（温度，压力，流量）是否正常。

（2）任意水冷管道进水温度大于45℃时，自动发出红色报警信号，中控室人员及时通知水处理岗位人员增大水流量或向水池增补新水。

（3）在冷却水流量较小的情况下，自动发出红色报警信号，岗位人员进行检查处理。

（4）炉衬各区域安装热电偶实行实时监控，各区域在以下温度时控制系统自动发出红色报警信号，值班长应根据炉内挂渣受损情况通过添加焦炭等措施加厚挂渣层进行修补处理，即炉衬上部高于600℃；炉衬中部高于900℃；渣、铁交界处炉衬高于900℃；炉墙与炉底交界处炉衬高于900℃。

（5）电炉炉底采用强制通风冷却，以保护炉底。通过调整炉底风机风门开度，保证炉底温度维持在 625～635℃。

技能训练实际案例 2.2　电极操作

2.2.1　正常情况的电极压放

（1）电极每30min定时自动压放1次，自控不能投用时采用电极手动压放操作，对三个电极逐一操作，压放结束后，转入正常操作。

（2）电极自动压放时，程序通过定时器确定的时间定时对电极完成压放操作，中控室操作人员通过压放程序中压放量参数的监控，来判断压放操作的完成情况，冶炼工须巡视压放操作的执行情况，出现电极下滑或无法压放等故障时程序自动报警、提示，根据提示及时检查处理。

（3）正常情况下电极工作端应保持在底环下 1800～2000mm，电极糊柱的位置高度应保持在底环上 4000～4300mm 之间。

（4）电极加热元件的开启应根据电极焙制情况分别采用一级（6kW）、二级（12kW）、三级（12kW、6kW）、四级（12kW、6kW、6kW）或不开启。

（5）当电极升降油压泵发生故障时立即换至备用泵工作。

（6）当电极压放时中控室操作人员密切注意电流表的大小和电极是否到达上下限位，防止电极事故发生。

2.2.2　加糊

（1）加糊操作前，加糊人员必须通知中控室操作人员加糊的电极柱序号，使对应的电极柱在加糊过程中尽量保持平稳。

（2）加糊人员用行车吊将装满电极糊的吊斗吊至电极壳旁，人工一块一块的加入电极筒内。

（3）装满电极糊后测量糊柱高度，使其保持在 4～4.3m 之间。

（4）测量糊柱高度时，冶炼工将绝缘材质绳索悬重放入电极壳内触到壳内糊柱面上，在圆周向每隔120°测量1个点，计算平均绳长，按公式计算出糊柱高度。

$$x = 16100 + h - d - l \tag{2-62}$$

式中　x——糊柱高度；

h——高出 22.6m 平面的电极壳高；

d——电极柱升降位置高度；

l——测量糊柱上部空壳高（绳长度）。

（5）在加糊结束后，冶炼工必须通知中控室操作人员，中控室操作人员按下电极自动控制按钮，将电极手动转入自动，恢复正常操作。

2.2.3　悬糊

判断方法为：每次加糊时，将电极的加糊量与电极的压放量进行对比，电极每压放1m 对应的加糊量是 1.5t 左右。当电极压放量较多，而糊柱高度没有发生明显变化时，可判断已经悬糊。

冶炼各班组及综合班均需对压放量及加糊量进行计算，并判断是否有悬糊的可能性。

处理方法为：

（1）全部开启加热元件。

（2）在悬糊未消失时，不得加糊。

（3）加糊工每 2h 测量一次糊柱高度，当糊柱高度下降到相应的位置，再加糊。

（4）如果糊柱高度在 4~6h 后仍未下降，人工从 22.6m 平台用重锤砸电极糊，待糊柱高度下降到相应的位置时再加糊。

（5）当糊柱高度下降到相应的位置后，视情况开启加热元件组数。

（6）值班长、7.2m 平台人员及中控人员应调整电极压放间隔时间、送电负荷，同时观察底环以下电极的焙制情况。

2.2.4　冒烟

中控室操作人员或加糊工观察到电极筒上部冒烟。处理方法为：

（1）当发现电极筒冒白烟时，应立即测量电极糊柱高度，严禁电极筒冒黄烟时再处理。

（2）电极未发生悬糊但糊柱高度过低则补加电极糊，停加热元件，在不冒烟时应及时打开加热元件。

（3）电极糊发生悬糊则按悬糊的处理方法执行。

2.2.5　稀糊

加糊工在测量电极糊柱高度时，发现测量的电极糊呈稀糊状。处理方法为：

（1）通知电工测量电极柱上部的绝缘情况是否正常。

（2）停止加热元件运行。

（3）加糊工补加电极糊。

（4）值班长根据电极焙制情况决定加热元件重新开启的时间。

技能训练实际案例 2.3　炉墙挂渣

2.3.1　挂渣操作

挂渣方法分炉衬上、下两步挂渣法。

（1）熔池段炉衬挂渣法。新炉衬时，挂渣可采用减少加料批数，加大边缘料仓下料量，并合理控制输入功率进行。冶炼中途挂渣层损坏时，可根据上一炉情况，对熔池挂渣层薄的部位局部加焦炭，严重处，可采用局部加大加料量的方法解决。

（2）熔池上部炉衬挂渣法。上部挂渣以冶炼过程中钛渣自然飞溅为主，以中心加焦炭挂渣为辅。具体操作为在冶炼中后期，大熔池形成后，采用边缘（炉门）人工加焦炭和中心加焦炭的方法。

2.3.2　挂渣层维护

（1）挂渣层厚度标准为：炉门口不小于 600mm，其他位置不小于 1000mm。

（2）加重边缘配碳比及料量。

（3）功率。严格控制吨混合料的输入功率，严防因输入功率过高导致渣温过高而洗刷挂渣层。

（4）熔池形成后电压降至 15 挡及以上。

（5）减少品位调整时间，缩短精炼期。

（6）增加配料精度，品位控制合理。

技能训练实际案例 2.4　电炉事故、故障处理

当出现表 2-5 中情况时，按事故处理表进行处理。

表 2-5　电炉事故及故障处理措施

设备	事故	现　象	原　因	处理步骤
炉体	电炉炉壁或炉底温度过高	（1）炉底热电偶温度 ≥800℃； （2）炉壁热电偶温度 ≥900℃； （3）熔体从炉底或炉壁流出	（1）炉内的挂渣层太薄； （2）炉底风冷的压力低于 50 Pa； （3）炉衬侵蚀严重，炉衬太薄	（1）进行挂渣修补操作； （2）加大炉底风冷的压力； （3）降低输入炉内的负荷； （4）矿热炉停炉大修，整体更换炉衬
	炉内设备漏水	（1）单相电极电流可能下降； （2）炉气出口温度降低； （3）炉气压力增大； （4）循环水管内回水流量和温度报警	（1）电炉绝缘性能下降，产生剩火； （2）炉内温度高	（1）停电； （2）关闭供水阀门； （3）加入 14~16t 料入炉内，以降低炉内的温度； （4）电极不能上下移动，防止热料喷出或爆炸
电极	软断	（1）电流突然上升，电极对炉底电压下降至"0"位； （2）炉气出口温度增高； （3）电极筒大量冒黑烟； （4）炉气压力突然增大，防爆孔打开	（1）电极糊的质量差，灰分、挥发分多软化点高； （2）电极自动下滑或过量下放电极； （3）电极糊块大，填加无规律，蓬住或架空； （4）电极筒焊接质量差； （5）超功率输入； （6）护屏剩火	（1）立即停电，迅速下降电极，使断头相接后压实炉料，减少电极糊外流； （2）扒掉外流的电极糊，将电极调节变为手动控制进行单相电极焙烧； （3）电极糊应填入电极筒内的高度达到夹紧装置顶部以上 1500mm； （4）将电压降至最低挡，软断相电极不动，利用另外两相电极控制调节焙烧相电极； （5）待软断电极底部焙烧不再外流，相电极电流自行调节以每小时 2000A 电流增至额定负荷，电极糊的高度逐步增加到正常工作高度

设备	事故	现　象	原　因	处理步骤
电极	硬断	（1）电流突然下降后回升； （2）炉温突然上升； （3）电炉产生的电弧声异常； （4）电流突然下降，或暂时上升后急剧下降； （5）电极对炉底电压突然升高	（1）电极糊保管不当，灰分量高、黏结性差； （2）停炉时期电极快速冷却； （3）导电接触器，以上的电极糊过热，固体物沉积，造成电极分层	（1）发生硬断时不要下降电极； （2）断头小，残留电极长度可以工作，可将断头压入炉内继续送电； （3）电极断头多工作端不能工作，可将断头用炸药爆破后取出，适当压放电极，补加电极糊，糊柱保持在底环上4000~4500mm之间，提高压放率以增长电极工作端
	导电接触器与电极间刺火	（1）接触面与电极筒处发红或有明显刺火； （2）放电极时，接触装置不宜滑动	（1）弹簧组件上的压力过低； （2）电极筒或肋板表面有毛刺或不清洁	（1）更换打火的接触装置，检查其他弹簧的螺母及压力； （2）电极筒或肋板损坏，将损坏部分下送，直至接触装置与未损坏部分接触
	底环与电极筒黏结	电极放不下来	（1）电极夹上过量的热负载或水量不足； （2）电极夹内部有气体燃烧，致使密封损坏、磨损	（1）取下一个或更多的屏蔽进行检查； （2）如果电极筒变曲、变形，要切掉损坏部分（注：不能用氧焊炬，防止着火）； （3）取掉损坏部分后，用放电极系统将电极送至通过底环； （4）若电极筒严重损坏，须放松支撑底环部件的螺栓和接触装置上的弹簧组件螺栓
	电极自溜	电极不受控制下降	电流突然上升，对炉底电压下降	（1）停电，并仔细观察位置记录仪； （2）检查维修电极的夹持系统
二次燃烧室	二次燃烧室发生故障	CO含量增加	（1）进入二次燃烧器的燃油中断； （2）燃油加入容器中的油位低于允许最低位或溢出过多； （3）二次燃烧室的风机停止送风； （4）燃烧器的火焰中断、熄灭； （5）二次燃烧室漏水； （6）突然停电、停水	（1）停炉； （2）炉气停止进入气体处理系统，直接排空； （3）找出故障原因并处理

技能训练实际案例2.5　钛渣生产物料平衡计算

2.5.1　训练目标

（1）会计算还原剂焦炭的用量；

（2）会计算熔炼产物的数量和成分；

（3）会编制熔炼作业的物料平衡表；

（4）能够根据熔炼作业的所需配料量，反算配料作业所需钛精矿和焦炭的量。

2.5.2　训练实例

以 1000kg 钛精矿为计算基准，对其钛渣熔炼过程做物料平衡计算。钛精矿和焦炭的化学成分分别见表 2-6 和表 2-7。钛精矿中各组分在熔炼产物中的分布见表 2-7。钛精矿中各组分还原成金属并进入生铁和磁性部分的氧化物量见表 2-8、表 2-9。

表 2-6　钛精矿的化学组成（质量分数）　　　　　　　　（%）

组成	TiO_2	FeO	Fe_2O_3	CaO	MgO	SiO_2	Al_2O_3	MnO	V_2O_5	S	P	合计
含量	49.85	35.50	9.58	0.24	0.99	0.86	2.00	0.75	0.20	0.02	0.01	100

表 2-7　钛精矿的化学组成（质量分数）　　　　　　　　（%）

组分	固定碳	挥发分	灰分	水分	粒度	备　　注
	1 号焦	86.44	8.97	0.82[①]	3.77	0.246 ~ 0.121mm	1 号焦是攀钢焦化厂产焦炭，用作钛渣熔炼的还原剂；2 号焦是 1 号焦预热干燥后组成的
含量	2 号焦	89.36	9.27	0.85	0.52		
	3 号焦	96.67	0.33	2.28	0.72		

① 灰分的组成（质量分数）为：$w(Fe_2O_3) = 5\%$，$w(SiO_2) = 60\%$，$w(Al_2O_3) = 30\%$，$w(CaO) = 5\%$。

表 2-8　钛精矿中各组分在熔炼产物中的分布（质量分数）　　　（%）

熔炼产物	TiO_2	FeO	Fe_2O_3	CaO	MgO	SiO_2	Al_2O_3	MnO	V_2O_5	S	P
钛渣	94.0	7.0		99.0	99.0	92.0	99.0	93.0	50.0		
生铁及磁性部分	3.5	92.0	99.0			7.5		6.0	48.0	100.0	100.0
粉尘	2.5	1.0	1.0	1.0	1.0	0.5	1.0	1.0	2.0		

表 2-9　钛精矿中各组分还原成金属并进入生铁和磁性部分的氧化物量

组　分	TiO_2	FeO	Fe_2O_3	SiO_2	MnO	V_2O_5	S	P
精矿中的含量（质量分数）/%	49.85	35.50	9.58	0.86	0.75	0.20	0.02	0.01
1000kg 精矿中的量/kg	498.5	355.0	95.80	8.60	7.50	2.0	0.20	0.10
还原成金属的还原率/%	3.5	92.0	99.0	7.5	6.0	48.0	100	100
被还原成金属的氧化物量/kg	17.45	326.6	94.84	0.65	0.45	0.96	0.2	0.1

2.5.3　训练思路及举例

（1）首先根据反应方程式计算还原剂的用量。各组分被碳还原为金属的化学反应方程式见表 2-10。

表 2-10　钛精矿中各组分被碳还原成金属的反应方程式

组　分	反应方程式	组　分	反应方程式
TiO_2	$TiO_2 + 2C = Ti + 2CO$	SiO_2	$SiO_2 + 2C = Si + 2CO$
FeO	$FeO + C = Fe + CO$	MnO	$MnO + C = Mn + CO$
Fe_2O_3	$Fe_2O_3 + 3C = 2Fe + 3CO$	V_2O_5	$V_2O_5 + 5C = 2V + 5CO$

除上述反应外，钛精矿中的 TiO_2 被还原成低价氧化钛（全部按 Ti_2O_3 计）进入钛渣

的计算也需计算。反应方程式为：

$$2TiO_2 + C \rightleftharpoons Ti_2O_3 + CO \tag{2-63}$$

合计的耗碳量即可计算出来。选用 1 号焦。因焦炭中含有一定量的灰分，而灰分中也含有 Fe_2O_3、SiO_2，计算出灰分中 Fe_2O_3、SiO_2 被还原所消耗的碳，与前述耗碳量之和即可计算出总的耗碳量。

（2）计算生铁及磁选物部分的数量和组成。

（3）计算钛渣数量和组成。

（4）计算炉气数量和组成。

（5）计算成分中氧化物数量和粉尘的组成。

（6）列出钛渣熔炼的物料平衡表。

 教学活动建议

此部分为实践技能训练项目，其中技能训练项目 2.1~2.4 建议采用现场教学或者在实习实训过程中由企业兼职教师和校内专任教师共同实施完成，切实提高学生的实践能力。

技能训练项目 2.5 可作为实际训练项目供学生有选择性地训练使用。学生在学习完钛渣生产工艺和相关计算后，可以分组根据上述思路动手计算，初步掌握在冶金生产过程中物料衡算的计算方法，达到能看懂物料衡算表、会绘制物料衡算表的要求。

复习思考题

填空题

2-1 某矿的组成为 TiO_2：46.11%、TFe：34.39%、Fe_2O_3：29.1%、FeO：16.82%，则钛、铁总量为（　　）。

2-2 富钛料主要的生产方法有：（　　）、（　　）、（　　）及（　　）等。

2-3 铁氧化物的还原过程是分阶段进行的，当温度高于 570℃时的反应过程是：（　　），当温度低于 570℃时的反应过程是：（　　）。

2-4 钛铁矿的理论分子式为（　　）。

2-5 在氧势图中，FeO 的生成吉布斯自由能曲线在 TiO_2 的生成吉布斯自由能之上，说明 Fe 与 O_2 的亲和力比 Ti 与 O_2 的亲和力（　　），FeO 的稳定性比 TiO_2 的稳定性（　　），（　　）被还原。

2-6 酸溶钛渣是指用作（　　）钛白生产原料的钛渣。

2-7 电炉还原熔炼钛铁矿作业中低价钛化合物主要为（　　），是指化合价低于（　　）价的含钛化合物。

2-8 电炉熔炼钛铁矿作业还原分为（　　）个阶段。第一阶段是矿中（　　）；第二阶段的还原是（　　）。

2-9 钛渣是一种（高）熔点的炉渣，钛渣熔体具有（　　）的腐蚀性、（　　）导电性和其（　　）在接近熔点温度时剧增的特性。

2-10 电炉熔炼钛铁矿作业随还原过程的进行，FeO 的含量（　　），TiO_2 和低价钛氧化物含量（　　），钛渣的电导率总的趋势是增加的。

2-11 钛渣冶炼工艺流程，按炉口结构可分为：（　　）电炉熔炼、（　　）电炉冶炼、（　　）电炉冶炼。

2－12　钛渣电炉的操作电压比一般的矿热炉要（　　　）。

2－13　钛渣熔炼电炉渣铁分离方式主要有（　　　）进行和（　　　）进行两种方式。

2－14　间歇法钛渣冶炼工作电流在一个熔炼周期中是变动的，可以分成三个时期，即（　　　）、（　　　）、（　　　）。

2－15　敞口电炉熔炼钛渣的熔炼过程大致分为（　　　）、（　　　）和（　　　）三阶段。

2－16　还原熔炼法生产高钛渣中的自焙电极由（　　　）和（　　　）组成。

2－17　钛渣冶炼过程是（　　　）和（　　　）相结合的冶炼过程。

2－18　固体钛渣的矿相结构以（　　　）相为主。

2－19　钛渣的熔点温度主要取决于其（　　　）和（　　　）。

选择题

2－20　加拿大 QIT 使用的钛渣冶炼的方法是（　　　）。

　　A　电炉法、连续冶炼、矩形密闭电炉、石墨电极

　　B　电炉法、间歇冶炼、矩形密闭电炉、自焙电极

　　C　电炉法、连续冶炼、圆形半密闭电炉、石墨电极

　　D　电炉法、间歇冶炼、矩形密闭电炉、自焙电极

2－21　钛渣导电性随钛渣中 FeO 含量的关系为（　　　）。

　　A　增大而增大　　　　B　增大而减小　　　　C　无关

2－22　钛渣导电性与钛渣温度的关系是（　　　）。

　　A　升高而上升　　　　B　升高而下降　　　　C　无关

2－23　钛渣熔炼时，一个炉次向炉内加精矿139t，焦炭17.58t，则本炉次的配碳比为（　　　）%。

　　A　12.00　　　　　　B　7.91　　　　　　C　12.64　　　　　　D　13.25

2－24　钛渣冶炼过程中，品位不合格时，调整品位原则是（　　　）。

　　A　应调整下批料或下炉配料比，少加钛矿和焦炭，减少调整时间

　　B　必须将品位调整合格

　　C　只调整下批料或下炉配料比，不需调整炉内品位

　　D　调整下批料或下炉配料比，同时将炉内品位调整合格

2－25　钛渣熔炼过程应尽可能在较低的温度下进行。最理想的情况是在（　　　）中进行还原，在（　　　）中进行熔化分离。

　　A　液相，固相　　　　B　固相，液相　　　　C　固相，气相　　　　D　液相，气相

2－26　钛渣中 TiO_2 与 FeO 含量的关系是（　　　）。

　　A　钛渣中 FeO 含量下降1%，TiO_2 的品位约提高0.5%

　　B　钛渣中 FeO 含量下降1%，TiO_2 的品位约提高1%

　　C　钛渣中 FeO 含量下降1%，TiO_2 的品位约提高2%

　　D　钛渣中 FeO 含量下降1%，TiO_2 的品位约提高2.5%

2－27　根据钛铁矿中各组分与 Cl_2 的反应能力的差异来生产人造金红石的方法是（　　　）。

　　A　选择性氯化法　　　B　还原锈蚀法　　　C　硫酸浸出法　　　D　电炉熔炼法

2－28　自焙电极的电极壳的作用有（　　　）。

　　A　做电极糊烧结的模子，供电极成型

　　B　在开口电炉中，保护电极的工作端免于过早氧化

　　C　起导电作用

　　D　下放电极时，承受整个电极的自重

2－29　在电炉开炉时要分步骤对电炉进行烘烤，其中第一阶段烘烤好的标志是（　　　）。

　　A　电极表面呈灰白色，暗而不红　　　　　　B　电极表面发黑

  C 用尖头圆钢刺探时软而无弹性   D 电极冒少量烟

判断题

2-30 电炉熔炼还原钛铁矿作业在中温区（低于1500K）主要为固相还原反应，其产物是金属铁和 TiO_2 或 $FeTi_2O_5$。   （ ）

2-31 电炉熔炼还原钛铁矿作业在高温区（1500~1800K）主要为液相还原反应，其产物为铁和低价钛氧化物。   （ ）

2-32 电炉熔炼还原钛铁矿作业中 MgO、CaO 和 Al_2O_3 可能全被还原。   （ ）

2-33 电炉熔炼还原钛铁矿作业中 SiO_2、MnO 和 V_2O_5 会发生不同程度的还原。   （ ）

2-34 电炉熔炼还原钛铁矿作业中不同价的钛化合物是共存的，它们的数量的相互比例是随熔炼温度和还原度大小而变化的。   （ ）

2-35 钛渣导电性随钛渣中 FeO 含量增大而减小。   （ ）

2-36 钛渣导电性随钛渣中 TiO_2 含量的增大而增大。   （ ）

2-37 钛渣的熔点温度主要取决于其化学成分和矿物组成。   （ ）

2-38 当熔炼钛渣的热量来源主要是依靠电极末端至熔池表面间的电弧热，这就是所谓的"埋弧冶炼"。   （ ）

2-39 冶炼钛渣时电极插入物料中通过物料的电阻产生热量来进行冶炼的方法，所谓"开弧熔炼"。   （ ）

2-40 钛渣具有"短渣"性质。   （ ）

2-41 钛渣熔炼工艺流程中预还原是指在矿物进入电炉冶炼前，将矿物在中性或氧化气氛中进行焙烧的处理方法。   （ ）

2-42 钛渣熔炼工艺流程中预氧化是指在矿物进入电炉冶炼前，对矿物先进行还原处理，将矿中部分铁氧化物还原成低价铁或金属铁的处理方法。   （ ）

2-43 开弧冶炼是指在冶炼钛渣时，通过电极顶端发出弧光热量来熔化物料进行冶炼的方法。 （ ）

2-44 配碳比是指根据原料中铁含量、高价钛氧化物还原成低价钛氧化物的还原程度及还原剂的碳含量确定的配碳比例关系。   （ ）

2-45 富钛料是指将钛铁矿通过各种方法进行富集而得到的高品位的含钛物料的总称。   （ ）

2-46 钛渣熔炼电炉炉内渣铁分离是铁水和钛渣从同一出铁口流出，进入定模中，铁水和钛渣在定模中分层凝固后能自然分离开。   （ ）

2-47 钛渣熔炼电炉炉外渣铁分离主要缺点是渣铁分离不好，渣中夹杂较多铁珠，经磁选分离出来的铁珠中夹渣，造成渣的损失。   （ ）

2-48 敞口电炉熔炼钛渣"造渣"是指炉料熔化后，熔体的 FeO 含量通常为 8%~10%，仍需将熔体中残留的 FeO 进一步还原的操作过程。   （ ）

2-49 电炉熔炼钛渣翻渣是指在钛渣冶炼时，因炉料突然陷落造成还原反应瞬间激烈发生，产生大量 CO 气体经熔渣逸出，使渣出现沸腾和喷溅现象。   （ ）

2-50 钛渣熔炼当造渣结束时，即渣的品位已达到产品的要求，就马上出炉，不需要继续对熔体进行加热，以增加能耗。   （ ）

2-51 电极糊在烧结过程中挥发物含量随温度升高而下降，在 300~500℃时挥发物排出速度最快。   （ ）

2-52 钛渣中含 5% CaO 可以改善钛精矿的熔炼性能。   （ ）

2-53 电极糊挥发分越低越好。   （ ）

简述题

2-54 简述电炉法熔炼钛渣的优缺点。

2-55 在冶炼 74% 的酸溶性钛渣时，在第一批料取样时品位只有 70%，可采取哪些方法调整品位？

2 - 56 在冶炼 74% 的酸溶性钛渣时，第一批料取样时品位达到 78%，在后期冶炼时可采取哪些方法调整品位？

2 - 57 在冶炼过程中，当加入第一批料 100t 后，冶炼功率送到 100MW 时，取样时发现炉内物料未熔化完全，有搭桥现象，未形成大熔池，出现这种情况的原因是什么，如何解决？

2 - 58 在电炉熔炼生产高钛渣过程中，什么是过还原现象，有什么危害，如何避免？

2 - 59 富钛料生产过程中常用的酸浸法和电炉熔炼法分别有哪些优缺点？

2 - 60 什么是钛渣冶炼的翻渣？

2 - 61 已知钛精矿和钛渣成分见表 2 - 11，计算 1t 钛精矿能产生多少吨的渣（小数点后保留三位）。

表 2 - 11　钛精矿和钛渣成分　　　　　　　　　　　　　（%）

成　分	TiO$_2$	TFe	Fe$_2$O$_3$	FeO
钛精矿	46.11	34.39	29.1	16.82
钛渣	73.73	13.31		15.39

注：TiO$_2$ 的收率为 95%。

课外拓展学习链接　钛渣生产相关图书推荐及参考文献

亲爱的同学：

如果你在课外想了解更多有关钛渣熔炼技术的知识，请参阅下列图书！书籍会让老师教给你的一个点变成一个圆，甚至一个面！

[1] 杨绍利，盛继孚，等．钛铁矿富集 [M]．北京：冶金工业出版社，1983．
[2] 杨绍利，盛继孚．钛铁矿熔炼钛渣与生铁技术 [M]．北京：冶金工业出版社，2006．
[3] 万玉山，张志军．环境管理与清洁生产 [M]．北京：中国石化出版社，2013．
[4] 赵玉明．清洁生产 [M]．北京：中国环境科学出版社，2005．
[5] 邓国珠．钛冶金 [M]．北京：冶金工业出版社，2010．
[6] 李大成，周大利，刘恒．热力学计算在海绵钛冶金中的应用 [M]．北京：冶金工业出版社，2014．
[7] 莫畏，邓国珠，罗方承．钛冶金 [M]．2 版．北京：冶金工业出版社，1999．

课外拓展学习链接　脉冲袋式除尘器相关网址

亲爱的同学：

如果你在课外想了解更多有关钛渣熔炼情境生产技术的知识，请参阅下列网站！学会利用信息技术手段进行学习！

http://www.ehuanbao.net/

项目 3 海绵钛生产

3.1 任务：粗四氯化钛生产

【知识目标】

(1) 掌握粗四氯化钛生产原理；

(2) 掌握粗四氯化钛生产的原料种类及对其要求；

(3) 熟悉粗四氯化钛生产方法及其工艺操作要点。

【能力目标】

(1) 初步具备粗四氯化钛生产工艺技能，能正确操作设备完成工艺任务；

(2) 能够识别、观察、判断粗四氯化钛生产中的各种仪表的正常情况；

(3) 能识别粗四氯化钛生产所用原材料，并具备一定的质量判断能力。

【任务描述】

$TiCl_4$ 是钛的一种重要的卤化物，它是目前工业上生产海绵钛和氯化法生产钛白的原料。$TiCl_4$ 的制取方法很多，一般是用氯化剂（如 Cl_2、HCl、$COCl_2$、$SOCl_2$、$CHCl_3$、CCl_4 等）氯化金属钛或其他化合物（氧化钛、氮化钛、碳化钛、硫化钛、钛酸盐等）而制得。目前工业上是在有碳存在下用氯气氯化高钛渣、金红石制得的。本任务从氯化基本方法、氯化原理、沸腾氯化法、熔盐氯化法、实际生产案例几个方面介绍粗四氯化钛的生产。

【职业资格标准技能要求】

(1) 能根据氯化生产情况动态调节配料比；

(2) 能组织氯化炉与收尘器及后系统的对接操作；

(3) 能对氯化系统（含尾气净化）进行拆卸、清理和复位；

(4) 能对炉底进行装配对接；

(5) 能判定混合料的配料比偏差，并进行临时补料调节；

(6) 能根据各种仪表记录参数判断氯化炉反应状况、氯化系统状况及设备运行状况；

(7) 能根据尾气淋洗液的色、味等判断氯化炉反应状况及系统运行情况；

(8) 能发现和排降设备事故隐患；

(9) 能对氯化工艺或设备配置提出合理化建议。

【职业资格标准知识要求】

(1) 粗四氯化钛生产的原理；

(2) 影响氯化反应速度的因素。

【相关知识点】

3.1.1 氯化方法

粗四氯化钛的生产，是通过在氯化炉内对钛渣或者金红石进行加碳氯化的方法实现的。自 20 世纪 50 年代开始工业规模生产 $TiCl_4$ 以来，大致采用了竖炉氯化、熔盐氯化和沸腾氯化三种氯化方法。

3.1.1.1 竖炉氯化

将被氯化的富钛料和石油焦磨细，加黏结剂混匀制团并经焦化，制成的团块料堆放在竖式氯化炉中，呈固定层状态与氯气作用制取 $TiCl_4$ 的方法。其设备结构不太复杂，操作也较简单。它适用于各种含钛物料，生产效率变化范围大。主要缺点是原料要预先制成团块，团块料的制备包括配料、混合、压团、干燥和焦化，使得工艺大大复杂化。氯化不能靠反应热自热进行，要靠电供热。生产过程不连续，炉产能不大，生产率不高，手工排渣劳动强度大，操作环境差等。因此这个方法早已淘汰不用。

3.1.1.2 熔盐氯化

熔盐氯化是将磨细的富钛物料和石油焦悬浮在熔盐介质中，和氯气反应生成 $TiCl_4$。它的主要优点是能处理钙镁氧化物含量高、二氧化钛品位低的原料。缺点是对大量的废熔盐回收处理困难，炉衬材料由于受高温熔盐的浸蚀寿命较短。

3.1.1.3 沸腾氯化

采用细颗粒富钛物料与石油焦的混合料在沸腾炉内和氯气处于流态化的状态下进行氯化反应。它是流态化技术在钛生产中应用的新工艺。由于固体和气体处于激烈的相对运动中，传质、传热良好，大大的强化了生产，同时省去了制团、焦化工序，操作简单连续。

几种氯化方法比较如表 3 - 1 所示。

表 3 - 1　几种氯化方法比较

比 较 项 目	流态化氯化	熔盐氯化	竖炉氯化
主体设备	流态化氯化炉	熔盐氯化炉	竖式氯化炉
炉型结构	较简单	较复杂	复杂
原料准备	粉料	粉料	制成团块
工艺特征	流态化	熔盐介质	团块表面反应
碳 耗	中	低	高
炉气中 $TiCl_4$ 浓度	中	较高	低

比 较 项 目	流态化氯化	熔盐氯化	竖炉氯化
炉生产能力$(TiCl_4)/t \cdot (m^2 \cdot d)^{-1}$	25 ~ 40	15 ~ 25	4 ~ 5
"三废"处理	氯化渣可回收	废盐没利用	定期清渣，换炭素格子
劳动条件	较好	较好	差

早期采用竖炉（固定床）氯化的方法，因其缺点太多，因此国内外钛厂早已淘汰此法。美国、日本、澳大利亚等国家钛厂和氯化法钛白厂全部采用沸腾氯化技术；独联体三国的镁钛联合企业全部采用熔盐氯化。两种方法的生产强度和产能都很大，氯化反应依靠自热进行（在氯化天然金红石或人造金红石情况下，自热不能维持反应所需温度，通常用补加碳并通氧或空气的办法，靠碳的燃烧反应补热），操作环境友好，出口炉气中 $TiCl_4$ 的分压较高。两种方法的不同点是：熔盐氯化炉结构复杂，废熔盐的处理及回收难度较大。但它可直接使用含 Cl_2 量70%（体积分数）以上的镁电解产生的稀氯气和镁电解的废熔盐作为氯化介质，对钛渣原料的适应性范围宽，特别适宜处理高钙镁钛渣，这个是其突出的优点之一。沸腾氯化的传热、传质条件好，炉子结构相对简单，炉渣易于回收利用。但它不适合处理高钙镁钛渣的氯化，对钛渣应用的弹性较小，这是其最大的缺点。

对于云南矿生产钛渣，钙镁成分不高，（CaO + MgO）含量能达到1.5%以下或超出此规定不多，沸腾氯化不存在多大困难。但从长远考虑，在攀枝花地区，如能利用本地资源当然更好，这种情况下，因钛渣中钙镁含量高，应采用熔盐氯化技术或者其他的新技术。

解决高钙镁问题的新技术目前有以下几种：

（1）走人造金红石沸腾氯化之路。即先用盐酸压煮浸出法脱除钛精矿中的铁、钙、镁、锰、铝等杂质成分，制成人造金红石，再沸腾氯化。

（2）以高钙镁钛渣为原料，采用多级流化床快速氯化技术。

（3）以高钙镁钛渣为原料，采用无筛板沸腾氯化技术。

查一查　除了上述几种方法之外，目前还有哪些氯化的新技术。

教学活动建议

建议此部分内容提前布置任务，让学生自主查询氯化技术，做成课件，走上讲台讲解。

3.1.2　氯化原理

各种金属和金属氧化物、硫化物或其他化合物，在一定条件下，绝大多数均能与化学活性很强的氯反应，而生成金属氯化物。而各金属氯化物大都具有低熔点、高挥发性、易被还原、常温下易溶于水及其他溶剂等特性。更重要的是，氯化物生成的难易和性质的差异十分明显。因此，在冶金工业中，常常运用金属氯化物的这些特点来实现金属的分离、富集、提取与精炼。

用氯气或含氯化合物在一定的温度下和金属、金属氧化物、碳化物或其他化合物作用生成氯化物的反应就叫氯化。而氯化冶金是指通过金属氯化物来进行的提取冶金的方法。金属热还原法制取海绵钛的过程是典型的氯化冶金过程。

氯化冶金有下列优点：（1）对原料的适应性强，甚至能用于处理成分复杂的贫矿；（2）作业温度较其他火法冶金低；（3）物料中的有价组分分离效率高，综合利用好。

但是其具有氯化剂腐蚀性强，易浸蚀设备、恶化劳动条件并污染环境等缺点。

3.1.2.1　氯化过程的热力学分析

目前，用于氯化生产的含钛物料主要有金红石和钛渣。我国海绵钛生产中，主要是用高钛渣为氯化的原料。这些含钛物料中钛多以二氧化钛（TiO_2）状态存在；由项目二得知，在钛渣中钛还以各种低价氧化物（Ti_3O_5、Ti_2O_3、TiO）以及碳化物（TiC）、氮化物（TiN）的形态存在。此外，各种含钛物料中还不同程度的含有多种杂质氧化物（FeO、Fe_2O_3、CaO、MgO、MnO、Al_2O_3、SiO_2 等）。在氯化过程中它们与钛的化合物一起参加氯化反应。接下来对上述含钛物料中的各种成分在氯化过程中的行为从热力学角度进行分析。

A　钛的化合物的氯化反应——直接氯化

钛渣中的主要成分 TiO_2、Ti_3O_5、Ti_2O_3、TiO、TiC 及 TiN 等与 Cl_2 作用可能发生下列反应：

$$\frac{1}{2}TiO_2 + Cl_2 =\!=\!= \frac{1}{2}TiCl_4 + \frac{1}{2}O_2 \tag{3-1}$$

$\Delta G_T^{\ominus} = 184300 - 58T(409 \sim 1940K)$，计算可知：$T_{\text{开}} = 3178K$。

$$\frac{1}{6}Ti_3O_5 + Cl_2 =\!=\!= \frac{1}{2}TiCl_4 + \frac{5}{12}O_2 \tag{3-2}$$

$$\frac{1}{4}Ti_2O_3 + Cl_2 =\!=\!= \frac{1}{2}TiCl_4 + \frac{3}{8}O_2 \tag{3-3}$$

$$\frac{1}{2}TiO + Cl_2 =\!=\!= \frac{1}{2}TiCl_4 + \frac{1}{4}O_2 \tag{3-4}$$

$$Ti_3O_5 + 6Cl_2 =\!=\!= 3TiCl_4 + \frac{5}{2}O_2 \tag{3-5}$$

$$Ti_2O_3 + 4Cl_2 =\!=\!= 2TiCl_4 + \frac{3}{2}O_2 \tag{3-6}$$

$$TiO + Cl_2 =\!=\!= \frac{1}{2}TiCl_4 + \frac{1}{2}TiO_2 \tag{3-7}$$

$$\frac{1}{2}TiC + Cl_2 =\!=\!= \frac{1}{2}TiCl_4 + \frac{1}{2}C \tag{3-8}$$

$$\frac{1}{2}TiN + Cl_2 =\!=\!= \frac{1}{2}TiCl_4 + \frac{1}{4}N_2 \tag{3-9}$$

上述各反应的 $\Delta G_T^{\ominus} - T$ 图如图 3-1 所示。

当温度高达 2000K 时，式（3-1）的反应 $\Delta G_T^{\ominus}$ 为正值，表明式（3-1）在标准态下是无法实现自发氯化反应的。事实上该反应是一个可逆反应，在标准态下逆反应的趋势很

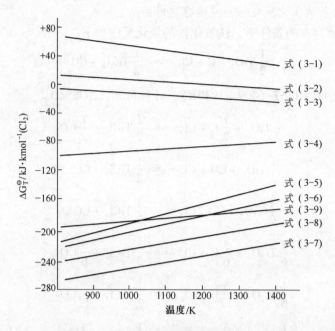

图 3 - 1　钛的氧化物直接氯化的 $\Delta G_T^{\ominus} - T$ 图

大。要使该反应向正方向顺利进行，必须向系统里不断地通入氯气和不断地排出 $TiCl_4$ 和 O_2，直接氯化才能实现。但这要消耗大量的氯气，同时氯气的利用率很低，在经济上不可取。在实际生产中是采用加还原剂的办法来实现含钛物料的氯化的。

经过热力学计算可知：

（1）在计算的温度范围内（900~1400K），式（3-1）和式（3-2）的反应 $\Delta G_T^{\ominus}$ 均为正值，表明式（3-1）和式（3-2）在标准态下无实现自发法氯化反应。式（3-3）和式（3-4）反应的 $\Delta G_T^{\ominus}$ 为负值，表明式（3-3）和式（3-4）反应有可能进行。这就说明：随着钛的氧化物中氧含量的减少，$\Delta G_T^{\ominus}$ 值降低，即钛氧化物的热力学稳定性由 Ti^{4+} 到了 Ti^{2+} 逐步降低，其被氯化的可能性则相应增加。

（2）在计算的温度范围内，反应式（3-5）~式（3-7）的 $\Delta G_T^{\ominus}$ 均为负值，表明按反应式（3-5）~式（3-7）可生成 $TiCl_4$ 和 TiO_2；并且，反应式（3-5）~式（3-7）的 $\Delta G_T^{\ominus}$ 比相对应的反应式（3-2）~式（3-4）的 $\Delta G_T^{\ominus}$ 要负得多。从热力学观点看，没有碳存在时，钛的低价氧化物与氯作用可优先按式（3-5）~式（3-7）反应生成 $TiCl_4$ 和 TiO_2。生成的中间化合物 TiO_2 要继续按式（3-1）反应生成 $TiCl_4$ 是不可能的。所以，在无碳存在时，TiO_2 不可能氯化；钛的低价氧化物的氯化率也很低，TiO 的氯化率仅为 50%；Ti_2O_3 为 25%；而 Ti_3O_5 低至 16.7%。

实验证明，TiO 在没有还原剂存在时，在 300℃ 时就以相当的速度被气体 Cl_2 所氯化，而在 400~700℃ 时 TiO 的氯化率为 40%~50%。残留物的分析证明，未被氯化的钛以 TiO_2 的形态残存下来。

（3）反应（3-8）和反应（3-9）的 $\Delta G_T^{\ominus}$ 值均为负值，并且其绝对值较大。表明在 900~1400K 温度范围内，TiC 和 TiN 都容易被氯化而生成 $TiCl_4$。

B　钛的化合物的氯化反应——有碳存在时的反应

在有还原剂碳存在的条件下，钛氧化物的氯化反应如下：

$$\frac{1}{2}TiO_2 + C + Cl_2 = \frac{1}{2}TiCl_4 + CO \qquad (3-10)$$

$\Delta G_T^\ominus = -389100 + 125T$（409 ~ 1940K），计算可知：$\Delta G_T^\ominus < 0$。

$$\frac{1}{2}TiO_2 + \frac{1}{2}C + Cl_2 = \frac{1}{2}TiCl_4 + \frac{1}{2}CO_2 \qquad (3-11)$$

$$\frac{1}{2}TiO_2 + CO + Cl_2 = \frac{1}{2}TiCl_4 + CO_2 \qquad (3-12)$$

$$\frac{1}{2}TiO_2 + C + 2Cl_2 = \frac{1}{2}TiCl_4 + COCl_2 \qquad (3-13)$$

$$\frac{1}{6}Ti_3O_5 + \frac{5}{6}C + Cl_2 = \frac{1}{2}TiCl_4 + \frac{5}{6}CO \qquad (3-14)$$

$$\frac{1}{6}Ti_3O_5 + \frac{5}{12}C + Cl_2 = \frac{1}{2}TiCl_4 + \frac{5}{12}CO_2 \qquad (3-15)$$

$$\frac{1}{4}Ti_2O_3 + \frac{3}{4}C + Cl_2 = \frac{1}{2}TiCl_4 + \frac{3}{4}CO \qquad (3-16)$$

$$\frac{1}{4}Ti_2O_3 + \frac{3}{8}C + Cl_2 = \frac{1}{2}TiCl_4 + \frac{3}{8}CO_2 \qquad (3-17)$$

$$\frac{1}{2}TiO + \frac{1}{2}C + Cl_2 = \frac{1}{2}TiCl_4 + \frac{1}{2}CO \qquad (3-18)$$

$$\frac{1}{2}TiO + \frac{1}{4}C + Cl_2 = \frac{1}{2}TiCl_4 + \frac{1}{4}CO_2 \qquad (3-19)$$

式 (3-10) ~ 式 (3-19) 各反应的 $\Delta G_T^\ominus - T$ 图如图 3-2 所示。

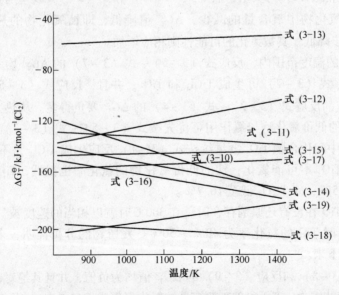

图 3-2　钛的氧化物加碳氯化的 $\Delta G_T^\ominus - T$ 图

通过热力学分析,可以知道:造成直接氯化的困难主要是因为该系统里氧气分压太高,系统呈氧化氛围,而 Ti 与氧的亲和力很高。为了改变该系统的状态,常常加入一种还原剂,比如 C、CO 等。系统中的氧在还原剂的参与下被消耗。系统的气氛也从氧化气氛转变为还原气氛,降低了氧的分压,并导致 $\Delta G_T^\ominus$ 小于零,使氯化反应可以向正方向顺利进行。此时,我们可以将这个反应称为还原氯化。实际中常用的还原剂有石油焦、焦炭、炭黑、木炭、石墨粉以及含碳(如 CO)的还原性气体等。但不用氢气,因为系统中的氢气和氯气会生成 HCl 气体,既腐蚀设备又消耗氯气。

(1)在计算的温度范围内(900~1400K),钛的氧化物在有还原剂碳存在时与氯反应的 $\Delta G_T^\ominus$ 均为负值,表明反应(3-10)~反应(3-19)均可向生成 $TiCl_4$ 的方向进行。

(2)有还原剂碳存在时,钛的氧化物氯化也和无碳时氯化相似,随其中含氧量的降低,$\Delta G_T^\ominus$ 数值也随之降低。

(3)值得注意的是,将有碳存在时 Ti_3O_5、Ti_2O_3 和 TiO 的氯化反应(3-14)~反应(3-19)与相应的反应(3-5)~反应(3-7)的无碳氯化反应进行比较,则发现,在上述工艺温度下,式(3-5)~式(3-7)的 $\Delta G_T^\ominus$ 值比式(3-14)~式(3-19)相应地更负些。根据热力学的观点,钛的低价氧化物将首先按式(3-5)~式(3-7)被氯化,生成 $TiCl_4$ 与 TiO_2,而后,TiO_2 再与 C 和 Cl_2 作用,生成 $TiCl_4$ 和 CO 或 CO_2。

尽管低价氧化钛比 TiO_2 更易氯化,且价态越低,氯化反应的热力学趋势越大;另外,低价氧化钛氯化反应的放热量也比 TiO_2 氯化的放热量大,因此从反应的趋向性和热平衡角度看,钛渣的过还原度大对氯化是有利的。但过高要求高钛渣的过度还原也是不适宜的,因为这会增加电耗及钛渣熔炼操作的困难并增加钛渣的成本。

(4)反应式(3-13)的 $\Delta G_T^\ominus$ 虽为负值,但其绝对值较小。表明 TiO_2 加碳氯化生成 $COCl_2$ 的反应是次要的。

C 杂质的加碳氯化

富钛料中含有多种杂质,如 FeO、Fe_2O_3、CaO、MgO、Al_2O_3、SiO_2 等。如果富钛料是钛渣时,还有 TiO、Ti_2O_3、Ti_3O_5 等低价氧化物。与 TiO_2 类似,这些杂质均能发生反应。反应生成物分别为相应的氯化物,如 $FeCl_2$、$FeCl_3$、$CaCl_2$、$MgCl_2$、$AlCl_3$、$SiCl_4$ 等。以 FeO 为例,反应为:

$$FeO + C + Cl_2 = FeCl_2 + CO \qquad (3-20)$$

$$FeO + \frac{1}{2}C + Cl_2 = FeCl_2 + \frac{1}{2}CO_2 \qquad (3-21)$$

其中 FeO 可以生成 $FeCl_2$ 和 $FeCl_3$,两种氯化物,而且在一定条件下它们之间存在着下列关系:

$$2FeCl_2 + Cl_2 = 2FeCl_3 \qquad (3-22)$$

从 TiO_2 和其他杂质加碳氯化反应的 $\Delta G_T^\ominus$ 计算值绘制成关系图,从中看出,各种成分加碳氯化反应的 $\Delta G_T^\ominus <0$,说明反应均可自发进行。但各种成分氯化反应的 $\Delta G_T^\ominus$ 各不相等,其 $\Delta G_T^\ominus$ 值越小(即绝对值越大),越易氯化,反之则越难氯化。富钛料中各组分在 800℃下优先氯化顺序为:CaO > MnO > MgO > Fe_2O_3 > FeO > TiO_2 > Al_2O_3 > SiO_2。其中如有低价钛氧化物,氯化优先顺序为:TiO > Ti_2O_3 > Ti_3O_5 > TiO_2。实践表明,TiO_2 和主要杂质在 800℃的相对氯化率分别为:Fe_2O_3 为 100%,CaO 高于 80%,MgO 高于 60%,Al_2O_3

为 4%，SiO_2 为 1%，TiO_2 处于中间状态。当控制反应使 TiO_2 达到全部氯化时，氯化剩余物（残渣）主要是 SiO_2 和 Al_2O_3。

当物料存在水和有机物时，会发生下列副反应：

$$C_mH_n + \frac{n}{2}Cl_2 + \frac{m}{2}O_2 = mCO + nHCl \tag{3-23}$$

$$H_2O + Cl_2 + C = CO + 2HCl \tag{3-24}$$

$$CO + Cl_2 = COCl_2 \tag{3-25}$$

$$TiO_2 + 2COCl_2 = TiCl_4 + 2CO_2 \tag{3-26}$$

应该指出的是，$COCl_2$（光气）是一种强氯化还原剂，很容易进行氯化反应。但由于在高温时易分解，因此仅存在于低温下的副反应中。

教学活动建议1

本部分内容理论性较强，文字表述较多，学生学习过程中难以理解，在学习之前或过程中，通过现场参观或观看现场视频增强学生对富钛料生产实践的感性认识，提高学生的学习兴趣；教师讲授时，应采用多媒体教室，将相关示意图与文字表述结合起来，使抽象、枯燥的文字生动有趣，提高课堂教学效果。

教学活动建议2

本部分是培养学生创新能力及冶金原理知识应用能力的很好载体，教师可引导学生应用冶金原理相关知识分析本部分原理，比如判断反应的可行性，计算开始反应温度等，以提升学生分析问题、解决问题的能力，对知识的综合应用能力。

3.1.2.2　氯化过程的动力学分析

富钛料的氯化过程是多相反应过程。沸腾床氯化为气—固相反应；熔盐氯化属于气—液—固多相反应。钛物料颗粒的反应过程属于颗粒缩核模型。它们都服从多相反应的规律，过程依次按以下步骤连续不断地进行：（氯化剂通过边界层向颗粒表面的）外扩散→（在钛物料颗粒表面上的）吸附→（经毛细微孔向颗粒内部的）内扩散→化学反应→（反应产物在颗粒内向表面的）内扩散→解吸→（产物分子通过边界层的）外扩散。

氯化过程的总速度实际上取决于其中最慢的一步，这最慢的一步就是氯化过程的瓶颈，称为速度控制步骤。吸附和解吸两步的速度一般都较快。因此氯化过程的控制步骤就可归结为化学反应控制步骤（又称为动力学区）、扩散控制步骤（又称扩散区）或混合控制步骤（混合控制区）。

研究氯化过程的动力学就是要找出氯化过程的控制步骤，以便采取措施克服最慢的一步，达到强化过程速度，提高生产强度的目的。

目前，在工业生产中，TiO_2 加碳氯化温度在 800～1000℃进行，限制氯化反应速度的是扩散过程，氯化反应扩散速度包括温度梯度和浓度梯度所引起的分支扩散和湍流所引起的对流扩散。因此要强化生产过程，关键在于改善扩散条件。

3.1.2.3 流态化氯化动力学

A 流态化

流态化氯化俗称沸腾氯化，它利用流动流体的作用将固体颗粒群悬浮起来，而使固体颗粒具有某些流体表观特征，因此强化了气—固间或液—固间的接触过程。这种使固体颗粒具有某些流体特征的技术被称为流态化技术，近年来在化工、冶金生产中得到广泛应用。

当流体自下而上通过直立式容器内的固体颗粒料层是随着流体流速的变化，物料层的性质也随之发生相应的变化。

(1) 固定床阶段。在低速时 $(v < v_f)$，固体颗粒固定不动，床层压降随流速增加而增加。此时称为固定床阶段。

(2) 膨胀床阶段。气流速度加大至某一临界值时 $(v = v_f)$，床层开始膨胀，固体颗粒开始松动，有些颗粒虽然轻微地抖动，但不能脱离其原来的位置，各颗粒仍然保持接触，床层高度无明显增加，床层压降等于物料浮重。此时的流速成为临界流速。

(3) 流化床阶段。流速继续增大，$(v_f < v < v_t)$，床层膨胀，固体颗粒可以做自由运动，床层压降基本保持不变，并存在清晰的床层自由面。固体颗粒和流体强烈的返混和湍动，如同液体的沸腾，此时属流化床或沸腾床阶段。

(4) 气体输送阶段。流速继续增大，超过某一值时 $(v > v_t)$，固体颗粒开始带出容器，并处于悬浮状态，床层自由面消失，床层压降随着固体带出量增加而下降。v_t 称为带出速度或逸出速度，此时称为稀相流化或气体输送阶段。

流态化的特点是流体和物料间高度混合，并开始具有流体的特性，它消除了各种梯度；传热好，床层内温度均匀；传质好，物料处于"沸腾"状态，混合充分，组成均匀。在小直径床层内，流体逆向混合较差，但在大直径床层内完全可以混合。对于伴随有化学反应的床层内，由于固体颗粒强烈湍动一般其扩散阻力可不计。但是，它的缺点是由于在床层内有强烈的返混，致使物料在床层内停留时间分布不好又对床层器壁有一定磨损。

在流态化的过程中存在着下列两种不正常流化状态。

(1) 沟流。当固体物料颗粒间黏结，使气体在床层的固体黏结块旁通过。或者说，大量气体短路，穿过床层内一些狭窄通道，而其他物料并未流化。床层内仅部分流化，称为沟流。此时床层压降远比物料浮重小，同时上下波动。出现孔道时，压降下降；孔渠坍塌时，压降上升。

产生沟流时，床层径向温度差增大，失流的物料易烧结，气体利用率低，生产率下降，直至床温不能维持为止。

过细的固体颗粒或没有一定比例的颗粒物料，湿度大的物料，采用高度—直径比大的反应器，都易形成沟流。

(2) 腾涌（气节）。当流态化层内气泡逐渐汇合长大，甚至气泡直径可能接近小反应器直径时，床层上部物料呈活塞状向上运动，料层达到某一高度的气泡崩裂又坠下，称为腾涌。

产生腾涌时，床层压降急剧波动，料层不均匀，气—固系接触不良，不少物料被吹跑，气体利用率下降，炉衬因强烈的冲击易脱落。

过大的固体颗粒或过大的气体速度，沸腾床直径过小（小于 0.5m）都是产生腾涌的原因。

在流化操作中必须避免产生不正常流化。一旦出现，必须针对产生的原因，采取适当措施，加以克服。

B　流化钛氯化中物料和流体的特征

金红石和高钛渣的流态化氯化工艺和其他流态化过程相比，所使用的物料和流体具有下列三点特征。

（1）气体介质具有强腐蚀性。流态化氯化的气体介质是氯，反应生成物是 $TiCl_4$、$FeCl_3$ 等氯化物都具有强腐蚀性。特别是氯，在高温下几乎能与所有物质反应。因此炉衬必须耐腐蚀，设备必须密封，而用以制造的流态化炉内阻挡器、冷却器和内收尘器等内部构件的高温耐腐蚀金属材料难以解决。

（2）炉气中含粉尘多。在流态化氯化过程中，床层内固体颗粒由于强烈地湍动，不断地被粉碎和磨损，容易产生粉尘。同时，氯化反应生成物都是气体，而固体物料参加反应是一个颗粒逐渐变小的过程，这些未反应完的小颗粒物料，易被气流带出炉外，成为炉气中的粉尘，使物料的利用率降低。目前可用于减少粉尘的方法有两个。

一是采用外旋风收尘器的方案。炉气通过外旋风收尘，将粉尘物料又带回炉内。此时炉气带走的粉尘量约占物料的 13% ~ 15%。当原料为金红石时，收尘率高，达 80%。粉尘中含金红石为 20%。但是物料经摩擦，不能形成氯化物保护层。外旋风收尘器的钢质材料寿命仅为两个月。当原料为高钛渣时，炉气中固体粉尘更多，常堵塞管道而无法使用。故此法的收尘效果还不十分理想。

二是采用自由沉降的方法，即是在炉体流态化段上面加一扩大段，炉气夹带粉尘进入扩大段后，由于操作时的气速骤降，粉尘不易带出炉外（详见本章第 3.1.3 节）。这种炉型简单，收尘效果尚好。

（3）两种固体物料。流态化氯化制取 $TiCl_4$ 所用两种固体混合物料间，密度相差约为 2.5 ~ 3 倍。为了使两种混合物料在流态化氯化时保持良好的流化状态，较妥当的方法是调节固体物料的粒径，使其平均粒度的单粒重量相近，在同一气速下得到相近的真速度，以利于达到流态化层物料不分层的目的。

教学活动建议

本部分内容理论性较强，文字表述较多，学生学习过程中难以理解，在学习之前或过程中，通过现场参观或观看现场视频增强学生对富钛料生产实践的感性认识，提高学生的学习兴趣；教师讲授时，应采用多媒体教室，将相关示意图与文字表述结合起来，使抽象、枯燥的文字生动有趣，提高课堂教学效果。

3.1.2.4　影响氯化的因素

沸腾氯化既是一个氯化过程，也是一个流化过程。两个过程互相制约互相影响。

A　温度

钛渣的加碳氯化是放热反应，只需开始时从外部供热达到反应温度启动反应后，氯化反应就可以靠自热进行到底。根据动力学的分析：在低温时（低于650℃）氯化过程处于反应动力学区域，此时提高温度使反应速度加快。大于650℃以后氯化过程处于扩散区域，继续提高温度对反应速度影响不是太大。如果温度太高反会增加碳的消耗量并增加气体的总体积，使混合气体中 $TiCl_4$ 的分压相应降低，并且增加冷凝器的负荷，以及加重对炉衬和设备的腐蚀。

事实上，沸腾氯化是粉料入炉，不是制粒料入炉，钛物料与碳的接触不是很紧密。因此，氯化反应温度可以高一些，便于获得高的氯化速度。但是，由于氯在高温下的腐蚀性强，兼顾到设备的安全性，不宜采用过高的作业温度。一般控制在850~950℃最好，炉气出口温度在550~650℃为宜。

B 氯气速度和浓度

选择适宜的流化操作速度是建立良好流化的十分重要的条件。在加碳氯化过程中，氯气既是氯化剂又是气流载体。因此，在沸腾氯化作业中，选择适宜的氯气流速是建立良好沸腾状态的重要条件。

在一定的物料粒度下，氯气流速过低，物料沸腾不起来，成了固定层氯化；氯气流速过高，物料在炉内来不及反应就被带走，使得炉料带出率高。适宜的氯气速度应该介于临界流化速度和颗粒带出速度之间。临界流化速度和带出速度与流体的性质、固体粒子的性质以及粒度有关，可以用实验方法测定，也可以用一般经验公式计算。

目前在实际生产中氯气的操作速度控制在 0.12~0.15m/s 之间（冷态）。在800~1000℃的扩散控制区内，热态速度已达0.45~0.60m/s，这样的流化速度已有足够的传质速度，流型已由滞流转变为湍流状态，强烈搅拌使气体边界层变得很薄，从而有利于扩散。

从化学反应平衡的角度来看，提高 Cl_2 分压，有利于反应向生成 $TiCl_4$ 的方向进行，因此 Cl_2 浓度越高，反应速度越快，进行得越完全。所以从这个意义来看，最好是采用纯 Cl_2。另外通入低浓度 Cl_2，由于气体体积的增加而影响冷凝效率。但实际上为了综合利用，降低成本，对镁电解的低浓度 Cl_2，必须加以利用。在镁电解的低浓度 Cl_2 中，参入一定量的纯 Cl_2 使其浓度保持在80%（体积浓度）以上，是可行的。

C 物料的粒度和孔隙度

沸腾氯化又叫流态化氯化。流态化是利用流动流体的作用，将固体颗粒群悬浮起来，而使固体颗粒具有某些流体表观特征，强化气—固间或液—固间的接触过程。因此物料的粒度也是影响沸腾氯化的重要因素。

当氯气流速一定时，物料粒度太大，就沸腾不起来；粒度越细，孔隙度越大，比表面积就越大，反应速度也越快。但如果物料粒度太细，有可能发生沟流（大量气体短路，穿过床层内的一些狭窄通道，床层内仅部分被流化，而其他物料并未被流化）和腾涌（当流态化层内气泡逐渐汇合长大，甚至气泡直径可能接近小反应器直径时，床层上部物料呈活塞状向上运动，料层达到某一高度的气泡崩裂又坠下）现象，从而破坏沸腾床的稳定性，而且还可能来不及反应就被带出炉外。所以粒度要适当。实践中常常不是采用相同粒径的物料，而是采用较宽的粒径分布，是粗粒和细粒成一比例混合的物料，这可使流态化层流化平稳、均匀和气泡较小，并增大相界面积。

另外，钛渣和石油焦两种固体物料，密度相差约为2.5~3倍。为了保证在同一氯气流速下，均匀沸腾而不分层，必须使密度大的钛渣的粒度小于密度小的石油焦的粒度。

D　配碳量

混合料中的配碳量是根据原料中各成分含量，按氯化反应方程式计算出来的。当然还要考虑到实际生产中氯化反应远未达到平衡状态以及钛渣中 TiC、TiN 和钛的低价氧化物的存在和机械损失等情况。

配碳量过低，不能满足反应的需要，氯化不完全，部分 TiO_2 进入炉渣排出，降低了钛的回收率；配碳量过高，不但增加炉渣量，而且使气体量增加，$TiCl_4$ 在混合气体中分压降低，不利于 $TiCl_4$ 的冷凝。实际生产中，一般控制钛渣∶石油焦为 100∶30 左右。若氯化金红石或使用稀释氯气，应适当增加配碳量。

E　料氯比

为了保持正常的沸腾状态，氯化炉内应维持一定的料层高度，并使混合料加入量和通氯量相适应。如混合料加入量不足，料层太薄，尾气含氯量增大；如混合料加入量过多，炉阻力上升快。因此在实际生产中就要控制一定的料氯比和炉阻力，一般氯∶料（氯料比）＝100∶65（质量比），炉阻力为 300～700mm 硫酸柱。

F　原料中钙镁含量的影响

当钛渣中 MgO 和 CaO 含量较高时，由于生成的 $MgCl_2$ 和 $CaCl_2$ 熔点较低而沸点较高，在较低的氯化温度下难于挥发，留在炉内呈熔融状态，使炉料黏结，排渣困难，而且破坏沸腾状态，使沸腾氯化难于进行，所以要求钛渣中 CaO 和 MgO 的含量总和不超过 1%，对高钙镁含钛物料沸腾氯化工艺的研究是当前钛氯化冶金中的一个重要课题，近年来我国冶金工作者在这方面做了大量的研究工作，如无筛板沸腾氯化和多级流化床快速氯化，前者已进行工业生产，后者工业试验已取得一定进展。

 教学活动建议

本部分是培养学生创新能力及知识应用能力的很好载体，教师可引导学生分组应用氯化原理相关知识分析本部分氯化过程的影响因素。

3.1.3　沸腾氯化

3.1.3.1　沸腾氯化的工艺流程

沸腾氯化制取 $TiCl_4$ 工艺流程示意图如图 3-3 所示。设备流程示意图如图 3-4 所示。

破碎好的钛渣、石油焦按照一定的比例进行称量配料，然后经过混合、干燥，用螺旋加料机从沸腾段上方加入氯化炉内。氯气一部分是氯化镁电解的阳极氯气由氯压机送来，另外一部分来自液氯（经蒸发器气化）。两部分氯气混合或分别从氯化炉底进入炉内。加入的混合料与氯气反应生成钛和其他杂质的氯化物以及 CO 和 CO_2 等气体。

沸点低于氯化温度的 $FeCl_3$、$AlCl_3$、$SiCl_4$ 以及 CO、CO_2 等气体就和 $TiCl_4$ 一起挥发逸出氯化炉，而沸点高于氯化温度的 $CaCl_2$、$MgCl_2$、$FeCl_2$ 和 $MnCl_2$ 等氯化物，基本上与未反应的 TiO_2、炭粉等一起留在炉内成为炉渣。

从氯化炉顶以气体逸出的混合气体，主要成分为 $TiCl_4$、$FeCl_3$、$AlCl_3$、$SiCl_4$ 以及 CO、

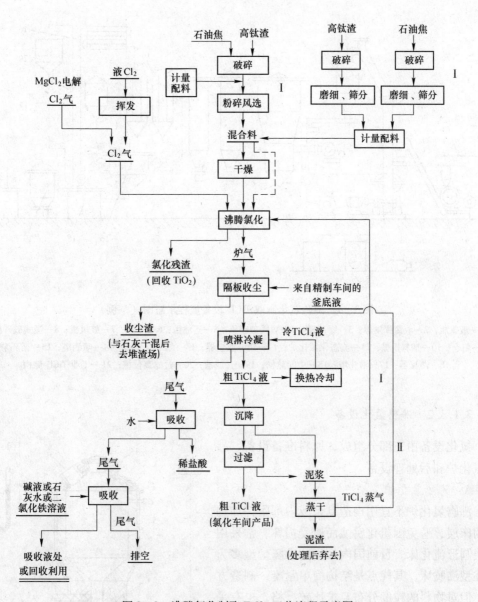

图 3 - 3 沸腾氯化制取 $TiCl_4$ 工艺流程示意图

CO_2 以及小部分 $CaCl_2$、$MgCl_2$、$FeCl_2$ 和 $MnCl_2$ 等, 还有被气流夹带出来的固体颗粒, 进入收尘器, 由于减速降温的作用, 使其中的 $FeCl_3$、$AlCl_3$、$CaCl_2$、$MgCl_2$、$FeCl_2$ 和 $MnCl_2$ 等高沸点氯化物以及被气流带出的固体颗粒大部分被冷凝沉积下来。通过收尘器出来的混合气体进入淋洗塔, 与被 $-10 \sim -15$℃ 的冷冻盐水冷却后的 $TiCl_4$ 液体相互接触, 使得 $TiCl_4$、$SiCl_4$、$VOCl_3$ 等气体和剩余的高沸点杂质喷淋洗下来。不能冷凝的及 CO、CO_2、Cl_2、O_2、N_2、HCl 等气体最后进入尾气处理系统, 先用水吸收 HCl, 后用碱液或 $FeCl_2$ 液、石灰乳洗涤除去 Cl_2 和 $COCl_2$ 后通过烟囱排空。淋洗下来的 $TiCl_4$ 液体含有较多杂质, 经过沉降、过滤以后, 就得到淡黄色或红棕色的粗四氯化钛液体。

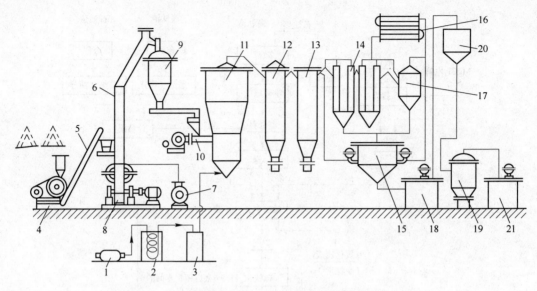

图 3 - 4　沸腾氯化制取 TiCl₄ 设备流程示意图（举例）

1—液氯瓶；2—液氯挥发器；3—缓冲罐；4—颚式破碎机；5—运输机；6—竖井；7—鼓风机；8—锤式破碎机；
9—料仓；10—加料机械；11—流态化氯化炉；12—第一收尘器；13—第二收尘器；14—喷洒塔；15—循环泵槽；
16—冷凝器；17—泡沫塔；18—中间储槽；19—过滤器；20—过滤高位槽；21—工业 TiCl₄ 储槽

3.1.3.2　沸腾氯化设备

氯化设备由三部分组成，原料准备设备、沸腾氯化炉和后处理设备。

A　沸腾氯化炉

沸腾氯化炉不宜用构造复杂或内部附件加构件的床层，避免因氯化腐蚀而遭受损坏，常采用单层圆形流化床。目前国内采用的沸腾炉型多为圆柱型沸腾床，其优点是结构简单紧凑、制造方便，但对物料的粒度分布要求比较严格。也有采用锥形床的，锥角一般为 3° ~ 6°，炉截面积自上而下逐渐地扩大。此炉型流态化层部位的气流速度随高度升高而变小，使流态化层保留较多的细粉，因而适合粒度较细、分布较宽的物料，并有利于降低粉尘率。圆柱形沸腾氯化炉结构如图3 - 5 所示。主要分沸腾段、过渡段、扩大段和氯气分配室四个部分。

（1）沸腾段。沸腾段的直径可以按照需要的产能和沸腾炉的单位面积生产能力来确定，后者一般取 30 ~ 35t/（m² · d）。

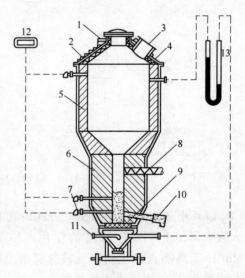

图 3 - 5　沸腾氯化炉示意图

1—炉盖喷水管；2—水冷炉盖涂层；3—炉气出口；
4—挡水板；5—扩大段耐火砖；6—反应段耐火砖；
7—热电偶；8—加料器；9—筛板；10—放渣口；
11—Cl₂ 气入口管（预分布器）；
12—高温计；13—压力计

沸腾段的高度决定于所处理物料的性质。在实际生产中，若所处理的物料粉尘较多，则沸腾段高一点可降低粉尘率，但太高了又容易出现大气泡，造成不正常流化。因此，沸腾段高度对于小型炉取直径的 2 ~ 4 倍为宜（即 $H_沸/D_沸 = 2 ~ 4$）。随着沸腾炉的大型化，高径比逐渐减小，分离空间高度（过渡段高度 + 扩大段高度）占总高度（沸腾段高度 + 过渡段高度 + 扩大段高度）的比例增大，扩大段的高径比减小。当用活性差一些的还原剂碳（如煅烧焦）时，为增加物料在沸腾段的停留和反应时间，高径比可取这个范围的上限值。在大型炉的钢炉壳设计上，要充分考虑对焊接薄弱环节进行加强筋处理。

氯化炉内衬要求耐高温、耐腐蚀、密闭性好，特别是沸腾段，温度高、氯气浓度大，物料对炉壁冲刷严重，因此炉壁应适当加厚，沸腾段内衬一般由五层组成。最外层是保温材料捣固层，材质为耐火耐酸混凝土或硅藻土砖、硅酸铝纤维毯等；第二层为耐火黏土砖层；第三层为电极糊熔铸层，主要起密封作用；第四层仍为耐火黏土砖，最里一层为水玻璃混凝土或矾土磷酸盐混凝土预制块（异型砖）或耐火高铝砖，总厚度 700 ~ 900mm 左右。

（2）扩大段。实际中采用增大扩大段的直径达到除尘的目的，但其直径过大会增加建设费用，效果也不理想。目前扩大段的直径一般取为沸腾段直径的 4 倍（即 $D_扩 = 4D_沸$）。对扩大段高度也具有同扩大段直径一样的要求，一般取为扩大段直径的 1.5 倍左右（即 $H_扩 = 1.5D_扩$）。扩大段的内衬没有对沸腾段内衬的要求那样严格，一般分为三层。最外层为耐火耐酸混凝土捣固层或耐火高铝砖，里面两层为黏土砖。

（3）过渡段。过渡段锥角即为其锥面所夹的角，其大小直接与过渡段的高度有关，也与沸腾炉的总高度有关。锥角过大，粉尘物料易堆积在锥面上，烧结成"死灰"，达到一定厚度时，可能以块状脱落，沉积在筛板上，破坏正常流态化。合理的锥角应按物料的自然堆积角（又叫安息角）来确定。实测高钛渣和石油焦混合料的自然堆积角约为 60°。因此，过渡段的锥角取 60° 为宜。内砌层为耐火黏土砖及耐酸混凝土，靠沸腾段部位局部可用耐火高铝砖。

以上各段砌筑泥浆须耐酸，耐高温，可用水玻璃长石粉泥浆或高强磷酸盐泥浆，而以后者为佳。因为磷酸盐泥浆耐火度高，黏结强度好。实践证明，采用以上方案，中修周期可由 100 天延长到 300 天，大修周期由 21 个月延长到 100 个月，效果显著。

（4）Cl_2 分配室和筛板。氯气分配室的作用，一是支撑筛板，二是使氯气静压分布均匀，并创造一个良好的初始流化条件。

筛板的作用是支承物料、均匀分布气体造成良好的沸腾条件。一般要求筛板阻力较小、不漏料、不易堵、结构简单、便于制造和维护等。影响筛板性能的是开孔率和筛板形式。筛板开孔率小可以增加气流阻力，使气体分布均匀、操作稳定，但开孔率太小会增加动力消耗。开孔率一般采用 0.8% ~ 1%。

筛板的形式有直流型、风帽型和密孔型三种。目前钛渣氯化生产实践中，采用的平筛板（底侧部排渣）和锥形筛板（底部排渣）都属于直流型筛板。它的特点是结构简单、制作容易，但气体分布不够均匀，且易堵孔漏料。为了克服这些缺点，可在平筛板上加一层大颗粒的耐火填料（也可直接用 φ2 ~ 3mm 的石油焦），另外还可将气孔做成下大上小的喇叭形。筛板的材质，采用水玻璃耐火混凝土或石墨都能满足生产要求。

（5）加料口和排渣口。选择适宜的加料口位置很重要。若加料口位置太高，会相应增加粉尘率,并易使刚入炉的粉料被炉气带走;若加料口位置太低,虽有利于降低粉尘率,但加料螺旋杆易被氯气腐蚀。因此一般选在流化床层自由面稍高处。

排渣口的位置取决于所采用的筛板,一般在筛板上 200mm 处。

B　后处理设备

a　收尘冷凝器

图 3 – 6 为收尘冷却器,其作用是使从氯化炉出来的混合气体,经过减速、冷却降温的作用,使高沸点杂质氯化物冷凝并与夹带的固体颗粒一起沉积下来。

收尘设备有多种,但以隔板除尘器为宜。它是一种锥底长筒形的钢设备,中间有一块隔板,钢筒内壁和隔板两侧需用耐酸材料涂层或衬里,也可用耐酸砖砌筑。隔板除尘器虽然效率较低,但由于其结构简单,防腐性能较好,目前仍为钛氯化生产所广泛使用。

收尘冷却器的冷凝和沉降效果既与炉气流速、气流途径长短有关,又与温度有关。若收尘冷却器内气流速度低、停留时间长、温度低,对固体颗粒和高沸点杂质的分离是有利的。但温度太低,$TiCl_4$ 气体会发生冷凝。因此,通常采用加长设备长度或增加收尘器的数目来提高除尘效果。

b　淋洗塔

图 3 – 7 是一种直接冷凝的喷洒塔,或叫做淋洗塔。其作用是将 $TiCl_4$ 气体以及低沸点杂质冷凝成液体,当然在收尘器内未被分离的高沸点杂质也被冷凝下来。因此,冷凝下来的 $TiCl_4$ 中含固体杂质较多,就不宜于采用填料塔、筛板塔、泡罩塔等一类易被堵塞的设备。

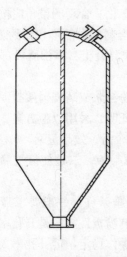

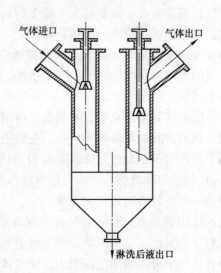

图 3 – 6　收尘冷却器示意图　　　　　　图 3 – 7　淋洗塔示意图

淋洗塔实际上是一个无塔板的空塔,两臂的顶端都有一个喷嘴。冷凝液是采用在蛇形套管内用冷冻盐水冷却后的粗 $TiCl_4$,自塔顶喷淋而下,和底部上升的炉气逆向接触,炉气中的 $TiCl_4$ 和其他杂质凝集成液体,流入循环泵槽。

淋洗塔的冷凝效率与淋洗液的温度、气体停留时间、喷淋密度有关。但冷却温度不能太低,这样不仅消耗能量大,并使液体 $TiCl_4$ 流动性差,对操作不利。因此,最低冷却温

度维持在 – 10 ~ – 15℃为宜。

c　固液分离设备

沸腾氯化中的固液分离设备包括浓密机和管式过滤器。图3 – 8为浓密机结构示意图。浓密机的作用是通过重力沉降，使悬浮在四氯化钛中固体杂质沉积下来，呈泥浆状，然后由底部螺旋排出。

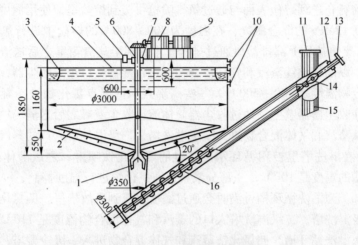

图3 – 8　浓密机结构示意图

1—净化铲（除渣通条）；2—刮板机；3—溢流堰；4—缓流槽；5—粗 TiCl₄ 进入管；6—轴；

7—密封填料；8—减速器；9—电动机；10—溢流堰；11—清除孔盖；12—密封罐；

13—传动齿轮；14—活接头（铰链）；15—卸料连接套管；16—螺旋

为了使粗 TiCl₄ 中的固体杂质含量降到最低限度，由浓密机出来的 TiCl₄ 需经过管式过滤器再次过滤。管式过滤器是一种压力式的过滤器，内部装有4 ~ 5根过滤管，管上均布5mm的过滤孔，外面包上2层涤纶过滤布。过滤液借助高位槽的静压，从过滤器下部进入，透过涤纶布，固体杂质被分离，然后滤液由上部引出。当停止过滤时，打开底部排渣阀门，管内的 TiCl₄ 通过反冲作用，将滤饼残渣排除。

 教学活动建议

此部分大多为工艺流程，建议教师在教学过程中注意提高学生的识读绘图能力，可分组让学生拼图、绘图、读图。

3.1.4　熔盐氯化

熔盐氯化特别适合于高钙镁和 TiO₂ 品位不是很高的钛渣。钛渣不需要制团，可直接以粉料状态加入由 NaCl 熔盐或镁电解槽废电解液组成的熔融体中进行氯化。也可直接使用镁电解产生的稀氯气（含 Cl₂ 70% ~ 80%（体积分数））氯化，此方法得到的炉气中 TiCl₄ 的浓度高、分压大，有利于后续工序冷凝回收 TiCl₄。氯化产生的废熔盐也是进一步回收提取 V、Sc、Re、Nb、Ta 的原料，这对原料的综合利用也是有利的。

在熔盐氯化过程中，TiO₂ 的氯化率达98%，随废熔盐带走的 TiO₂ 损失为0.5% 左右，随蒸汽—气体混合物（炉气）带走的钛损失率为 1.5% 左右。

3.1.4.1　熔盐氯化工艺

熔盐氯化原则性流程基本上同沸腾氯化，如图 3 - 9 所示。高钛渣仓、煅后石油焦仓、氯化钠仓的物料通过物料输送管线输送到氯化炉炉前料仓进行配料后通过螺旋给料机连续地将物料从炉前料仓送到熔盐表面与通过氯气喷枪供应到熔盐里，使用温度为小于或等于 60℃，压力为 0.12MPa 的混合氯气，在温度为 700 ~ 800℃ 的熔盐中进行氯化反应。反应后产生的 700℃ 废熔盐从上部排盐口通过排盐管排放到熔盐渣箱里之后送渣场填埋。而生成的四氯化钛，以四氯化钛蒸汽和气体混合物通过顶部排气口进入收尘器，收尘器入口的蒸汽和气体混合物温度是 400 ~ 500℃，一些高沸点和低沸点氯化物被冷凝，并和固体颗粒物一起沉降在收尘器器壁上，通过收尘器筒体流入收尘渣罐之后送渣场填埋。未被冷凝下来的四氯化钛蒸汽和气体混合物进入一级淋洗塔，一级淋洗塔入口的蒸汽和气体混合物温度是 450℃，在淋洗塔里被用循环水冷却过的四氯化钛喷淋，之后液体进入淋洗循环槽，淋洗循环槽的温度是 100℃，一部分浆料返回氯化炉进行温度控制，一部分打到套管冷却器进行冷却。当淋洗循环槽过满时会通过溢流口流到事故槽里。四氯化钛蒸汽和气体混合物进入二级淋洗塔，二级淋洗塔入口的蒸汽和气体混合物温度是 110℃，被四氯化钛喷淋后液体流入淋洗循环槽，四氯化钛蒸汽和气体混合物进入一级冷凝塔，一级冷凝塔入口的蒸汽和气体混合物温度是 100℃，经过四氯化钛喷淋后，液体流入冷凝循环槽，冷凝循环槽内温度是 50 ~ 70℃，四氯化钛蒸汽和气体混合物进入二级冷凝塔，二级冷凝塔入口的蒸汽和气体混合物温度是 60℃，在经过用冷冻盐水冷却后的四氯化钛喷淋后液体流入冷凝循环槽，冷凝循环槽内温度是 - 20 ~ 0℃，蒸汽和气体混合物进入捕滴器，捕滴器

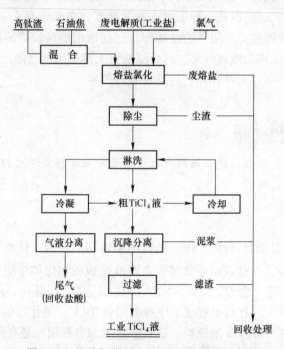

图 3 - 9　熔盐氯化制取 TiCl₄ 工艺流程示意图

入口的蒸汽和气体混合物温度是-5℃，在经过气液分离后液体，流入冷凝循环槽，液体温度是-5~0℃，出来的工艺尾气，温度是-5~0℃，经过离心钛风机送工艺尾气处理。冷凝循环槽里的四氯化钛液体通过溢流口流入粗四氯化钛收集槽，之后用泵打到高位槽，溢流到浓密机里面进行沉降，过滤后底流浓泥浆送入底流搅拌槽，而澄清液溢流入粗四氯化钛贮罐，之后送去精制工段。

3.1.4.2 熔盐氯化设备

熔盐氯化的主体设备是熔盐氯化炉，其他设备与沸腾氯化基本相同，故在此仅介绍熔盐氯化炉。熔盐氯化炉结构如图3-10所示。一般需要定型设计。该炉型的特点是无筛板没有加热电极，可随时加热。

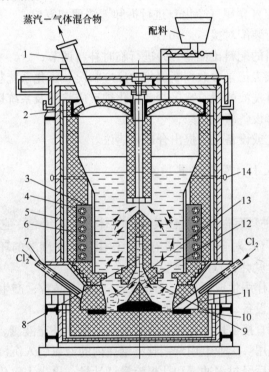

图3-10 熔盐氯化炉结构简图

1—烟道（炉气出口）；2—炉顶；3—电极；4—水冷塞杆；5—壳体；6—石墨保护壁；7—通氯管；8—溢流堰；9—循环隔墙；10—热电偶；11—水冷填料箱；12—耐火黏土气体分布器；13—下部排渣口；14—上部侧排料口

 高钙镁矿氯化的其他新技术。

教学活动建议1

高钙镁矿的氯化技术目前还有许多新技术，建议让学生分组查询，形成电子作业，以便提升学生收集资料、整理资料的能力。

教学活动建议 2

此部分大多为工艺流程，建议教师在教学过程中注意提高学生的识读绘图能力，可分组让学生拼图、绘图、读图。

【实践技能】

训练目标：

（1）能根据氯化生产情况动态调节配料比；

（2）能组织氯化炉与收尘器及后系统的对接操作；

（3）能对氯化系统（含尾气净化）进行拆卸、清理和复位；

（4）能对炉底进行装配对接；

（5）能判定混合料的配料比偏差，并进行临时补料调节；

（6）能根据各种仪表记录参数判断氯化炉反应状况、氯化系统状况及设备运行状况；

（7）能根据尾气淋洗液的色、味等判断氯化炉反应状况及系统运行情况；

（8）能发现和排除设备事故隐患；

（9）能对氯化工艺或设备配置提出合理化建议。

技能训练实际案例 3.1　原料及其准备

3.1.1　氯气的准备

Cl_2 在常温下是一种具有强烈刺激性臭味的气体，呈黄绿色，它的质量是同体积空气质量的 2.5 倍。干燥的 Cl_2 对金属设备没有腐蚀作用，但在潮湿的环境中，因为生成的金属氯化物水解产生 HCl 就会强烈的腐蚀设备。

在空气中氯和氨水作用生成氯化铵（NH_4Cl）的微小晶粒，产生浓厚的白烟，因此可以利用这一特性来检查设备、管道漏氯的部位。

现场若有氯气可以直接使用，若氯气浓度较低，常需补充液氯。使用液氯时必须将其挥发，变成氯气才能使用。工业上用紫铜管将钢瓶内的液氯引入沉浸在热水浴中的蛇形管蒸发器，进行气化，然后经过缓冲罐和孔板流量计计量，再进入氯化炉内。蒸发器的水浴温度不宜太高，一般保持在 45～70℃。缓冲罐压力控制在 0.29～0.39MPa。

3.1.2　钛渣

钛渣是由钛铁精矿还原熔炼制取的。从氯化来说，要求钛渣的品位越高越好。因为杂质含量低，氯气利用率高，渣量及排渣次数减少，并减轻收尘、淋洗等后续系统的负担，这对改善 $TiCl_4$ 质量、提高收率、降低成本都有好处。另外还要求含 CaO 和 MgO 量不能太高，以利于保持良好的流化状态。但是随着钛渣品位的升高，钛渣的成本会急剧上升。高钛渣的粒度目前没有一个统一的要求，从氯化生产考虑，要求 74～250μm 之间的总和不少于 80% 为宜。

3.1.3　石油焦

石油焦是石油炼制过程的产物，各种焦的成分不一样。3 号焦活性大，对氯化反应是有利的，但它含挥发分和水分高，在氯化过程中会产生大量的氯化氢气体，增加氯耗，腐蚀设备。煅烧焦含固定碳高，挥发分少，有利于降低氯耗、减少三废，但其活性又有一定的降低。为此，在氯化配料中，采用一半 3 号焦，一半煅烧焦是比较好的。

应指出的是，炉料中水分含量高对氯化的不利影响，不只局限于氯耗增加，生成的 HCl 量增加，而且还可能使 $TiCl_4$ 水解生成 $TiOCl_2$。另外，因气与水的反应是吸热反应，还会降低炉温。因此，仅靠入炉前工频加热配料是不够的。最好在配料前对石油焦进行单独干燥。

3.1.4 混合料

将高钛渣和石油焦按一定的比例混合，作为氯化的原料，我们称之为混合料。高钛渣和石油焦性脆，较易破碎，粗碎可用颚式破碎机，粉碎可用锤式粉碎机。物料的混合大致有两种方案：

（1）筛分法：将高钛渣和石油焦分别破碎成需要的粒度，并按预定的配碳比计量配料，然后经混合器混合。此方案对物料的粒径和配比的控制都很精确，但生产流程长，且若不经过机械筛分，很难达到理想的粒度。

（2）竖井风选法：将粗碎后的高钛渣和石油焦，按预定的配料比配料，然后加入竖井锤碎机进行粉碎和风选，物料的粒度可通过调节风量来控制，并且可以做到两种固体物料的粒度大小不一样而质量相近，这样粒度匹配适当，对解决沸腾炉内炉料分层问题是有利的。它具有工艺流程简单、能连续生产和生产率高的优点。

3.1.5 配碳量的计算

首先根据理论计算反应中的理论配碳量。其氯化反应主要有以下两个方程式：

$$TiO_2 + 2C + 2Cl_2 \Longrightarrow TiCl_4 + 2CO \qquad (3-27)$$

$$TiO_2 + C + 2Cl_2 \Longrightarrow TiCl_4 + CO_2 \qquad (3-28)$$

假定在某温度下，按式（3-27）反应的理论比率为 x，则式（3-28）为 $1-x$。将两式合并，则得：

$$TiO_2 + (1+x)C + 2Cl_2 \Longrightarrow TiCl_4 + 2xCO + (1-x)CO_2 \qquad (3-29)$$

x 可以按不同温度的理论气相组成算出。但是在沸腾氯化过程中，由于远未达到平衡状态，同时由于生成的 CO 也是一种良好的还原剂，在炉气中有 HCl、$SiCl_4$、$AlCl_3$ 等气体存在以及在钛渣中存在钛的低价氧化物等原因，使得实际气相组成与理论气相组成不符。为了使配碳比更符合实际情况，应选用沸腾氯化炉气中实际测定的 p_{CO} 和 p_{CO_2} 值算出 x。

如某氯化炉在 900℃ 时，分析尾气中含 CO 53.2%，CO_2 21.5%，由反应式知，

$$\frac{p_{CO}}{p_{CO_2}} = \frac{2x}{1-x}$$

解得　　　$x = \dfrac{p_{CO}/2}{p_{CO_2} + p_{CO}/2} = \dfrac{0.532/2}{0.532/2 + 0.215} = 0.553$　　　$1 + x = 1.553$

根据式（3-29）进行计算得 100kg TiO_2 应配碳量：

$$y = \frac{100 \times 12 \times 1.553}{80} = 23.3 \text{kg}$$

由于高钛渣中的杂质同样需要配碳，粗略计算时可不必考虑其品位。计算结果，每 100kg TiO_2 应配碳 23.3kg。如石油焦含固定碳为 90%，则

石油焦用量 $= 23.3 \div 90\% = 25.9$kg

高钛渣含 TiO_2 94%，则高钛渣为 106.4kg。100kg 高钛渣需石油焦量为：

$$25.9/106.4 \times 100 = 24.34kg$$

按照物料中的有价成分计算好理论配碳比后，再根据具体情况确定实际配碳比。理论配碳比是按 TiO_2 量计算的。当采用高钛渣作原料时，由于其中含有一定量的低价氧化钛，故其配碳量应随其含量相应减少。如果富钛料中 Ca、Mg 含量高，需增加碳量作稀释剂。实际中还必须考虑碳的机械损失这一因素。通常情况下，实际碳矿比控制在 25% ~ 30%。

实践中可以根据排出炉渣的颜色来检验配碳比是否准确。如：（1）当炉渣呈灰色时，说明配碳比合适；（2）当炉渣呈金黄色时，说明配碳比过低；（3）当炉渣呈黑色时，说明配碳比过高。

技能训练实际案例 3.2　沸腾氯化炉的操作制度

3.2.1　烘炉

氯化炉启动前必须进行烘烤。烤炉的目的一是为了使氯化炉干燥脱水，避免在正常生产中 $TiCl_4$ 发生水解；二是烧结砖缝灰浆并使氯化炉预先升温达到启动的温度。烘烤最后达 800 ~ 900℃时氯化炉即可启动。烤炉的方法，可以在沸腾炉底部安一个活动炉子，在300℃以内用木柴烤，然后用焦炭，并逐渐将活动炉子伸入炉内，使温度升高。也有用重油喷入炉内进行烘烤的。

3.2.2　启动前的准备工作

启动前的准备工作包括：

（1）检查设备、管路、阀门，要求干燥，密闭、畅通。

（2）检查所有电器、仪表、机械设备、空运转正常。

（3）如是初次启动，必须在循环泵槽内备有足够循坏的 $TiCl_4$。

（4）将 Cl_2 分配室和筛板进行烘烤，并检查筛板孔有无堵塞现象。若是平筛板，需在筛板上放一层厚 100mm 的粒度为 $\phi20mm$ 左右的耐火填料；或放一层厚 200mm 粒度为 $\phi2 ~ 3mm$ 的油焦。

（5）与 Cl_2 蒸发室、电解氯压机室、冷冻站以及配料工序联系、做好通氯、送冷冻盐水和送混合料的准备。

3.2.3　氯化炉的启动

氯化炉的启动包括：

（1）当烤炉的温度升到 800℃时，维持一定时间使炉子达到热平衡后，拆去烘烤用的炉子并清除炉壁上的烧结物，然后快速装上氯气分配室，接上氯气管。

（2）先后启动圆盘给料机、回转管炉、工频加热和螺旋加料机，向炉内送料。

（3）送料 2 ~ 3min 后，即可通 Cl_2，流量由小到大，1h 后可达正常流量。

（4）通 Cl_2 后 10min，或看到防爆口冒出黄烟时，即可启动循环泵和尾气风机，并通知送上冷冻盐水和碱液（或石灰乳）。

（5）炉子正常以后，即可通上电解 Cl_2，并根据电解 Cl_2 数量和浓度，将纯 Cl_2 降到需要的流量。

3.2.4　氯化炉的正常操作

氯化炉的正常操作包括：

（1）混合物料的加料速度及量。控制混合物料的加料速度，就可以控制炉内料层的堆积高度。合适的料层高度可以加长氯气在料层中的停留时间，提高氯气的利用率。料层太高会出现不正常流化态；料层太矮，氯气在料层中的停留时间太短，会降低氯气的利用率，增高尾气中的含氯量。因此需控制合适的物料加入速度。以 $\phi 600$ 沸腾炉为例，加料量为 260～325kg/h。

（2）通氯量。氯气流量既要满足流态化层内流体力学的条件，又要满足反应动力学的要求，它与采用的物料颗粒特征、炉子的结构尺寸和反应温度等有关。一般情况下，为了提高生产率，在满足流体力学的条件下，常控制较大的氯气流量。通常为 400～500kg/h。

（3）反应温度。提高反应温度可使氯化速度加快，但太高的反应温度又容易腐蚀炉体。因此，目前反应温度一般控制在 800～1000℃，炉出口温度控制在 500～700℃。

（4）排渣。为保持沸腾层良好的流化，及时排除炉内累积的过剩的碳和其他杂质是非常有必要的。特别是物料中 Ca、Mg 含量高时，流态化层钙镁盐的富集会破坏流态化，必须及时排出。一般说来，当高于 700mm 硫酸柱时即进行排渣，排到 300mm 硫酸柱为止。渣量不高于进料量 7%～10%，含 TiO_2 小于 10% 为正常。

（5）尾气含氯小于 1% 才属正常流化。

3.2.5　沸腾氯化炉故障的判断及处理

在流态化氯化过程中建立良好的流态化乃是流态化工艺的基础，因此需要随时判定流态化氯化炉的流化质量。因为只有迅速及时地发现不正常的流化状态，并及时找出原因，采取相应措施排除故障，方可使其达到正常流化态，以免产生沟流或腾涌而被迫停炉。

流化质量的判断有多种方法，大多是借助于仪器仪表测量并建立相应的计算式来完成的。如我国学者在大型无筛板流化床冷模试验中，采用流化指数 R 来定量判断流化质量，其表达式为：

$$R = \frac{\Delta \bar{p}}{f \bar{p}_0} \times 10^4 \qquad (3-30)$$

式中　$\Delta \bar{p}$——测压点与大气之间的压降脉动平均值，Pa；

　　　f——10s 内压降波动频率；

　　　$\bar{p}_0$——流化点压降平均值，Pa。

式中 $\Delta \bar{p}$、f、$\bar{p}_0$ 均可由仪器测得，经计算即可得出 R 值。表征数值 R 越小，流化质量越好，反之亦然。实验表明，用流化指数 R（有时需要加以修正）来判断流态化质量能达到令人满意的结果。

流化状况的判断，除了可用仪器测量外，常用目测法，更为简便。下面列出富钛物料流态化氯化的几条判断依据：

（1）床层压降的脉动振幅小而频率高，流化质量好。

（2）流态化层中轴向和径向温度越均匀一致，温度偏差越小，流化质量越好。

（3）排渣困难，炉渣的流动性差，流化质量差。

（4）炉气中含氯小于 1%，表明氯化完全，流化质量好。

氯化炉出现的异常现象和处理见表 3-2。

表 3 - 2　氯化炉异常现象及处理措施

序　号	异常现象	原　因	处 理 措 施
1	床层压降高	料层厚度太高	减少加料量
		筛孔被堵塞	停炉清理
		配碳比不适宜	调整配碳比，补加少量的料
		未排渣	排渣
2	炉温下降	配碳比太低	加大配碳比
		氯气流量小	加大氯气流量
3	炉气含氯高	出现不正常流化	找出原因，及时处理
		氯气流量太大	降低氯气流量
		料层太矮	加大混合物料进料量
		反应温度低	提高氯气流量
4	系统压力高	管道或设备堵塞	疏通管道，及时排渣
		尾气吸收塔淹塔	减少吸收塔水量

技能训练实际案例 3.3　熔盐氯化炉的操作制度

3.3.1　启动

（1）检查系统中电子皮带秤、链管式输送机、螺旋给料机、风机是否好用，安全；经电工检查电极的电气绝缘，氯气喷枪状况；车间内的氯气管道和压缩空气管道是否畅通，管道上的阀门是否转动良好关闭。

（2）检查电器设备，仪器仪表是否安全可靠。

（3）启炉。在熔盐加入到氯化炉之前，进行如下操作：

1）除去氯化炉操作平台和冷凝系统容器中的所有无用物品和碎片。

2）为了在加热期间调整氯化炉排气，在淋洗塔气体管道的上游安装插塞。

3）在返浆到氯化炉的管线上安装插塞。

4）准备干燥压缩空气到氯化炉。

5）检查所有设备的适用性和维修与氯化炉启动相关的缺陷。

6）检查和维修到氯化炉的干燥物料，蒸发氯气，压缩空气和冷却剂（水，盐水）的工艺管线缺陷。

7）检查通风系统，工艺尾气排气系统和排水设备的适用性。

8）检查工艺工具，辅助工具，辅助设备（插栓，搅拌钎，熔盐加料漏斗，液位量杆，取样器，扳手等）的适用性。

9）检查氯气管道和喷枪插栓的安全性，插栓安全性，熔盐排放口的关闭装置。

10）氯气和压缩空气管道压力检测，检查截止阀的致密性。

11）通过喷枪依次通入干燥压缩空气到氯气管道（检查试验），检查它们的阻力。干燥压缩空气的压力不能超过 0.3MPa。

12）用石棉绳捆扎喷枪插塞。

13）向电极棒供水。

14）使用仪表和自控，检查氯化炉工艺管线的完整性。

15）确认冷凝系统、气体管道和管线运行准备就绪。

16）为氯化炉启动提供充足的石油焦、高钛渣和氯化钠。

17）移走加热器后，关闭炉顶爆发活口。

18）连接电极到氯化炉的母线，在加熔盐之前，先启动变压器开始加热。

19）在第一包物料加入氯化炉之前，每个氯化喷枪流速调到$100m^3/h$加入压缩空气，通过调整压缩空气流量，使氯化炉熔盐沸腾。

（4）熔盐的加入。具体为：

1）在14.4m平台的氯化炉顶下安装一个抬包支撑平台。

2）准备好一个干燥烟囱。

3）在氯化炉顶安装一个烟囱到安全阀口。

4）系上链环且坩埚支撑平台在氯化炉上方。

5）加熔盐到氯化炉。

6）当熔盐达到电极液位，闭合电路，熔盐开始加热，在完全加热时观察升温条件是否按照预先调整的条件进行。

7）一旦加了熔盐，用一个盖子盖住安全阀口，从支撑平台移动抬包到抬包车，移走烟囱，安装安全阀出口的排气系统。

8）抬包必须清洗，干燥，将熔盐运输抬包预热。

9）当电流上升到2200A，变压器换到低的阶跃。

10）在加热时观察熔盐液位，避免电极裸露在外，及时加熔盐。

11）升温速率在每小时2~3℃，如果氯化炉内升温不够，加石油焦，每批次50kg并同时监测升温速率。

12）收尘器内衬由加热氯化炉时离开的高温干燥气体来干燥。

（5）熔盐的加热。具体为：

1）检查氯化炉和收尘器的连接管道是否畅通。

2）检查石墨电极是否好用。

3）检查电极冷却的供应和返回冷却水管道是否畅通，阀门是否转动良好关闭。

4）打开压缩空气管道上的阀门，供应压缩空气。

5）连接石墨电极的电源母线，闭合电路开始加热。

6）启动风机。

7）打开冷却水管道上的阀门，供应冷却水。

8）熔盐的加热按照温度条件表（见表3-3）进行。

表3-3 氯化炉加热熔盐的温度条件

变压器运行期（从开始那一刻）/h	温度/℃
0~24	500~550
24~48	550~600
48~72	600~650
72~96	650~700

9）当熔盐温度达到 700℃时，完成熔盐的加热。

10）关闭压缩空气管道上的阀门，停止加入压缩空气。

（6）含钛物料及氯气的加入。具体为：

1）启动电子皮带秤。

2）启动链管式输送机。

3）打开炉前料仓装料溜槽的闸门。

4）打开炉前料仓下的滑动闸门。

5）启动螺旋给料机。

6）将含钛物料从炉子加料口加入氯化炉。

7）打开氯气管道上的阀门，向氯化炉供应氯气。

8）在熔岩氯化炉开启前的 4~5 天内进行氯气压力测试，检查所有法兰连接，管线，停止阀和氯气泄漏检测仪器。检测用氨水。纠正发现的所有缺陷和障碍，并重复压力检测。

3.3.2　正常生产

（1）高钛渣料仓中的钛渣数量在 15t 时，送料管线将自动开启。当料仓中的的钛渣数量为 33t 时，管线将自动停止。石油焦料仓的石油焦数量在 2.5t 时，送料管线将自动开启。当料仓中的的石油焦数量为 6t 时，管线将自动停止。氯化钠料仓中的氯化钠数量在 3t 时，来管线将自动开启。当料仓中的的氯化钠数量为 8.5t 时，管线将自动停止。

（2）在炉前料仓中，料位到 2050mm 的最高事故料位，电机变为低速挡；料位到 1350mm 的最低事故料位，电机变为高速挡。

（3）当气体分析器信号显示事故氯气进入生产环境时，蒸发氯气管线截止阀关闭蒸发氯气供应。除此之外，液氯蒸发系统自动关闭。紧急事故排气系统自动激活。

（4）如果阳极氯气管线的压力下降到 0.07MPa 时，先将阳极氯气通入氯化车间管线入口的截止阀自动关闭。压缩空气供应管线的截止阀自动打开，将空气输送到氯化炉喷枪阻止熔盐进入喷枪。

（5）当氯化炉的产能降到 2.5~3.33t/h 时，熔盐温度下降到 690℃，开启氯化炉变压器。

（6）打开上部熔盐排放口。

（7）排放熔盐的启动。

（8）经常检查设备运行情况，发现问题及时处理。

（9）每 2h 在阳极氯气和混合氯气管道取样 1 次检测氯气成分。

（10）每小时在熔盐取样 1 次检测二氧化钛、碳、难溶物的成分。

3.3.3　停产

（1）停止风机。

（2）停止原物料及氯气的进料。

（3）关闭排放熔盐系统。

3.3.4　烤炉操作

启动操作包括：

（1）除去氯化炉炉体和炉顶所有无关的物品和碎片。

（2）检查熔盐氯化炉壳是否接地。

（3）在收尘器和一级淋洗塔气体管道之间安装插塞。

（4）关闭炉前料仓装料溜槽的闸门。

（5）检查下部熔盐排放口闭合装置的适用性和有效性。

（6）检验氯气和压缩空气管线中截止阀的适用性。

（7）关闭氯气管道，上部排盐口，炉前料仓下的滑动闸门。

（8）将带式电加热器折叠，从氯化炉炉顶的防爆活口放入氯化炉内后，然后展开。

（9）检查热电偶是否好用，连接电加热器的电源，开始烘炉。

（10）炉子的烘烤按照温度条件表3-4进行。

表 3-4 氯化炉内衬烘干的温度条件

变压器运行期（从开启那一刻）/h	温度/℃
0~24	20~72
24~48	72~120
48~72	120
72~96	120
96~120	120
120~144	120~160
144~168	160~200
168~528	200~300

（11）当炉子温度达到300℃时炉子的烘烤完成，移走电加热器，准备启炉。

3.3.5 排放熔盐

（1）检查熔盐排放斜管情况。

（2）检查坑的情况，检查渣箱是否对准排放斜管。

（3）提起熔盐例行排放插杆，熔盐自动排放。

（4）经常检查熔盐渣箱和排放斜管情况，发现问题及时处理。

（5）每隔一小时，排少量盐取样一次。

（6）每10天取废熔盐1次检测难溶物的成分。

（7）为了排放热量和保持熔盐液位，当熔盐液位达到排放口液位就将熔盐排放到熔盐渣箱，排盐量1个班是6~8t。

（8）用起重机将熔盐渣箱里的废熔盐倾倒出来，称重后送渣场填埋。

（9）清洁坑内的卫生。

技能训练实际案例 3.4 氯化后续系统的操作制度

3.4.1 收尘器的操作制度

（1）2号收尘器的出口温度大于120℃。

（2）每班排收尘渣一次，渣中含 $TiCl_4$ 越少越好（即干渣）。若用换桶的办法，换下的桶要到清洗室去冲洗；若收尘器下部有冲渣池，则在冲渣前必须把翻板或钟罩关上，以免水汽进入系统内引起水解堵塞。

3.4.2 淋洗操作制度

（1）要经常检查循环泵是否上料，2号淋洗塔的尾气出口温度不高于5℃。

（2）冷冻盐水的温度为 $-10 \sim -15$ ℃。

（3）循环泵槽的底流要定期放入浓密机内，以免泥浆沉积，影响淋洗效果。

（4）折流板槽的出口温度为0℃左右。

3.4.3 沉降过滤操作制度

（1）新浓密机进料24h后，即可启动搅耙，3～5天启动排泥浆螺旋。螺旋的开动和间隔时间必须与泥浆蒸发器的处理能力相适应，但每班排出的泥浆量必须相当于产量的10%左右。

（2）如发现搅耙负荷过载（发出警报或自动停止运转），应采取多排底流或适当提升搅耙的办法恢复正常。

（3）管式过滤器是间歇作业的，即将上班生产的 $TiCl_4$ 从浓密机内打到高位槽，然后进行过滤，过滤完后，打开过滤器底部阀门，使 $TiCl_4$ 反冲将附着在滤布上的泥浆冲入浓密机内。

（4）定期分析经过滤后的粗 $TiCl_4$ 的固液比，要求固液比不大于0.5%，否则要返回重新过滤，并考虑更换滤布。

3.4.4 尾气处理

（1）如用石灰乳，浓度要求含 CaO 50～60g/L，并要用筛网滤去灰渣，以及定期清理石灰乳池，以免堵塞喷嘴和筛板。

（2）用酚钛指示剂检查循环洗涤的石灰乳，若红色消退表示已经失效，应该更换。

3.4.5 氯化系统的压力控制

氯化炉出来的混合气体（炉气）经过收尘、淋洗之后，未被冷凝的气体（如果系统的漏气不大）靠着烟囱的抽力，完全可以排走。实践也证明，在系统密闭很好的情况下，应该实行微正压操作，即平时不开尾气风机，仅在排炉渣和收尘渣时开一下尾气风机，这样既有利于 $TiCl_4$ 的冷凝，提高回收率，也可以防止空气进入系统，减少管道和尾气系统的堵塞。但如系统密闭不好，就必须开尾气风机实行负压操作，不过负压要小，即控制在 $-49 \sim -98$ Pa。正常生产时，负压操作是有害的。因为这样会减少炉气在收尘、淋洗系统的停留时间，从而降低 $TiCl_4$ 的收率。同时负压还可能把固体杂质颗粒抽入淋洗系统，加重泥浆处理的负担。由于漏风水解可能造成管路堵塞。系统压力的控制点是设在折流板槽至尾气水洗塔的接管上的。此处应控制在 0～500Pa（约 0～50mm H_2O）的微正压，或是氯化炉与收尘器之间的接管处。

3.4.6 泥浆蒸发操作制度

（1）先将工频送电，然后启动螺旋，待温度升到200℃后，才开始加料。

（2）浓密机排渣螺旋排出的泥浆量，要与泥浆蒸发器的处理能力相适应，加料过多就会蒸发不干和造成堵塞。

（3）要保持气体出口负压不低于147.1Pa（15mm H_2O）。

（4）泥浆蒸发器的加料和排渣是间歇性的，每次加料前要进行一次排渣。

技能训练实际案例 3.5　氯化尾气处理系统设计

3.5.1　设计任务

某车间氯化工序收入项淋洗尾气成分如表 3 – 5 所示。

表 3 – 5　某车间氯化工序收入项淋洗尾气成分

成分	$TiCl_4$	CO	CO_2	O_2	N_2	Cl_2	HCl	$COCl_2$	合计
质量/kg	54.72	330.54	265.49	15.75	65.21	29.88	17.31	5.19	784.09

3.5.2　设计要求

试设计一尾气处理系统，并进行物料衡算，要求尾气达到国家污染物排放标准。

教学活动建议

此部分为实践技能训练项目，其中技能训练项目 3.1 ~ 3.4 建议采用现场教学或者在实习实训过程中由企业兼职教师和校内专任教师共同指导完成，切实提高学生的实践能力。

复习思考题 (3.1)

填空题

3 – 1　四氯化钛生产过程中直接氯化反应的 $\Delta G_T^{\ominus}$（　　）0，说明反应（　　）；加碳氯化反应的 $\Delta G_T^{\ominus}$（　　）0，说明反应（　　），故目前工业上经常采用（　　）由高钛渣生产四氯化钛。

3 – 2　高钛渣加碳氯化是（　　）反应，（　　）需要外部供热达到反应温度，氯化反应（　　）靠自热进行到底。

3 – 3　沸腾氯化过程中收尘冷却的作用是经减速和降温作用，使（　　）冷凝下来，但（　　）不被冷凝。

3 – 4　沸腾氯化过程中淋洗塔的作用是将（　　）。

3 – 5　目前国内采用的沸腾炉的过渡段的锥角一般取（　　）。

3 – 6　实践中，沸腾氯化时可根据排出炉渣的颜色来验证配碳比是否准确。当炉渣呈（　　）时，说明配碳比合适。

3 – 7　沸腾氯化过程中氯气的速度应控制在（　　）合适。

3 – 8　原料准备岗位操作内容有：负责（　　）、（　　）、（　　）三种物料的卸车、入库吊运和拆袋，并向球磨岗位输送物料。定期清除磁性物收集箱中的（　　）。

3 – 9　钛渣的比重（　　）石油焦的比重，因此在原料准备过程中钛渣的力度应（　　）石油焦的粒度，避免出现物料的分层现象。（"填大于或者小于、等于"）

3 – 10　影响熔盐氯化的主要因素有：（　　）、（　　）、（　　）、（　　）等。

3 – 11　氯气的比重比空气（　　），发生氯气泄漏时应向（　　）风方向跑。

3 – 12　氯化岗位操作内容包括：（　　）、（　　）、（　　）、（　　）、（　　）和（　　）。

3 – 13　氯化尾气的处理用水吸收尾气中的 HCl 属于（　　）吸收，用碱液吸收残存的 HCl、Cl_2、CO_2 等属于（　　）吸收。

解释题

3 – 14　熔盐氯化法。

3 – 15　氯化冶金。

3 – 16　选择性氯化。

3 – 17　半联合法。

3 – 18　沸腾氯化。

选择题

3 – 19　在原料准备岗位,可能发生爆炸、火灾危险事故的操作是 (　　　)。

　　　A　石油焦干燥机发生故障时,检修操作错误

　　　B　氯化钠拆袋过程中,会产生粉尘,有着火和爆炸危险

　　　C　钛渣拆袋过程中,会产生粉尘,有着火和爆炸危险

　　　D　石油焦拆袋过程中,产生的粉尘,有着火和爆炸危险

3 – 20　粗四氯化钛中的四氯化硅属于 (　　　)。

　　　A　溶解的气体杂质　　　　　　B　溶解的液体杂质　　　　　　C　溶解的固体杂质

3 – 21　氯化精制尾气中可能含有的主要有害成分有 (　　　)。

　　　A　CO、CO_2、O_2、HCl、Cl_2 和 $TiCl_4$ 蒸汽

　　　B　CO、HCl、Cl_2 和 $TiCl_4$ 蒸汽

　　　C　CO、CO_2、O_2、N_2、HCl、Cl_2 和 $TiCl_4$ 蒸汽

　　　D　CO、CO_2、O_2、N_2、HCl 和 $TiCl_4$ 蒸汽

计算题

3 – 22　某氯化炉在 900℃用氯化法生产 $TiCl_4$ 时,尾气中含 CO 53.2%,CO_2 21.5%,如果该过程中使用的石油焦含碳90%,高钛渣含 TiO_2 94%,求 100kg 高钛渣需要多少石油焦?

 课外拓展学习链接　粗四氯化钛生产相关图书推荐及参考文献

亲爱的同学:

　　如果你在课外想了解更多有关钛渣熔炼技术的知识,请参阅下列图书! 书籍会让老师教给你的一个点变成一个圆,甚至一个面!

[1] 中南矿冶学院. 氧化冶金 [M]. 北京:冶金工业出版社.

[2] 中国大百科全书《矿冶》编辑委员会. 中国大百科全书·矿冶 [M]. 北京:中国大百科全书出版社,2004.

[3] 井关顺吉. 国外稀有金属 [M].

[4] 陈甘棠,等. 化学反应技术基础 [M]. 北京:科学出版社,1981.

[5] 郭宣佑,王喜忠. 流化床基本原理及其工业应用 [M]. 北京:化学工业出版社,1980.

[6] 郭慕孙. 流态化技术在冶金中的应用 [M]. 北京:科学出版社,1958.

[7] 丁绪淮,等. 化工操作原理及设备 [M]. 上海:上海科学技术出版社,1965.

[8] 邓国珠. 钛冶金 [M]. 北京:冶金工业出版社,2010.

[9] 李大成,周大利,刘恒. 热力学计算在海绵钛冶金中的应用 [M]. 北京:冶金工业出版社,2014.

[10] 莫畏,邓国珠,罗方承. 钛冶金 [M]. 2 版. 北京:冶金工业出版社,1999.

3.2 任务：粗 TiCl₄ 的精制

【知识目标】

(1) 掌握粗四氯化钛精制的基本原理；

(2) 掌握粗四氯化钛精制的要求即精四氯化钛的质量指标；

(3) 熟悉粗四氯化钛精制的方法及其工艺操作要点。

【能力目标】

(1) 初步具备粗四氯化钛精制工艺技能，能正确操作设备完成工艺任务；

(2) 能够识别、观察、判断粗四氯化钛精制过程中各种仪表的正常情况；

(3) 能识别粗四氯化钛精制的效果，并具备一定的质量判断能力。

【任务描述】

粗四氯化钛是一种含有多种杂质、成分十分复杂的浑浊液体。各种杂质成分的含量与氯化方法、氯化原料及氯化冷凝温度等有关，随着杂质各成分含量的不同，粗四氯化钛呈黄褐色或暗红色。

粗四氯化钛中的杂质，在还原工序中会按四倍的量转移到海绵钛中，特别是氧、氮、碳、硅、铁、铅等会严重影响海绵钛质量，所以必须对粗四氯化钛进行精制。

精制是根据粗四氯化钛中所含不同杂质的物理化学性质的差异，采用物理处理和化学处理等方法将其分离，达到提纯的目的。粗四氯化钛中的杂质按其沸点的不同，可分为低沸点杂质（如四氯化硅，沸点 56.8℃），高沸点杂质（如三氯化铝沸点 180.2℃，三氯化铁沸点 318.9℃），以及沸点与四氯化钛相近的杂质（如三氯氧钒沸点 127℃）。对沸点与四氯化钛相差较大的低沸点和高沸点杂质可采取蒸馏精馏的方法将其分离，即通过严格控制精馏塔塔顶、塔底温度、回流量和压力等参数，就能将低沸点杂质（如四氯化硅）和一些可溶性气体杂质从塔顶分离，而高沸点杂质（如三氯化铝、三氯化铁等）则留在蒸馏釜内。对沸点与四氯化钛相近的杂质（如三氯氧钒），则采用化学处理的方法，目前在工业上应用的有金属（如铜、铝），硫化氢和矿物油除钒三种。精制车间的任务是除钒、脱硅并分离除去高沸点成分。

本任务从粗四氯化钛中杂质的分类、精制的原理、精制工艺实际生产案例几个方面介绍粗四氯化钛的精制。

【职业资格标准技能要求】

(1) 能完成粗四氯化钛输送操作；

(2) 能操作浮阀塔进行四氯化钛蒸馏和精馏；

(3) 能完成精四氯化钛输送和计量操作；

(4) 能操作除钒塔完成杂质分离；

(5) 能排放高沸点产物；

(6) 能完成清洗铜丝操作；

（7）能对泥浆上层清液进行过滤；

（8）能完成泥浆处理操作（与氯化共用）；

（9）能完成管路和容器清理。

【职业资格标准知识要求】

（1）浮阀塔精馏操作的主要影响因素；

（2）精制岗位的操作；

（3）泥浆处理工艺。

【相关知识点】

3.2.1　粗 $TiCl_4$ 中杂质的分类

粗四氯化钛是一种红棕色浑浊液，含有许多杂质，成分十分复杂。其中，重要的杂质有 $SiCl_4$、$AlCl_3$、$FeCl_3$、$FeCl_2$、$VOCl_3$、$TiOCl_2$、Cl_2、HCl 等。按其相态和在四氯化钛中的溶解特性，可分为气体、液体和固体杂质；按杂质与四氯化钛沸点的差别可分为高沸点杂质、低沸点杂质和沸点相近的杂质。这些杂质在四氯化钛液中的含量随氯化所用原料和工艺过程条件不同而异。

我国工业粗 $TiCl_4$ 大致成分如表 3-6 所示。

表 3-6　粗 $TiCl_4$ 大致成分

成分	$TiCl_4$	$SiCl_4$	Al	Fe	V	Mn	Cl_2
含量/%	>98	0.1~0.6	0.1~0.6	0.1~0.6	0.1~0.6	0.1~0.6	0.1~0.6

这些杂质对于用作制取海绵钛的 $TiCl_4$ 原料而言，几乎都是程度不同的有害杂质，特别是含氧、氮、碳、铁、硅等杂质元素。例如 $VOCl_3$、$TiOCl_2$ 和 Si_2OCl_6 等含有氧元素的杂质，它们被还原后，氧即被铁吸收，相应地增加了海绵钛的硬度。如果原料中含 0.2% $VOCl_3$ 杂质，可使海绵钛含氧量增加 0.0052%，使产品的硬度 HB 增加了 4。显然必须除去这些杂质，否则，用粗 $TiCl_4$ 液作原料，只能制取杂质含量为原料中杂质含量 4 倍的粗海绵钛。

对于制取颜料钛白的原料而言，特别要除去使 $TiCl_4$ 着色（也就是使 TiO_2 着色）的杂质，如 $VOCl_3$、VCl_4、$FeCl_3$、$FeCl_2$、$CrCl_3$、$MnCl_2$ 和一些有机物等，但 $TiOCl_2$ 则不必除去。随着这些着色杂质的种类和数量的不同，粗 $TiCl_4$ 液的颜色呈黄绿色至暗红色。

$TiCl_4$ 是从氯化过程的气体中冷凝得到的，在 $TiCl_4$ 液化时（$TiCl_4$ 熔点为 -23.6℃，沸点为 135.9℃）有些杂质溶于 $TiCl_4$ 中，淋洗 $TiCl_4$ 时也掺入不熔固体杂质，按其相态和在四氯化钛中的溶解特性，可分为四类。

3.2.1.1　溶解的气体杂质

有 O_2、N_2、Cl_2、HCl、$COCl_2$、COS、CO_2 等。大部分气体杂质在 $TiCl_4$ 中的溶解度不大，并且随温度升高而下降。

3.2.1.2 溶解的液体杂质

有 S_2Cl_2、CCl_4、$VOCl_3$、$SiCl_4$、$CH_2ClCOCl$、CS_2、CCl_3COCl 等。这类杂质都可按任何比例与 $TiCl_4$ 互溶形成连续溶液。

对于溶解在 $TiCl_4$ 中的杂质，如按与 $TiCl_4$ 沸点的差别，又可分为三类：

（1）低沸点杂质。如 $SiCl_4$ 和其他气体杂质。

（2）高沸点杂质。如 $FeCl_3$、$AlCl_3$ 等。

（3）和 $TiCl_4$ 沸点相近的杂质。如 $VOCl_3$、S_2Cl_2 和 CCl_3COCl 等。

3.2.1.3 溶解的固体杂质

有 $AlCl_3$、$FeCl_3$、C_6Cl_6、$TiOCl_2$、Si_2OCl_6、$TaCl_5$、$NbCl_5$ 等。这类杂质在 $TiCl_4$ 中的溶解度都不大，随温度的升高而有所上升。

3.2.1.4 不溶解的悬浮固体杂质

不溶解的悬浮固体杂质有 TiO_2、SiO_2、$TiOCl_2$、$VOCl_2$、$MgCl_2$、$FeCl_2$、$MnCl_2$、C 等。

从上述杂质的分类，我们可以看出，对不溶于 $TiCl_4$ 中的固体悬浮物可用沉降、过滤等机械方法除去。而对于溶于 $TiCl_4$ 中的气体杂质由于其溶解度随温度升高而迅速降低，也容易在除去其他杂质的加热过程中除去。唯有溶于 $TiCl_4$ 中的液体和固体杂质是较难除去的。所以除去这部分杂质就成为精制 $TiCl_4$ 的主要任务。

溶解在 $TiCl_4$ 中的液体和固体杂质，沸点与 $TiCl_4$ 相差较大的低沸点杂质和高沸点杂质可用蒸馏—精馏的方法进行分离。即通过严格控制精馏塔顶和塔底温度，将 $SiCl_4$ 和一些可溶性气体从塔顶分离；而 $FeCl_3$ 与 $AlCl_3$ 则留在釜内从而达到精制的目的。但与 $TiCl_4$ 沸点相近的杂质，如 $VOCl_3$ 用精馏方法分离就极不经济，通常采用化学方法。

3.2.2 粗 $TiCl_4$ 的精制原理

粗 $TiCl_4$ 中各种杂质众多，经上述分类后，为了便于我们的分析，在每组杂质中找出一种最具代表性的杂质，作为关键组分，来表示精制的主要分离界限。所选择的关键组分不仅要含量大，而且要求其分离在同类杂质中最困难。找出高沸点杂质中的 $FeCl_3$、低沸点杂质中的 $SiCl_4$、沸点相近杂质中的 $VOCl_3$ 分别作为相应的关键组分。实践表明，在粗 $TiCl_4$ 中，当某关键组分精制合格时，则可认为该组全部杂质基本已经被分离除去。针对在粗 $TiCl_4$ 中各种杂质具有的不同特性，应该使用不同的分离方法加以精制。

3.2.2.1 除不溶固体杂质

对于不溶悬浮固体杂质（如 TiO_2、SiO_2、$VOCl_2$、$MgCl_2$、$ZrCl_4$、$FeCl_2$、$MnCl_2$、$CrCl_3$），可用固液分离方法除去，工业中因 $TiCl_4$ 中浆黏度大过滤困难，常采用沉降方法分离。

对于粗 $TiCl_4$ 中的高沸点和低沸点杂质，根据它们与 $TiCl_4$ 的沸点及挥发度有较大的差异，可采用蒸馏和精馏操作将它们分离。对于容易分离的高沸点杂质采用蒸馏的方法加以分离；而对于分离较困难的低沸点杂质则采用精馏的方法加以分离。

3.2.2.2　蒸馏除高沸点杂质

$FeCl_3$ 等高沸点固体杂质在 $TiCl_4$ 中的溶解度都很小，有的呈悬浮物状态分散在 $TiCl_4$ 中。在氯化作业中，已用机械过滤法除去了大部分悬浮物。但余下的极细的固体杂质颗粒，在四氯化钛中形成胶溶液，同时还少量地溶解于 $TiCl_4$ 中，单靠机械过滤难以完全除去，需采用蒸馏方法精制。

蒸馏作业是在蒸馏塔中进行的。控制蒸馏塔底温度略高于 $TiCl_4$ 的沸点（约 140 ~ 145℃），使易挥发组分 $TiCl_4$ 部分气化；难挥发组分 $FeCl_3$ 等因挥发性小而残留于塔底，即使有少量挥发，也可能被下落的冷凝液滴冷凝而重新返落于塔底。控制塔顶温度在 $TiCl_4$ 沸点（137℃左右），由于塔内存在一个小的温度梯度，$TiCl_4$ 的蒸气在塔内形成内循环，向上的蒸气和下落的液滴间接触，进行了传热传质过程，增加了分离效果。在这个过程中，沿塔上升的 $TiCl_4$ 蒸气中的 $FeCl_4$ 等高沸点杂质逐渐降低，纯 $TiCl_4$ 蒸气自塔顶选出，经冷凝器冷凝成馏出液，而釜残液中 $FeCl_3$ 等高沸点杂质不断富集，定期排出使之分离。

3.2.2.3　精馏除低沸点杂质

低沸点杂质包括溶解的气体和大多数液体杂质。其中气体杂质在加热蒸发时易于从塔顶逸出，分离容易。但 $SiCl_4$ 等液体杂质大多数和 $TiCl_4$ 互为共溶，相互间的沸点差和分离系数又不是特别大，因此分离比较困难。如 $TiCl_4$-$SiCl_4$ 混合液经过一次简单蒸馏操作还不能达到良好的分离，心须经过一系列蒸馏釜串联蒸馏才能完全分离。实践中采用一种板式塔代替上述一系列串联蒸馏装置，也就是将一系列蒸馏釜重叠成塔状，每一块塔板就相当于一个蒸馏釜。这种蒸馏装置称为精馏塔，它节约占地面积和热能，操作简单而高效。全塔所进行的部分冷凝和部分气化一系列累积过程就是精馏。精馏必须要有回流。我国 $TiCl_4$ 精馏工艺常选用浮阀塔，下面重点介绍这种塔的精馏过程。

精馏操作时，塔底含有 $SiCl_4$ 等杂质的 $TiCl_4$ 蒸气向塔顶上升，穿过一层层塔板，并和塔顶的回流液和塔中向下流动的料液相迎接触。在每块塔板上，在气液两相间的逆流作用下进行了物质交换。在塔底的蒸气上升时，由于温度递降，挥发性小的 $TiCl_4$ 渐被冷凝，因而越向上，塔板上的蒸气中易挥发的 $SiCl_4$ 的浓度越大；相反，塔顶向下流的液相，由于温度递增，挥发性差的 $TiCl_4$ 浓度越大。精馏塔分两段，下部为粗馏段，用以将粗 $TiCl_4$ 中的低沸点杂质提出；上部为精馏段，使上升的蒸气中的 $SiCl_4$ 等增浓。精馏塔塔底控制在稍高于 $TiCl_4$ 的沸点温度（139 ~ 142℃），塔顶控制在 $SiCl_4$ 的沸点温度（57℃）左右，使全塔温度从塔底到塔顶逐渐下降呈一温度梯度。精馏操作时，塔底含有 $SiCl_4$ 杂质的 $TiCl_4$ 蒸气向塔顶上升，穿过一层层塔板，并和塔顶的回流液以及从塔中部加入的料液逆向接触，在每一块塔板上，气液两相在热交换的同时，也进行传质作用。来自下一层塔板的蒸气和本层塔板上的液体接触，一方面蒸气发生部分冷凝，使下降的液体难挥发组分 $TiCl_4$ 增多，液体发生部分汽化，使上升的蒸气易挥发组分 $SiCl_4$ 增多。对整个塔而言，在上升的蒸气中，易挥发组分 $SiCl_4$ 的含量越来越多，而在下降的液体中，难挥发组分 $TiCl_4$ 的含量越来越多。因此，只要有一定数量的塔板，就能达到使 $TiCl_4$ 与 $SiCl_4$ 分离的目的。

为了说明塔内的传热传质过程，取板式塔的一段（见图 3－11）进行分析。假设任取塔板 1，2，3，平均温度分别为 t_1、t_2、t_3（$t_1 > t_2 > t_3$）每块塔板上的 $SiCl_4$ 液相平均含量相应为 x_1、x_2、x_3，气相平均含量相应为 y_1、y_2、y_3。

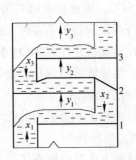

图 3－11 塔板上的传质分析

在塔板 1 上，因 $SiCl_4$ 比 $TiCl_4$ 挥发性大，$SiCl_4$ 气相含量必大于液相含量，故 $y_1 > x_1$。同时，塔板 1 的蒸气穿过阀孔与塔板 2 的液相接触，进行传质作用时，因 $t_2 < t_1$，使部分蒸气冷凝，故塔板 2 上液相中 $SiCl_4$ 的含量必高于塔板 1 上的含量，故 $x_2 > x_1$。由 $t_3 < t_2 < t_1$，同理可有：$y_3 > y_2 > y_1$，$x_3 > x_2 > x_1$。其余各板均可依次类推有：$y_n > y_{n-1} \cdots > y_3 > y_2 > y_1$，$x_n > x_{n-1} \cdots x_3 > x_2 > x_1$。

由此可以看出：在精馏过程中，塔内蒸气上升时，$SiCl_4$ 的浓度是逐渐增浓；相反，塔顶液体向下溢流时，$TiCl_4$ 浓度逐渐增浓。

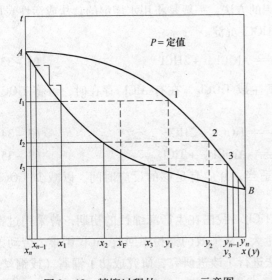

图 3－12 精馏过程的 $t-x-y$ 示意图

塔内的传热传质过程还可以用 $SiCl_4 - TiCl_4$ 组成沸点图（见图 3－12）来说明。图中气相线每一点表示某一温度下的平衡气相组成，液相线每一点表示某一温度下的平衡液相组成。

若精馏塔底部第一块理论塔板上升的 $TiCl_4$ 气体温度为 t_1 所含 $SiCl_4$ 气相组成为 y_1，蒸气达第二块理论塔板时温度为 t_2，其液相含 $SiCl_4$ 为 x_2，相应的气相含 $SiCl_4$ 为 y_2，蒸气达第三块理论塔板时，温度为 t_3，液相含 $SiCl_4$ 为 x_3，相应的气相含 $SiCl_4$ 为 y_3，……，依次类推，若有足够多的塔板，由塔底上升的蒸气，气相成分按曲线 $A - y_1 - y_2 - B$，由 $y_1 \rightarrow y_2$ 方向变化，最后可达 B 点，塔顶可以制得几乎是纯 $SiCl_4$ 馏出液。反之，塔顶流下的液体组成沿曲线 $B - x_3 - x_2 - A$，由 $x_3 \rightarrow x_2$ 方向变化，逐步冷凝成含 $SiCl_4$ 很少的 $TiCl_4$ 液，这样使 $TiCl_4$-$SiCl_4$ 得以分离。

3.2.2.4 除钒（沸点相近杂质）

粗 $TiCl_4$ 中的钒主要是以 $VOCl_3$ 存在，它的存在使 $TiCl_4$ 呈黄色。精制除钒不仅为了脱色，也是为了除氧。这也是精制作业中极为重要的环节。

$TiCl_4$ 和钒杂质间的沸点差和相对挥发度都比较小，如 $TiCl_4$-$VOCl_3$ 系两组分沸点差为 10℃，相对挥发度 $a = 1.22$；而 $TiCl_4 - VCl_4$ 系两沸点差为 14℃。尽管如此，从理论上讲，采用简单蒸馏操作或精馏的物理方法除去钒杂质是可能的，但需要装有很多塔板的高效精馏塔，这在工业上是困难而又不经济的。此外，$TiCl_4$ 与 $VOCl_3$ 间的凝固点差异较大，约相差 54℃，因此也可以采用冷冻结晶法除 $VOCl_3$，但冷冻过程需消耗大量的能量，所以不够经济而未获得工业应用。因此一般采用化学方法来处理。

化学除钒是在粗 $TiCl_4$ 中加入一种化学试剂，使 $VOCl_3$ 等杂质被选择性还原或选择性沉淀，生成难溶的钒化合物与 $TiCl_4$ 相互分离；或者是使 $VOCl_3$ 等杂质被选择性吸附，与 $TiCl_4$ 相互分离。

目前在工业上采用的化学除钒主要有下述四种。

A　铜除钒法

这种方法是以铜作还原剂，一般认为铜去除 $TiCl_4$ 中的 $VOCl_3$ 的机理是 $TiCl_4$ 与铜反应生成中间产物 $CuCl \cdot TiCl_3$，后者还原 $VOCl_3$ 生成不溶性的 $VOCl_2$ 沉淀。

$$TiCl_4 + Cu \Longrightarrow CuCl \cdot TiCl_3 \tag{3-31}$$

$$CuCl \cdot TiCl_3 + VOCl_3 \Longrightarrow VOCl_2 \downarrow + CuCl + TiCl_4 \tag{3-32}$$

铜还可与溶于 $TiCl_4$ 中的 Cl_2、$AlCl_3$、$FeCl_3$ 进行反应，当 $AlCl_3$ 在 $TiCl_4$ 中的浓度大于 0.01% 时，则会使铜表面钝化，阻碍除钒反应的进行。所以，当粗 $TiCl_4$ 中的 $AlCl_3$ 浓度较高时，一般要在除钒之前进行除铝。除铝的方法，一般是将用水增湿的食盐或活性炭加入 $TiCl_4$ 中进行处理，$AlCl_3$ 与水反应生成 $AlOCl$ 沉淀。

$$AlCl_3 + H_2O \Longrightarrow AlOCl \downarrow + 2HCl \tag{3-33}$$

加入的水也可以使 $TiCl_4$ 发生部分水解生成 $TiOCl_2$，在有 $AlCl_3$ 存在时，可将 $TiOCl_2$ 重新转化为 $TiCl_4$。

$$TiCl_4 + H_2O \Longrightarrow TiOCl_2 + 2HCl \tag{3-34}$$

$$TiOCl_2 + AlCl_3 \Longrightarrow AlOCl \downarrow + TiCl_4 \tag{3-35}$$

由此可见，在进行脱铝时加入水量要适当，并应有足够的反应时间，以减少 $TiOCl_2$ 的生成量。

前苏联海绵厂曾采用铜粉除钒法精制 $TiCl_4$。我国在生产海绵钛的初期，曾采用过铜粉除钒法。这种方法是间歇操作，铜粉耗量大，从失效的铜粉中回收 $TiCl_4$ 困难，劳动条件差。所以，在 20 世纪 60 年代对铜除钒法进行了改进研究，研究成功了铜屑（或铜丝）气相除钒法，后来在工厂中应用。将铜丝卷成铜丝球装入除钒塔中，气相 $TiCl_4$（136 ~ 140℃）连续通过除钒塔与铜丝球接触，使钒杂质沉淀在铜丝表面上。当铜表面失效后，从塔中取出铜丝球，用水洗方法将铜表面净化，经干燥后返回塔中重新使用。采用该流程，因 $TiCl_4$ 中可与铜反应的 $AlCl_3$ 和自由氯等杂质已在除钒前除去，所以可减少铜耗量，净化 1t $TiCl_4$ 一般消耗铜丝 2 ~ 4kg。铜对四氯化钛产品不会产生污染，除钒同时还可除去有机物等杂质。但失效铜丝的再生洗涤的操作麻烦，劳动强度大，酸洗、水洗时劳动条件差，并产生含铜废水污染，环境污染严重，也不便于从中回收钒，除钒成本高。另外，铜丝资源宝贵，价高，我国铜资源短缺，而军工、电子业用量也大，且不可缺少。

所以，铜丝除钒法仅适合于处理含钒量低的原料和小规模生产海绵钛厂使用。

B　铝粉除钒法

铝粉除钒的实质是 $TiCl_3$ 除钒。在有 $AlCl_3$ 为催化剂的条件下，细铝粉可还原 $TiCl_4$ 为

TiCl$_3$，采用这种方法制备 TiCl$_3$-AlCl$_3$-TiCl$_4$ 除钒浆液，把这种浆液加入到被净化的 TiCl$_4$ 中，TiCl$_3$ 与溶于 TiCl$_4$ 中的 VOCl$_3$ 反应生成 VOCl$_2$ 沉淀。

$$3TiCl_4 + Al（粉末）\xrightarrow{AlCl_3} 3TiCl_3 + AlCl_3 \quad\quad (3-36)$$

$$TiCl_3 + VOCl_3 \Longrightarrow VOCl_2 \downarrow + TiCl_4 \quad\quad (3-37)$$

且 AlCl$_3$ 可将溶于 TiCl$_4$ 中的 TiOCl$_2$ 转化为 TiCl$_4$。

$$AlCl_3 + TiOCl_2 \Longrightarrow TiCl_4 + AlOCl \downarrow \quad\quad (3-38)$$

前苏联海绵钛厂从 20 世纪 70 年代中期采用铝粉除钒法取代了原来的铜粉除钒法，我国北京有色金属研究总院也做了许多研究，使用高活性的细铝粉，每净化 1t TiCl$_4$ 消耗 0.8~1kg 铝粉。

铝粉除钒可将 TiCl$_4$ 中的 TiOCl$_2$ 与 AlCl$_3$ 反应转变为 TiCl$_4$，有利于提高钛的回收率，除钒残渣易于从 TiCl$_4$ 中分离出来，并可从中回收钒。提高了原料的综合利用效果，除钒效果好，净化深度高，且细铝粉不太稀缺，价格也不是很贵，铝粉价格与铜丝相当，但其用量只是铜粉的 1/3，所以原料成本要比铜丝法低 2/3~1/2。但细铝粉是一种易爆物质（起爆下限为 40g/m^3），生产中要有严格的安全防护措施，对厂房结构、通风和电气设备都有严格要求。除钒浆液的制备是一个间歇操作过程。

C　硫化氢除钒法

硫化氢除钒法通常是在 100~120℃温度下，将 H$_2$S 通入 TiCl$_4$ 中并进行搅拌，反应完毕后，进行沉降或过滤分离，除去含钒残渣。硫化氢除钒的原理，也是基于 H$_2$S 是一种强还原剂，可以选择性还原 VOCl$_3$ 为 VOCl$_2$，使其沉淀析出。

$$VOCl_3 + \frac{1}{2}H_2S \Longrightarrow VOCl_2 \downarrow + HCl + \frac{1}{2}S \downarrow \quad\quad (3-39)$$

硫化氢也可与 TiCl$_4$ 反应生成钛硫氯化物。

$$TiCl_4 + H_2S \Longrightarrow TiSCl_2 + 2HCl \quad\quad (3-40)$$

硫化氢与溶于 TiCl$_4$ 中的自由氯反应生成硫氯化物，为避免此反应的发生，在除钒前需对粗 TiCl$_4$ 进行脱气处理以除去自由氯。经脱气的粗 TiCl$_4$，预热至 80~100℃，在搅拌下通入硫化氢气体进行除钒反应，并严格控制硫化氢的通入速度和通入量，以提高硫化氢的有效利用率和减少它与 TiCl$_4$ 的副反应。

此法可把 TiCl$_4$ 中的钒含量降至 0.0001% 以下。为了防止除钒反应时生成的硫或硫化物污染 TiCl$_4$，除钒作业必须放在精馏的前面。

硫化氢除钒法具有以下特点：（1）硫化氢除钒效果好，可同时除去 TiCl$_4$ 中的铁、铬、铝等有色金属杂质和细分散的悬浮固体物。（2）硫化氢除钒成本低，但硫化氢是一种具有恶臭味的剧毒和易爆气体，恶化劳动条件。（3）过滤困难。除钒残渣可用过滤或沉淀方法从 TiCl$_4$ 中分离出来。不过这种残渣的粒度极细，沉降速度小，沉降后的底液的液固比较大，除钒干残渣量一般是原料 TiCl$_4$ 重量的 0.3%~0.35%，其中含钒量可达 4%，残渣中的钛量占原料 TiCl$_4$ 中钛量的 0.25%~0.30%。（4）腐蚀性强，除钒后的 TiCl$_4$ 饱和了硫化氢，必须进行脱气操作以除去溶于 TiCl$_4$ 中的硫化氢，否则在其后的精馏过程中硫化氢会腐蚀设备，并与 TiCl$_4$ 反应生成钛硫氯化合物沉淀，引起管道和塔板的堵塞。（5）硫化氢残余量影响 TiCl$_4$ 的回收率，必须进行脱气操作以除去溶于 TiCl$_4$ 中的硫

化氢否则降低 $TiCl_4$ 的回收率。

D　有机物除钒法

有机物除钒法是在粗 $TiCl_4$ 中，加入某种有机物混合均匀，一般加热到有机物的碳化温度（120 ~ 138℃）并恒温一段时间（约 1 ~ 3h），使有机物裂解，析出细而分散的新生态碳颗粒，新生的活性炭将 $VOCl_3$ 还原为 $VOCl_2$ 沉淀，或认为活性炭吸附钒杂质而达到除钒目的。

可用于除钒的有机物种类很多，但一般选用油类（如矿物油或植物油等）。常用的有机物有白油、石蜡油、变压器油等，矿物油用量与选用的矿物油种类和钒杂质含量有关，一般约为 $TiCl_4$ 量的 0.2% ~ 0.3%。

粗 $TiCl_4$ 与适量有机物的混合物连续加入除钒罐进行除钒反应，并连续从除钒罐取出除钒反应后的 $TiCl_4$（含有除钒残渣）加入高沸点塔的蒸馏釜中进行蒸馏。定期从釜中取出残液进行过滤，过滤的滤液返回除钒罐进行除钒处理，分离出来的除钒残渣（含高沸点物）进行处理回收钒。$TiCl_4$ 的精制过程可连续进行。

有机物除钒具有很多优点：（1）成本低，有机物廉价无毒，使用量少，除钒成本低。（2）易分离杂质，除钒同时可除去铬、锡、锑、铁和铝等有色金属及杂质。（3）除钒操作简便，精制 $TiCl_4$ 流程简化，可实现精制过程的连续操作，是一种比较理想的除钒方法。

该方法在国外已广泛使用，我国还在研究中，需通过工业试验发现和解决问题。

有机物除钒操作简便，除钒效果好，但有如下问题需要研究解决：

（1）除钒残渣易在容器壁上结疤。某些有机物如液体石蜡油作为除钒试剂时，尽管它的加入量只有被处理的 $TiCl_4$ 重量的 0.1%，但在除钒时却生成大量体积庞大的沉淀物。这种沉淀物呈悬浮状态，很难沉淀和过滤，将其蒸浓后的残液呈黏稠状，易在容器壁上黏结成疤。这种疤不仅严重影响传热，而且难以清除。

这是因为这类有机物与 $TiCl_4$ 反应生成了聚合性的残渣。使用这类有机物除钒，不仅会给操作带来许多困难，并且因生成渣量多而降低 $TiCl_4$ 的回收率。宜选择合适的有机物作为除钒试剂以生成不易结疤的除钒残渣；并采用在外部预热粗 $TiCl_4$ 加入除钒罐中进行除钒（除钒罐本身不加热）则可解决这个问题。

选用某些植物油和类似植物油的其他有机油类作为除钒试剂时，生成细分散的颗粒状的非聚合性残渣，这种残渣不黏稠，不易在容器壁上结疤，可用过滤方法将其从 $TiCl_4$ 中分离出来。除钒残渣量是原料 $TiCl_4$ 重量的 0.4% ~ 0.6%，残渣中的钛量是原料钛量的 0.3% ~ 0.5%，残渣中钒含量为 2% 左右。

（2）使冷凝器和管道发生堵塞。除钒后的 $TiCl_4$ 在冷却时，有时会析出沉淀物，使冷凝器和管道发生堵塞。这是由于在除钒过程中生成的氧氯碳氢化合物（$CHCl_2COCl$，$CH_2ClCOCl$）、$COCl_2$ 与 $TiCl_4$ 反应生成一种固体加成物的缘故。在工艺和设备方面采取适当措施，便可防止这种固体加成物的生成。

（3）需精馏除去低沸点有机物。在除钒过程中会有少量有机物溶于 $TiCl_4$ 中，这些有机物均是低沸点物，需在其后的精馏过程中加以除去。

教学活动建议

建议运用比较教学法，让学生分组收集资料比较几种不同的钛渣生产方法各自的特点，为后续学习打下基础，也提升学生收集资料、整理资料等拓展学习能力、持续学习能力。

学生查阅相关资料比较各生产方法使用表格如表3-7所示。

表3-7　各种除钒方法比较

方法 比较项目	铜丝除钒法	铝粉除钒法	硫化氢除钒法	有机物除钒法
除钒试剂物性				
1t TiCl₄ 除钒试剂用量/kg				
可否连续操作				
是否腐蚀设备				
分离残渣的难易程度				
可否综合回收钒				
应用范围				
应用国家				

3.2.3　精制工艺

前已述及，粗 TiCl₄ 中的杂质是很多的，但如按其沸点来分，就可以分成高沸点、低沸点以及和 TiCl₄ 沸点相近的三类，而这三类的代表组分分别是 FeCl₃（和 AlCl₃）、SiCl₄ 和 VOCl₃。因此，精制工艺流程就是基于这三种代表组分的分离来确定的。这里应该指出，若采用铜丝塔除钒，则必须放在最后工序；若选用 H₂S、铝粉和有机物除钒，就应该放在头一工序。此处仅介绍目前较常用的铜丝除钒和铝粉除钒工艺。

3.2.3.1　铜丝除钒精制工艺

铜丝除钒法精制 TiCl₄ 的工艺流程框图如图3-13所示，铜丝除钒法精制 TiCl₄ 的设备流程示意图如图3-14所示。从氯化车间来的粗 TiCl₄ 进入高位槽，经转子流量计由浮阀塔的中部加入塔内，连同回流液与由蒸馏釜上升的蒸气相遇时，进行气液交换。低沸点 SiCl₄ 等氯化物由塔顶冷凝器冷凝进入回流槽。其中一部分返回塔顶进行回流，多余的溢流到 SiCl₄ 贮槽。目前对 SiCl₄ 没有回收，通常弃去。已除去低沸点杂质的 TiCl₄ 由浮阀塔底部入铜丝塔蒸馏釜，被汽化进入铜丝塔，与铜丝接触除钒、脱色后，进入冷凝器，冷凝得到精制 TiCl₄ 液体。经检查合格后，才能送往贮槽，供给还原工序。各蒸馏釜和高位槽富集有高沸点氯化物的 TiCl₄，定期返回氯化车间浓密机，所有塔及设备的尾气都经酸封罐排入大气。酸封罐的作用是防止潮湿空气进入设备管路系统，发生水解造成堵塞并影响 TiCl₄ 质量。

3.2.3.2　铝粉除钒精制工艺

粗 TiCl₄ 的精制工艺，即经简化了的 TiCl₄ - SiCl₄ - VOCl₃ - FeCl₃ 四元系的分离，理论

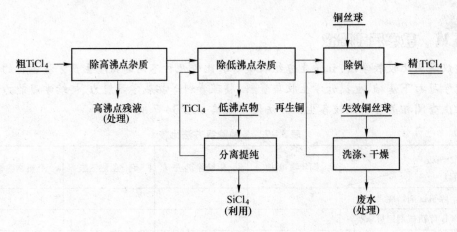

图 3 – 13　铜丝除钒法精制 TiCl₄ 的工艺流程示意图

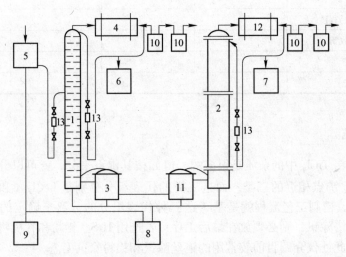

图 3 – 14　铜丝除钒法精制 TiCl₄ 的设备流程示意图

1—浮阀塔；2—铜丝塔；3，11—蒸馏釜；4，12—冷凝器；5—粗 TiCl₄ 高位槽；6—SiCl₄ 高位槽；

7—精 TiCl₄ 储罐；8—泵槽；9—粗 TiCl₄ 储罐；10—液封罐；13—流量计

上应采用三套分离设备串联操作才能完成。当选用铝粉除钒时，铝粉还原获得的 TiCl₃ 是还原 VOCl₃ 的还原剂，作为还原剂有用，但反应完毕必须除净，因为其中 AlCl₃ 也是杂质。其原则工艺流程图如图 3 – 15 所示。

目前乌克兰等国家采用两步完成除钒工艺。第一步是制备催化剂、还原剂；第二步加入 TiCl₄，进行连续不断地除钒反应。该工艺使用三套精馏和除钒反应器进行除钒。虽然运转多年，但整个过程较复杂且不经济。针对上述问题，我国在实验研究中创立了一步法除钒工艺，即利用反应生成的 AlCl₃ 作为催化剂，让两步反应变成一部直接除钒是可能的。

在设计设备流程时，粗 TiCl₄ 首先除钒，铝粉先加入除钒料浆的制备器或浆料制备蒸馏釜中，边加入边反应。随后制备的料浆进入四氯化钛液中，除钒反应逐渐完成。此法除钒不必要增加更多的精制设备。精制可以认为是 TiCl₄-SiCl₄-FeCl₃ 三元系的分离，理论上

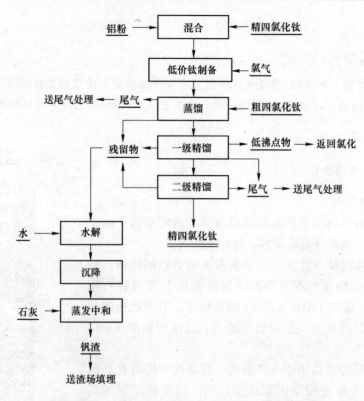

图 3 − 15　铝粉除钒法精制 TiCl₄ 的工艺流程示意图

只要两套精馏或蒸馏设备即能完成精制。目前参照国内外实际情况设计的铝粉除钒设备流程如图 3 − 16 所示。

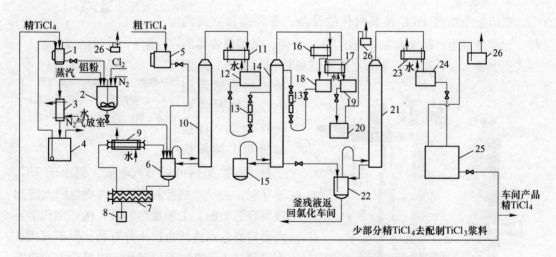

图 3 − 16　铝粉除钒法精制 TiCl₄ 的设备流程示意图（举例）

1—精 TiCl₄ 高位槽；2—除高沸点塔；3，9，11，23—冷凝器；4—冷凝液收集槽；5—粗 TiCl₄ 高位槽；6—蒸馏釜
（兼作除钒反应罐）；7—蒸发器；8—钒渣罐；10—初蒸馏塔；12—初蒸馏出物收集槽（兼作高位槽）；
13—转子流量计；14——次精馏塔；15，22—蒸馏釜；16—冷凝 − 分凝器；17—冷却器；
18—回流液收集槽；19—SiCl₄ 收集槽；20—SiCl₄ 储槽；21—二次精馏塔；
24—精 TiCl₄ 收集槽；25—精 TiCl₄ 储槽；26—酸封罐

教学活动建议

此部分大多为工艺流程,建议教师在教学过程中注意提高学生的识读绘图能力,可分组让学生读图、绘图进而设计流程,达到进一步熟悉工艺流程,读懂工艺技术文件的要求。

3.2.4 精制设备

3.2.4.1 蒸馏设备

A 铜丝蒸馏塔

铜丝蒸馏塔兼具除钒和除高沸点两种杂质的功能。由于蒸馏塔内放置了铜丝球做填充料,故称铜丝塔。

铜丝塔结构简单,它是一个不锈钢壳的空心圆柱体,钢塔内上部和下部分别有栅板两块,每块栅板上里面装有用 $\phi 2mm$ 紫铜丝绕成的 $\phi 100 \sim 150mm$ 的铜丝球,下部筛板的作用:一是支撑铜丝球,二是让气体通过。其结构如图3-17所示。

铜丝塔的塔径 D 取决于生产能力,即取决于塔可允许的气流速度;塔高 H 是按除钒要求设计的,增加铜丝层的高度,可增加蒸气在塔内的停留时间,从而提高除钒效率。但随着塔高的增加,阻力也增大。通常塔高与塔径间有适当比例,经验上采用 H/D 在 $2 \sim 6$ 之间。

B 蒸馏釜

蒸馏釜是加热 $TiCl_4$ 使其汽化的设备,有卧式和立式两种,为排放富集有高沸点氯化物的 $TiCl_4$ 方便,采用带锥体的立式蒸馏釜为多。图3-18为立式蒸馏釜结构示意图。蒸馏釜的加热通常用电,加热方式有间接加热、直接加热和工频加热三种。直接加热可以节省电能,但由于 $TiCl_4$ 不导电,必须严格控制液面,否则电阻丝露出液面容易烧断。工频加热的最大优点是几乎不需要检修,对连续生产十分有利,但不宜用在直径超过 1m 的大釜,而且无功损耗大,故需要进行电容补偿。

蒸馏釜的容积大小是根据最大生产能力和加热面积来确定的。实践证明,要使生产稳定,分离效果好,釜的装料量不能过多,这样

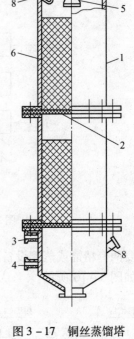

图3-17 铜丝蒸馏塔
结构示意图
1—塔壳;2—栅板;3—蒸气管口;
4—虹吸管口;5—回流管喷头;
6—铜丝球;7—冷凝气管口;
8—测温管

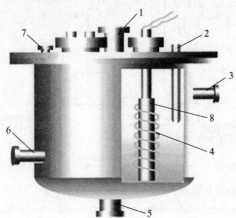

图3-18 立式蒸馏釜结构示意图
1—蒸气管;2—测温管;3—溢流管;4—加热元件;
5—排渣口;6—回流管;7—测压管;8—加热套筒

才能保证釜内液面上有较大的空间，使气化产生的蒸气有充分的机会与液体分离干净。较稳妥的办法是装料容积占釜容积的 50% ~60%。

　　C　冷凝器

冷凝器是将蒸馏塔内出来的 TiCl$_4$ 气体冷凝成液体的设备。它是一种常见的热交换器，有蛇管式、套管式和列管式。一般都采用列管式，管内通 TiCl$_4$ 气体，管外通冷却水。为提高效率，常采用逆流操作。

对冷凝器的密闭性要求很高，如发生漏水，使 TiCl$_4$ 水解，就要造成整个系统堵塞并会严重腐蚀管道、设备。

3.2.4.2　精馏设备

精馏设备包括精馏塔、蒸馏釜和冷凝器。目前在工业上普遍应用的精馏塔除了最早出现的填料塔和泡罩塔外，在改造泡罩塔的基础上，先后出现了各种新型的板式塔，浮阀塔就是其中的一种（独联体国家镁—钛联合企业多半采用改进型的筛板塔—栅板塔）。

浮阀塔的结构示意图如图 3 – 19 所示，工作示意图如图 3 – 20 所示。它由塔壳和若干塔板所组成，塔板由浮阀塔板、溢流装置和其他构件所组成。每块浮阀塔板上安装一定数目的浮阀片。

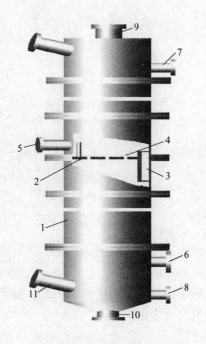 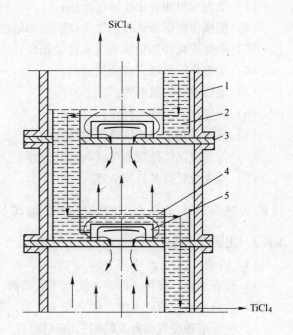

图 3 – 19　浮阀塔结构示意图　　　　　　图 3 – 20　浮阀塔工作示意图
1—塔壳；2—塔板；3—溢流管；4—浮阀；5—加料　　　　1—塔节；2—溢流管；3—塔板；
管口；6—蒸气管口；7—回流管口；8—虹吸管口；　　　　　　4—浮阀；5—支架
9—冷凝气管口；10—排液管口；11—测温管

浮阀塔与其他塔相比具有以下优点。

（1）操作范围大。由于阀片能上下浮动，使气、液负荷变化时，能相应地改变蒸气通过的面积，因此气体负荷的操作范围宽广。相应地浮阀塔的气速操作上限与下限之比可达2.6倍。

（2）塔盘效率高。因为蒸气在塔盘上是水平方向喷出，气液接触时间长且良好，同时阀片的锐边造成气液接触时剧烈的湍动，对传质极为有利，效率可达60%以上，比泡罩塔高5%～10%。

（3）处理能力大。由于操作范围大，而且气体是水平方向吹入液层，雾沫夹带少，有利于提高处理能力，比泡罩塔高20%～30%，是填料塔的1.5倍。

（4）结构比较简单。和泡罩塔相比，结构简单，安装检修方便，并且不易发生堵塞现象，适应性大，能处理比较"脏"的物料。

 教学活动建议

进行现场教学，了解塔板的结构类型，了解石油化工厂板式塔的性能及选用依据。

【实践技能】

训练目标：

（1）能完成粗四氯化钛输送操作；

（2）能操作浮阀塔进行四氯化钛蒸馏和精馏；

（3）能完成精四氯化钛输送和计量操作；

（4）能操作除钒塔完成杂质分离；

（5）能排放高沸点产物；

（6）能完成清洗铜丝操作；

（7）能对泥浆上层清液进行过滤；

（8）能完成泥浆处理操作（与氯化共用）；

（9）能完成管路和容器清理。

技能训练实际案例3.6　铜丝除钒精馏塔的操作

3.6.1　主要操作制度

（1）启动。

1）检查加料、排料、回流、废气等管路阀门及转子流量计是否干燥、畅通、密闭。

2）检查电热和仪表系统，要求安全可靠，功率符合规定值。

3）打开塔顶废气和有关贮罐的废气阀门。

4）向釜内加料，为保证气液分离完全，需要留一定的空间，其高度一般保持在250～400mm之间。

5）通上冷却水后，就可送电升温。

6）当塔顶温度升到100℃，打全回流1～1.5h，待温度和压力稳定后，开始加排料。

（2）正常生产。

1）温度压力控制。塔顶温度：50 ~ 70℃；塔中温度：100℃；塔底温度：139 ~ 142℃；釜压力：13.332kPa 或 0.0133MPa（100mmHg）。

2）根据粗 $TiCl_4$ 中 $SiCl_4$ 的含量确定回流比，当粗 $TiCl_4$ 中含 $SiCl_4$ >0.5% 时，取 R = 20 ~ 30，排出一定量的 $SiCl_4$。若 $SiCl_4$ <0.5% 时，可打全回流，此时由于塔顶冷凝效率的关系，部分 $SiCl_4$ 由废气排走，所以 $SiCl_4$ 很难富集，塔顶温度就要偏高。

3）精心调节，保证物料平衡，即加料量 = 塔底排料量 + 塔顶排料量，以免发生干釜、淹塔、干板的现象。

4）遇上突然停电，要立即停止加、排料，打全回流。恢复送电后，需继续打全回流 0.5 ~ 1h，才能开始加、排料。如停电时间过长，液层已全部脱落，则需按重新启动处理。

（3）停产。

1）停止加排料以后，停电。

2）当塔顶无回流时，再关回流阀门。

3）关上废气和冷却水阀门。

4）每生产 100t 或遇停产时间较长，即将釜内含高沸点氯化物较多的 $TiCl_4$ 排放到氯化车间浓密机去。

3.6.2 影响浮阀塔精馏操作的主要因素

（1）原料的性质。在塔径一定的情况下，由于气流负荷的限制，粗 $TiCl_4$ 中低沸点杂质的含量直接影响精馏塔的生产率。

进料温度指粗四氯化钛的温度，其对它本身的理论塔板数和生产能力影响较大。一般温度越高产能越大。事先预热粗四氯化钛提高温度是强化它产能的有效方法。进料速度须与他的处理能力相匹配。

（2）回流比。回流比是单位时间内塔顶回流量 L 与排料量 P 之比，即 R = L/P。P = 0 时，R = ∞，无馏出量，它的生产能力为零；L = 0 时，R = 0，$SiCl_4$ 含量已接近极限值，在塔中已难以富集，此条件下不会有分离作用。

它是关系到稳定塔顶温度、提高产量和质量的一个重要因素。回流比太小，会降低塔的分离效果；回流比太大，又会降低塔的生产能力。在实际生产中，应该根据粗 $TiCl_4$ 中 $SiCl_4$ 的含量和塔的分离效率，来确定合适的回流比。

（3）温度。维持适宜的塔体温度是精馏操作的关键。需根据所要精馏产品的沸点确定，$SiCl_4$ 的沸点为 56.5℃，塔顶温度控制在 58℃ 时可有效除去。塔釜或塔底应控制在 139 ~ 142℃，塔中 100℃。

（4）压力。压力是塔内物质挥发蒸气量标志，它是判断精馏过程是否正常的主要参数之一。压力高表明挥发量大。挥发量的大小直接与塔内温度的控制、加料的速度以及塔内的阻力、料液的成分有关。正常操作中可调节温度和加料速度控制压力。当塔顶压力高于 533.3Pa（4mmHg）时，说明塔顶废气系统有堵塞现象，当蒸馏釜压力高于 20kPa（150mmHg）时，可能是排料少，釜液面上升，此时气流波动较大，还会出现阀片撞击声。

（5）蒸馏釜加热功率。一般来说，加热功率大，塔的生产能力增加，但前面已经说过，塔的最大产能受原料中 $SiCl_4$ 含量的限制，所以在达到最大产能以后，若再盲目加大蒸馏釜功率，就会因气流量过大，破坏了塔的平衡，不能正常操作。

技能训练实际案例 3.7　铜丝除钒法铜丝塔的操作

3.7.1　主要操作制度

（1）启动：

1）检查加料、排料、废气、管道、阀门和转子流量计是否干燥、密封、畅通好用。

2）检查电热系统和测量仪表系统是否安全可靠、功率符合规定值。

3）打开塔顶废气和有关贮罐的废气阀门，空釜加料，空层高保持在 250～400mm 之间。

4）通上冷却水后，送电升温，当温度、压力达到正常生产要求时，即开始加、排料。

（2）正常生产：

1）温度压力控制。塔顶温度：136℃；塔底温度：139～142℃。釜压力：1.33～6.67kPa（10～50mmHg）。

2）精心调节，加料平稳，做到加料量等于排料量，避免发生干釜和淹塔现象。

3）在生产过程中，除了精 $TiCl_4$ 每一罐满了以后要分析外，还要不定期取瞬时样进行分析。发现钒高或色度增高，可停止排料，全回流 1h 后，开始加排料并取样分析，若仍无好转，即要停产，准备清洗铜丝。

（3）停产。

1）停止加料，此时若压力高于常值，要继续蒸到压力下降到正常值时再停电。

2）当塔顶温度降到 100℃ 以下，压力降到零时，才能关闭排料阀。

3）关闭冷却水和废气阀门。

4）每生产 50t 或遇停产时间较长时，将釜内富含有高沸点氯化物的 $TiCl_4$ 趁热排到氯化车间浓密机内。

3.7.2　影响铜丝塔生产周期的主要因素

（1）气流速度。为使 $TiCl_4$ 气体与铜丝充分接触，保证塔内的 $VOCl_3$ 充分还原，$TiCl_4$ 气体在塔内应有一定的停留时间。根据经验，空塔速度在 0.0143～0.024m/s（0.03～0.05kg/（$cm^2 \cdot h$））为宜。对 8m 高的塔，其停留时间为 5～9min。速度太大，会缩短生产周期，甚至影响 $TiCl_4$ 质量，速度太小，塔的生产能力降低。

（2）高沸点杂质含量。粗 $TiCl_4$ 中固体悬浮物和高沸点杂质含量多，会使铜丝使用周期缩短，其中尤以 $AlCl_3$ 和 C 的影响最为严重，因为前者会使铜丝表面钝化，后者影响精 $TiCl_4$ 色度。

随着生产的进行，蒸馏釜内高沸点氯化物杂质逐渐富集，因此必须定期地将富集有高沸点氯化物的 $TiCl_4$ 排放到氯化浓密机，否则也会影响铜丝的使用周期。

（3）蒸馏温度。要严格控制釜内温度，使其稍高于 $TiCl_4$ 的沸点，但也不能太高，否则会造成高沸点氯化物杂质的大量挥发，而使铜丝失效。

（4）回流。由于塔体散热和塔顶自然冷却，塔内上升蒸气会形成一部分内回流液，这对塔内气液两相传质是有利的。从这点看，塔的产量太大，也是不适宜的。如果釜的功率较大，在生产过程中打一部分回流，或者在铜丝将要失效时，打一段时间的全回流，对延长铜丝周期都有好处。

（5）其他因素的影响。其他如铜丝再生好坏、干燥过程中铜丝氧化情况、铜丝球的几何形状以及釜内液面的控制等都能影响铜丝的使用周期。

3.7.3 铜丝的再生处理

在除钒过程中，反应产物 $VOCl_2$ 等逐渐覆盖在铜丝表面，致使除钒能力降低，当精 $TiCl_4$ 中含钒量升高或颜色变深时，表明铜丝失效，此时应将铜丝球取出进行再生处理。

处理过程是先将由塔内放出的铜丝球用水冲洗，然后放入浓盐酸浸泡。待呈金属光泽后，再用清水将酸洗净，而后进行干燥。干燥时温度不高于100℃，以免氧化。干燥好的铜丝球即可装入塔内并补充一定数量的新铜丝球。

技能训练实际案例 3.8　铝粉除钒原料准备

3.8.1 粗四氯化钛

粗四氯化钛质量要求如表3-8所示。

表3-8　粗四氯化钛质量要求

项目 \ 名称	$TiCl_4$	V	Si	光气 + 乙酰基氯化物	溶解氯气	固体悬浮物
成分（质量分数）/%	≥98.00	≤0.15	≤0.06	≤0.008	≤0.12	≤4（g/dm^3）
备　注	分子量：189.9g/mol；密度：1.73g/cm³；沸点：136.6℃；熔点：-23.4℃ $TiCl_4$ 液体不易燃不易爆，不导电，但与水发生强烈反应产生大量的烟雾					

3.8.2 铝粉

铝粉质量要求如表3-9所示。

表3-9　铝粉质量要求

项目 \ 名称	粒度分布		松装密度 /g·cm⁻³	附着率 /%	盖水面积 /m²·g⁻¹	活性铝 /%	杂质（质量分数）/%					
	粒度分布 /目	质量分数 /%					Fe	Si	Cn	Mn	H_2O	油脂
FLX1	≥44	≥0.3	≤0.22	≥80	≥0.7	≥84	≤0.5	≤0.5	≤0.1	0	≤0.08	≤2.8
备注	铝粉是易燃易爆品											

3.8.3 氯气

氯气质量要求如表3-10所示。

表3-10　氯气质量要求

项目 \ 名称	氯气（Cl_2）	水（H_2O）
成分（质量分数）/%	99.97	0.03
备　注	密度3.2 kg/m³；有剧毒，不易燃，不易爆	

3.8.4　低价钛制备

3.8.4.1　Al 粉与四氯化钛混合液的制备

（1）检查各设备的泵、阀、计量器是否良好，废气是否畅通。

（2）检查各电器设备及仪器仪表是否安全可靠。

（3）打开精四氯化钛进料阀，将四氯化钛加入混合罐，并控制液位在 150 ~ 750mm 之间。

（4）启动水力喷射器泵。

（5）打开 Al 粉吸入管阀，并将 Al 粉吸入混合罐内。

（6）待 Al 粉吸入量达到标准后，关闭 Al 粉吸入管阀，停止水力喷射器泵。

（7）启动搅拌器搅拌 1h，并取样分析 Al 含量。待将 Al 粉混合液送入反应器。

3.8.4.2　低价氯化钛浆液的制备

（1）打开放料阀，向带水力喷射器冷凝物罐中加入精四氯化钛，液位控制在 400 ~ 800mm 之间。启动冷凝物罐上的泵，并将罐内料液送入反应器，使反应器内液位高度至 200mm 左右停泵，给反应器通冷却水，同时通氮气进行保护。

（2）关闭冷凝物罐至反应器管上的进料阀，打开反应器精四氯化钛进料阀向反应器内进料，反应器内液位高度控制在 410 ~ 710mm 之间，关闭进料阀。

（3）打开 Al 粉混合液进料阀，启动 Al 粉混合液输送泵，将 Al 粉混合液送入反应器内，停泵，关闭 Al 粉混合液进料阀。

（4）启动反应器搅拌器，计时开始。

（5）当 $t = 5$min 时，打开氯气进气阀，向反应器内混合液中通氯气，通冷凝器冷却水。

（6）当 $t = 10$min 时，监测反应器内温度的上升情况，并打开水力喷射器喷射阀，启动水力喷射器工作泵。当反应器温度高于 120℃时，应立即停止给反应器通氯气。

（7）当 $t = 30$min 时，关闭氯气阀，停止水力喷射器工作泵，关闭水力喷射器喷射阀，停止给冷凝器通冷却水。

（8）当反应器液位达不到原液位（加入 Al 粉混合液后的液位）时，应打开精四氯化钛进料阀，将反应器内的液位补充至原液位高度后关闭。为了保证浆液的混合均匀，应再搅拌 5 ~ 7min。

（9）打开反应器放料阀，将低价钛浆料放入低价氯化钛收集罐中，控制液位高度为 150 ~ 750mm，启动低价氯化钛收集罐搅拌器。

（10）取样分析低价氯化钛的含量，如合格，则送入低价氯化钛消耗罐中，低价氯化钛消耗罐液位控制在 200 ~ 850mm 之间；如不合格，则送入蒸馏釜底残留物收集罐中。

3.8.4.3　反应过程中的注意事项

（1）在混合成分反应的过程中，反应器内的温度会逐渐上升。在大约 80 ~ 90℃，铝粉开始与四氯化钛反应，由于四氯化钛蒸发的作用，反应器内的反应伴随着突然的压力震荡和缓慢的液位增加。在这种情况下，操作员人工关闭氯气供应。

（2）若反应器内的液位突然下降（50 ~ 100mm），表明无法承受高反应速度，可能会有反应混合物从反应器中排出。在这种情况下，应通过加入精四氯化钛来抑制反应，以使反应器中的混合物恢复初始的液位。

（3）在反应的过程中，由于温度的升高，四氯化钛有一部分蒸发，蒸气通过水力喷射器产生的负压在列管换热器冷凝并回到冷凝物罐中，应根据冷凝物温度来自动调整供入到列管换热器的水量；此低价氯化钛浆料合成产生的冷凝物将用于进一步的合成，不再外加精四氯化钛。

（4）当反应器中出现压力上升的紧急情况时，安全阀门会响应，反应器中的部分物质将进入到减压罐中。通过减压罐的捕集返回反应器中，如果减压罐捕集的部分产物仍留在减压罐内，则减压罐内有堵塞现象，应拆卸减压罐并移到干燥室进行清洗和干燥。

（5）在一定时间内，反应器底壁会有沉积物和结块。应对此进行清理，使用一个戳具，通过在反应器侧边上的专用连接器人工打碎沉积物和结块，然后加入精四氯化钛到反应器体积的 80%，启动搅拌，同时通入氯气与氮气混合物气体 20～25min 后，再将其排入低价氯化钛收集罐中即可。

技能训练实际案例3.9　精馏脱硅过程精馏塔的计算

试设计一连续精馏塔，用以分离 $SiCl_4$-$TiCl_4$ 混合液。进料中含 $SiCl_4$ 0.291%，$TiCl_4$ 99.709%，每 1h 处理量 1500kg，要求塔顶馏出物中含 $SiCl_4$ 12.523%，塔底产品含 $SiCl_4$ 0.00596%（以上均为质量分数）。试计算（1）塔顶产品和塔底产品量；（2）在下面两种进料热状态下的理论塔板数和进料位置：1）进料为饱和液体，2）进料液温度为 50℃；（3）在一定的板效率下，实际塔板数为多少；（4）计算精馏塔总高度 H 和塔径 D。

教学活动建议

此部分为实践技能训练案例，其中技能训练案例 3.6～3.8 建议采用现场教学或者在实习实训过程中由企业兼职教师和校内专任教师共同指导完成，切实提高学生的实践能力。训练实际案例 3.9 建议学生分组在课内完成小型项目的设计。

复习思考题（3.2）

填空题

3-23　粗四氯化钛精制过程中精馏塔的塔顶温度一般控制在（　　），塔底温度一般控制在（　　）。

3-24　粗 $TiCl_4$ 中的高沸点杂质可用（　　）分离。

3-25　粗四氯化钛中的低沸点杂质，比如四氯化硅可以用（　　）方法去除。

3-26　粗四氯化钛中与其沸点接近的杂质可以用（　　）方法去除。

3-27　在精馏过程中，若两物料的沸点差别不大，则（　　）用一般精馏的方法分离。（填能或不能）

3-28　在粗四氯化钛的精制过程中，（　　）是加热 $TiCl_4$ 并使其汽化的设备。

3-29　粗 $TiCl_4$ 中的钒杂质主要是以 $VOCl_3$ 的形式存在，它使 $TiCl_4$ 呈（　　）色。

选择题

3-30　粗 $TiCl_4$ 中的钒杂质主要是以 $VOCl_3$ 的形式存在，它使 $TiCl_4$ 呈（　　）色。

　　A　红　　　　　　　　B　绿　　　　　　　　C　黄

3-31　蒸馏主要除去（　　）。

　　A　钒　　　　　B　低沸点杂质　　　　C　高沸点杂质　　　　D　溶解性气体

3 - 32　制备低价氯化钛时，什么时候开始通氮气（　　）。

　　A　冷凝 $TiCl_4$ 加完后　　　B　加冷凝 $TiCl_4$ 的同时　　　C　加 PTT 的同时

3 - 33　粗四氯化钛中的四氯化硅属于（　　）。

　　A　溶解的气体杂质　　B　溶解的液体杂质　　C　溶解的固体杂质　　D　不溶解液体

简答题

3 - 34　写出工业上粗 $TiCl_4$ 化学法除钒常用方法的反应式。

3 - 35　精四氯化钛提纯过程需要经过哪些步骤，每个步骤主要去除什么杂质？

3 - 36　简述蒸馏塔压力异常升高的原因及其处理办法。

3 - 37　试画出 LTC 制备的工艺流程框图。

3 - 38　简述铝粉除钒精制工序的 5 个基本步骤。

 课外拓展学习链接　粗四氯化钛精制相关图书推荐及参考文献

亲爱的同学：

　　如果你在课外想了解更多有关钛渣熔炼技术的知识，请参阅下列图书！书籍会让老师教给你的一个点变成一个圆，甚至一个面！

[1] 国外钒钛（第一辑）［M］. 重庆：科技文献出版社重庆分社，1985.

[2] 国外钒钛（第二辑）［M］. 重庆：科技文献出版社重庆分社，1985.

[3] 邓国珠. 钛冶金［M］. 北京：冶金工业出版社，2010.

[4] 李大成，周大利，刘恒. 热力学计算在海绵钛冶金中的应用［M］. 北京：冶金工业出版社，2014.

[5] 莫畏，邓国珠，罗方承. 钛冶金［M］. 2 版. 北京：冶金工业出版社，1999.

3.3　任务：镁还原真空蒸馏

【知识目标】

　　（1）掌握镁还原、真空蒸馏的基本原理；

　　（2）熟悉镁还原、真空蒸馏的工艺操作要点；

　　（3）掌握影响海绵钛质量的主要因素。

【能力目标】

　　（1）初步具备镁还原、真空蒸馏的工艺技能，能正确操作设备完成工艺任务；

　　（2）能够识别、观察、判断海绵钛生产中各种仪表的正常情况；

　　（3）能识别海绵钛生产的效果，并具备一定的质量判断能力。

【任务描述】

　　金属钛的生产方法包括 TiO_2 直接电解法、TiO_2 钙热还原法、TiO_2 铝热还原法、TiO_2 溴还原法、$TiCl_4$ 电解法、$TiCl_4$ 氢还原法、$TiCl_4$ 钠还原法、$TiCl_4$ 镁热还原法，但大多数方法仍停留在实验室研究阶段。目前，国际上唯一能大规模工业生产海绵钛的方法仅有 $TiCl_4$ 镁热还原法。$TiCl_4$ 镁热还原产物中不仅含有还原生成的海绵钛和氯化镁，还有过量的还原剂镁。为了获得较高纯度的海绵钛产品，采用真空蒸馏法处理还原产物。该法能产出高质量海绵钛，且镁和氯化镁冷凝回收后可在还原和电解工序重复使用。本项目从镁还原反应原理、真空蒸馏原理、镁还原—真空蒸馏工艺、实际生产案例几个方面介绍海绵钛的生产。

【职业资格标准技能要求】

（1）能完成新反应器的升温渗钛操作；

（2）能完成反应器的入炉操作；

（3）能连接各种管路；

（4）能完成加料、停料操作；

（5）能监测和记录还原、蒸馏工艺参数；

（6）能完成氯化镁的排放；

（7）能进行还原转蒸馏操作；

（8）能完成反应器出炉、冷却操作。

【职业资格标准知识要求】

还原、蒸馏生产基本知识、原理。

【相关知识点】

3.3.1　镁还原反应原理

3.3.1.1　镁还原热力学

A　镁还原反应

镁还原 $TiCl_4$ 主要反应为：

$$TiCl_4 + 2Mg = Ti + 2MgCl_2 \qquad (3-41)$$
$$\Delta G_T^{\ominus} = -462200 + 1367T \quad (987 \sim 1200K)$$

在化学反应中三级反应实在少见，该反应不可能一步实现。同时，钛是一个典型的过渡元素，还原过程中存在稳定的中间产物——$TiCl_4$。故上述反应具有分步还原的特征。因此，该式是一个总式，它的反应历程可能经过下列连串二式：

$$TiCl_4 + Mg = TiCl_2 + MgCl_2 \qquad (3-42)$$
$$\Delta G_T^{\ominus} = -364000 + 148T \quad (987 \sim 1200K)$$
$$TiCl_2 + Mg = Ti + MgCl_2 \qquad (3-43)$$
$$\Delta G_T^{\ominus} = -98200 - 11T \quad (987 \sim 1200K)$$

式（3-41）的反应平衡常数列于表3-11中。

表3-11　式（3-41）的反应平衡常数

温度 T/K	298	600	800	1000	1200
平衡常数 K_P	1.6×10^{39}	6.3×10^{16}	2.4×10^{11}	3.2×10^{8}	3.2×10^{6}

从表 3 – 11 中可以看出，上述镁还原反应的标准自由能变化都有很大的负值，平衡常数值也很大，故各主要反应均能自发进行，而且自发进行的倾向性很大。从热力学观点来看，温度越低，还原反应自发进行的倾向性越大。在还原各种价态的氯化钛时，随着价态的递降，其 $\Delta G_T^{\ominus}$ 负值减少。这说明钛的氯化物价态越低，越不易被还原，即 $TiCl_4$ 易还原，$TiCl_3$ 次之，$TiCl_2$ 难还原。

该反应是个主要在熔体表面进行的气、液相多相复杂反应，生成物 $MgCl_2$ 不与 Ti、$TiCl_2$、$TiCl_3$、$TiCl_4$ 作用，故不存在逆反应。

当还原过程镁量不足，或者反应温度低时，还可能出现下列歧化反应：

$$TiCl_4 + TiCl_2 = 2TiCl_3 \qquad (3-44)$$

$$\Delta G_T^{\ominus} = -153000 + 155T \quad (409 \sim 1200K)$$

$$TiCl_4 + Ti = 2TiCl_2 \qquad (3-45)$$

$$\Delta G_T^{\ominus} = -266000 + 159T \quad (409 \sim 1200K)$$

上述反应可以认为是个"二次"反应。反应过程中确实存在稳定的 $TiCl_3$，它是歧化反应的产物，并在一定条件下转换。

镁还原过程中的各"二次"反应和前面的主要反应相比，$\Delta G_T^{\ominus}$ 的负值要小得多，说明反应的自发倾向性也小得多，它们仅是还原过程的副反应。

在还原过程中，$TiCl_4$ 中的微量杂质，如 $AlCl_3$、$FeCl_3$、$SiCl_4$、$VOCl_3$ 等均被镁还原生成相应的金属，这些金属全部混杂在海绵钛中。混杂在镁中的杂质钾、钙、钠等，也是还原剂。它们分别将 $TiCl_4$ 还原并生成相应的杂质氯化物，但因含量甚少，不会引起反应的热力学本质变化，故可以忽略不计。

B　热平衡计算

镁还原 $TiCl_4$ 反应的总反应式为式（3 – 41），按该式生成 $1 mol$ Ti 为单位的反应物料进行热平衡粗算，先计算出反应热 $\Delta H_T^{\ominus}$ 和物料吸热 $Q_{T吸}$，则得出绝热下净发热量 Q_T 为：

$$Q_T = \Delta H_T^{\ominus} + Q_{T吸} \qquad (3-46)$$

将计算结果列入表 3 – 12 中。

表 3 – 12　镁还原热效应

温度 T/K	500	800	1000	1200
反应热 $\Delta H_T^{\ominus}/kJ \cdot mol^{-1}$	– 521.7	– 539.6	– 495.7	– 508.3
物料吸热 $Q_T/kJ \cdot mol^{-1}$	– 455.6	– 425.5	– 318.5	– 296.8

从表 3 – 12 中可以看出，镁还原反应的热效应很大，在绝热过程中除去物料吸热外，释放出的余热量相当多。在工业用的反应器中，不仅可以靠自热维持反应，而且还必须控制适宜的反应速度，并及时排除余热，否则会使反应器壁超温，烧坏反应器。只是在反应器下部，为了保持适宜的熔体温度，才需补充一部分热量。

3.3.1.2　镁还原反应的动力学

A　非均相成核

镁还原反应是一个复杂的多相反应，反应涉及相变中成核问题，成核的核心在反应中起重要作用。当该反应进行自发成核时，因发生了相变，新生的钛晶粒的胚芽因增加了固体界面，需要消耗大量能量，克服很大的能位垒方能成核，故不易成核。

钛晶粒半径为 r 成核时的自由能变（$\Delta G_{核}$）有：

$$\Delta G_{核} = \Delta G_b \frac{4}{3}\pi r^3 + \sigma 4\pi r^2 \qquad (3-47)$$

式中　　ΔG_b——体积自由能变；

　　　　σ——表面自由能。

当 $\Delta G_{核} = 0$ 时，临界晶核半径（r_c）有：

$$r_c = -\frac{2\sigma}{\Delta G_b} \qquad (3-48)$$

只有当 $\Delta G_{核} < 0$ 时，钛晶粒方能长大。此时晶粒半径必须大于临界半径，即 $r > r_c$ 方能成核。

若反应区内出现固体微粒（或杂质）时，其某个表面与钛晶粒某晶面上的原子排列相似，而且原子间距也差不多。那么在该种固粒表面上成核时，异相固粒半径远远大于临界晶核半径，即有 $r \gg r_c$，使 $\Delta G_{核}$ 值大大降低，并导致 $\Delta G_{核} < 0$，成核就变得容易。常称这种成核为非自发成核或非均相成核。

处于金属表面的原子与基体内部原子不同，前者具有多余的空悬键，因而对空间气体分子具有一定的吸附力。但是，各种金属的这种吸附力是不一样的。按化学吸附力分类，以镁的吸附力最差，而钛、锆和铁较强。锆、钛和铁共同点是具有 d 电子空轨道，但未结合 d 电子数不同，钛、锆为 0，而钛为 2.20。当吸附气体时，金属表面原子可以利用多余的杂化轨道或者未结合电子和气体分子形成吸附键。未结合电子的能级要比杂化轨道的电子能级高，故更活泼。但从吸附键的电子云重叠来看，铁少钛多，故钛比铁吸附键强。总之，金属对气体的吸附能力与金属结构有关。按吸附力大小的排列顺序为：钛 > 铁 ≫ 镁。故在镁还原反应过程中钛本身就是最佳的非均相成核的核心质点，其次为铁壁。

　　B　组分的性质

在镁还原反应过程中，由于中间产物 $TiCl_2$ 和 $TiCl_3$ 能稳定存在，故反应是在 $TiCl_4$-Ti-Mg-$MgCl_2$-$TiCl_2$-$TiCl_3$ 系统中进行的。各组分的性质对反应均有影响。其中生成物 $MgCl_2$ 和钛晶体的结构对反应影响特别大。钛晶粒聚合体俗称海绵钛块，因外形似海绵而得名。海绵钛块的结构除与反应器尺寸、加料方式和加料速度有关外，也与反应过程的不同阶段有关。由表 3-13 所列的测定润湿角数值表明，纯镁对钛粒和铁壁是不润湿的（此时 $\theta > 90°$），但当反应进程中生成 $MgCl_2$ 后，镁液表面覆盖一层 $MgCl_2$ 后就改变了它对海绵钛和铁壁的润湿性能，湿润角小湿润性能好。而 $MgCl_2$ 对海绵钛和铁壁是润湿的。

表 3-13　润湿角测定值

项　目	测　定　物　质									
	液　镁		液镁表面有一层 $MgCl_2$ 液				$MgCl_2$ 液			
湿润表面	Fe	Ti	Fe		Ti		Fe		Ti	
温度/℃	750~800	750	800	750	800	750	800	750	800	750	800
温润角 $\theta/(°)$	>90	107	104	58.5	44.5	23.5	18.7	61	45.5	53.5	38.2

镁还原系统中各组分性质的比较见表 3 – 14。

表 3 – 14　镁还原系统中各组分性质的比较

性　　质		组　　分					
		Mg	$MgCl_2$	$TiCl_2$	$TiCl_3$	$TiCl_4$	Ti
密度 /g·cm^{-3}	25℃	1.745	2.325	3.13	2.66	1.721	4.51
	800℃	1.555	1.572				4.30（1000℃）
熔点/℃		651	714	1030	920	−23	1660
黏度/Pa·s^{-1}			4.12×10^{-2}（808℃）			3.95×10^{-2}（100℃）	
表面张力/N·m^{-1}		0.563（681℃）	0.127（800℃）			2.337（100℃）	

C　还原机理

镁还原过程包括：$TiCl_4$ 液体的气化→气体 $TiCl_4$ 和液体 Mg 的外扩散→$TiCl_4$ 和 Mg 分子吸附在活性中心→在活性中心上进行化学反应→结晶成核→钛晶粒长大→$MgCl_2$ 脱附，$MgCl_2$ 外扩散。这一连串过程的关键步骤是结晶成核，随着化学反应的进行伴有非均相成核。

优先成核的核心是在一些"活性中心"上，还原刚开始在反应铁壁和熔镁表面夹角处上，一旦有钛晶粒出现，裸露在熔镁面上方的钛晶体尖锋或棱角便成为活性中心。其中 $TiCl_4$ 主要靠气相扩散，而液 Mg 靠表面吸引力沿铁壁和钛晶体孔隙向上爬，被吸附在活性中心上。从微观上看，每个钛晶体的长大都包括诱导期、加速期和衰减期三个阶段。因钛晶体生长迅速，经过低价钛步骤不明显。钛晶体生长过程包括下列呈 S 形过程：

（1）诱导期。局部地区产生结晶中心并成核。

（2）加速期。随着"活性中心"增多晶体成核增多，反应加速进行。

（3）衰减期。随着"活性中心"减小反应速度下降。

但镁还原为半连续工艺，属大批结晶过程。在反应整体上活性中心甚多，各处生长速度不同步，同时发生着成核和长大交错又重叠过程。尽管还原过程按镁利用率（F_{Mg}）人为地分为初期（F_{Mg} 约 5%）、中期（F_{Mg} 为 5% ~50%）和后期（F_{Mg} >50%）三阶段。实际上还原初期存在着短暂的诱导期，其后就难以区分晶体生长的阶段了。

由于各处成核几率不等，越是钛晶体的尖端处越易成核，随后平行连生成初生晶枝。初生晶枝长大时又不断二次成核生长出二次晶枝，它与初生晶枝呈正交垂直，以及继续生成第三次晶枝、第四次晶枝……，逐渐使钛晶体呈树枝状结构。

枝晶长大和发展方向因条件不同而异。即因长大条件不同，枝晶轴在各方向的发展也不同。钛晶粒的大小与成核速率和长大速率直接有关。若成核速率大，长大速率就小，晶粒来不及长大就形成新核，则晶粒细小。反之亦然。

就反应整体而言，由于存在众多的活性中心同时成核和长大，后来的钛晶体的生长只能在原树枝状晶枝空隙中纵横交叉地生长，逐渐填满空隙。加上随后的高温烧结，使还原产物失去了树枝状原貌而呈海绵体。所形成的反应面（A）是指裸露在熔体外表的海绵体含有众多的活性中心的空间区域。此处的海绵体提供了吸附 $TiCl_4$ 和 Mg 分子相互接触的场所，成为自催化剂。从这点出发可以认为在海绵体内的反应属于自催化反应。

但是，还原过程生成的海绵体具有"架桥"效应。生成的钛桥成为传质的障碍层，对动力学又有阻滞作用。随着还原的进行，海绵体逐渐长大，沿着块体纵向和横向向三维空间发展。对于小型反应器（估计直径小于0.8m），反应中期即可形成钛桥。对于大型反应器也有架桥趋势，但一般推近至后期方能形成钛桥。一旦钛桥形成，就会使液镁的输送阻力和液$MgCl_2$的排除阻力增大，导致成核速率降低。

随着镁还原进程的进行，惰性的$MgCl_2$逐渐累积，最后会淹没海绵体上原有的活性中心，对反应起阻滞作用。为此，必须适时地排除多余的$MgCl_2$才能保持适当的反应速率。下面按照还原过程不同阶段来进行介绍。

（1）还原初期。滴入反应器的液$TiCl_4$落入液镁中吸热气化，在液镁表面相反应器钢罐壁处和液镁反应，生成的海绵钛黏附在罐壁上，逐渐聚集并长大。还有少量生成的钛粉，夺取液镁中的杂质后沉积于反应器的底部。

（2）还原中期。还原中期的还原过程与还原初期相类似。由于熔体内存在充足的镁，反应速度大。因为反应剧烈，使反应区域温度逐渐增高，尤以熔体表面料液集中的部位温度最高，甚至可超过1200℃，这就造成很大的温度梯度。

在小型反应器（其直径约小于0.8m）中，熔体表面生成的海绵钛依靠其聚集力黏结成块体。海绵钛块依赖与铁壁的黏附力和熔体浮力的支持逐渐长大并浮在熔体表面，并不沉浸在熔体内。生成的海绵钛桥的结构示意如图3-21所示。从表3-14中看到，在800℃时液体Mg和$MgCl_2$的密度分别为1.555g/cm^{3}和1.572g/cm^3。因$MgCl_2$比Mg略重，它们可以分层，而液镁应上浮在熔体表面。但是，于熔体表面形成了海绵桥，覆盖了液镁的自由面。此时反应区域主要在海绵桥的表面。反应的继续进行主要依靠熔体中的液镁通过海绵桥中的毛细孔向上吸附至反应区。随着反应的进行，海绵桥逐渐增厚，液镁上吸的阻力增大，使反应速度逐渐下降。

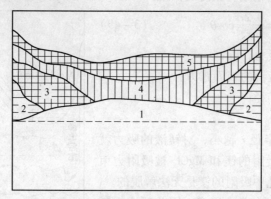

图3-21 生成的海绵钛桥结构示意图（不排放$MgCl_2$操作）

1—镁利用率达5%的结构；2—镁利用率达30%的结构；3—镁利用率达40%的结构；
4—镁利用率达60%的结构；5—初始液面

如果采用排放$MgCl_2$的工艺制度，将熔体底部的$MgCl_2$排除出去后，熔体表面便随之下降，失去熔体浮力支持的海绵桥只能沉落熔体底部。此时熔体表面又重新暴露出液镁的自由面，还原反应又恢复到较大的速度。随着反应的进行，在熔体表面又重新出现钛桥……，如此周而复始。因此，反应速度是呈周期性变化的。

在大型反应器（直径约大于0.8m）中，于熔体表面生成的海绵钛，依靠自身的聚集力黏结成块体，并有"搭桥"的趋势。但因反应器横截面大，生成的海绵钛块依其与铁壁的黏附力难以支持，常发生崩塌，部分钛块沉积于熔体下部。所以，熔体表面无法搭成钛桥，只能形成类似环状的海绵钛块体，黏附在熔体表面的铁壁上。熔体表面始终暴露着液镁的自由表面，此时还原反应主要是在沸腾的液镁表面上进行，反应区域随熔体液面的升降而变化。

还原中期过程持续到液镁自由表面消失为止，大约到镁的利用率达到40%～50%。

（3）还原后期。在还原后期，反应生成的海绵钛占据了反应器的大部分容积，液镁的自由表面已消失，剩余的液镁已全部被海绵钛毛细孔吸附。还原反应是在累积的海绵钛桥表面上进行的。此时，反应是依靠吸附在海绵钛里的液镁，通过毛细孔浮力上爬至反应区和$TiCl_4$接触进行反应。同时，反应生成的$MgCl_2$也是通过毛细孔向下泄流的。因此，海绵钛毛细孔便成了Mg和$MgCl_2$的迁移通道。

后期反应主要生成金属钛，当镁的扩散速度小于$TiCl_4$的加料速度时，则可生成$TiCl_3$和$TiCl_2$。

海绵钛的毛细孔可简略地分为细孔和粗孔两种。当镁的利用率大于40%～50%，液镁的自由表面则消失，粗孔（100～500μm）的管壁上吸附有镁膜，管内中心开始出现液$MgCl_2$。当镁的利用率约57%时，海绵钛不同部位的粗孔内壁镁膜的厚度大致相同。当镁的利用率达到65%～75%后，由于镁量的减少，粗孔内壁镁膜厚度随海绵钛不同部位而变化，此时镁膜厚度在钛坨上部约5μm，在钛坨下部就降到0.5μm。

而在细孔（小于20μm）中，内壁吸附的镁膜厚度与镁的利用率无关，大致保持一常数，含1%～4%$MgCl_2$、6%～9%Mg（以海绵钛重量计）。这是因液体Mg（或$MgCl_2$）通过毛细管向上扩散时受毛细管吸力的作用：

$$p_\sigma = \frac{0.2\sigma}{r}\cos\theta \qquad (3-49)$$

式中　p_σ——毛细管吸力，Pa；

　　　σ——吸附的液镁的表面张力；

　　　r——毛细管半径；

　　　θ——润湿角。

上式表明毛细孔半径r越小，对镁液的吸力就越大。因此，细孔内吸附的镁和$MgCl_2$被吸附力束缚得很紧，这部分细孔中吸附的镁是无法解脱的。

粗孔内，由于吸附力要小得多，因此便成为镁和$MgCl_2$的主要迁移通道。镁对钛的湿润性比$MgCl_2$大，故在海绵钛细孔及粗孔的管壁上吸附的主要是液镁。

反应后期的反应物和生成物的迁移趋向如图3-22所示。反应后期液镁上爬的阻力随着海绵钛层厚度的增加而增大。一般情况下，镁利用率达

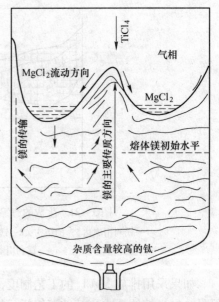

图3-22　后期反应物和
生成物的迁移趋向

55%左右时，反应速度开始下降，加料逐渐变得困难。所以，反应后期应逐渐减慢加料速度。当镁的利用率达65%~70%左右时，不仅反应速度缓慢，而且反应生成物中 $TiCl_4$ 和 $TiCl_3$ 量增加，这些低价氯化钛继续被镁还原，生成小颗粒钛，充填于海绵钛孔隙中，致使海绵钛上表面结构致密，真空蒸馏排除 $MgCl_2$ 困难。因此，适时地停止加料，有利提高产品质量和生产率。

在整个还原过程中，反应空间有时会发生气（$TiCl_4$）—气（Mg）或气（$TiCl_4$）—液（Mg）间的反应，反应生成黏附在反应器壁的爬壁钛和罐盖下的须状钛。

试验表明，爬壁钛主要是镁蒸气挥发后，冷凝附着在反应器壁上，与气体 $TiCl_4$ 反应生成的；其次，小部分可能是液镁沿器壁上爬，与气相 $TiCl_4$ 反应生成的，特别是熔体上部的那部分。

反应空间的镁蒸气也会与气相 $TiCl_4$ 反应生成粉末钛，沉积在熔体和爬壁钛的孔隙中，遇高温烧结时也可与钛块聚集。

爬壁钛暴露在反应器内空间，容易吸附反应器泄漏的气体，一般质量较差，且夹杂有钛粉和镁粉易自燃，因此必须加以控制。为此，在还原操作过程中，应减少 $TiCl_4$ 加料过程的停料时间，放气时应保持一定的剩余压力，以防止反应器内镁的挥发；同时，空间温度不宜控制太高，以降低空间的气相反应速度。

反应器内反应过程中有一个温度场，熔池表面反应区是高温区，其中心最高温度可达到1200℃以上，横向和纵向都存在温度梯度。反应温度和熔体物质热流的流动对钛晶体生长也有影响，即影响钛晶体生长速度和走向。晶体长大的方向与散热最快的方向相反。因此，靠罐壁的树枝状结晶是沿着罐壁横向有序生长，即钛坨罐壁处晶体的结构是横向有序排列的。同时熔体内存在缓慢的熔体物质流动的冲刷，会阻止钛晶体的横向生长。

D 还原动力学

整个镁还原过程比较复杂，它的控制环节因情况不同而异。在大型反应器的情况下，还原的初—中期阶段主要为成核控制，后期阶段为扩散控制。对于初—中期，化学反应和成核速率同步，即总的还原速率等于化学反应速率，也等于成核速率。由于从化学反应着手推导动力学速率比较简单，按此导出初—中期时简化的速率方程式：

$$\frac{dW_{Ti}}{dt} = kAp_{TiCl_4} = kAu_{TiCl_4} \qquad (3-50)$$

式中 $\frac{dW_{Ti}}{dt}$——钛的还原速率；

  p,u——分别为分压和物料流量；

  A——反应面表面积。

式（3-50）表明，该反应在初—中期时在一定的加料速度内属一级反应。

为了提高还原反应速率，在大型反应器的情况下必须设法提高反应区的散热能力，后期必须设法提高扩散速率。动力学影响因素主要有反应器尺寸、温度、加料速度和传质输送效应，其次有压力等。

（1）反应器尺寸。由速率方程式可知，$\frac{dW_{Ti}}{dt} \propto A$，反应速率与反应表面积成正比，欲提高反应速率必须增大反应面。

增大反应器的尺寸，特别是采用大型反应器，其相应的横截面也随之大，亦即反应表面积（A）增加，还原速率提高。此外，还原过程还存在所谓的放大效应。这种效应表现为反应器越大，钛块体的晶体生长越不容易"架桥"。为此，采用大型反应器可以减少还原时钛桥的阻力，对提高还原速率十分有利。总而言之，反应器尺寸越大还原速率也越大。

（2）加料速度。由速率方程式可知，$\dfrac{\mathrm{d}W_{\mathrm{Ti}}}{\mathrm{d}t} \propto u_{\mathrm{TiCl_4}}$。它表明在定加料速度范围内反应速率与物料流量成正比。但是，因为还原过程反应热很大，$TiCl_4$ 必须从外设的贮料罐中徐徐加入，以防反应热过大烧穿反应器壁而造成事故。

$TiCl_4$ 的加料速率控制着还原速度，并影响到反应温度、反应压力和海绵钛的结构。从还原过程成核速率的角度来看，增大加料速度有利于增大反应的成核速率，钛的活性中心增加，成核的晶粒细小，获得的海绵钛为多孔疏松不致密的块状物，孔隙率高。这种结构的海绵钛不利于蒸馏脱除 $MgCl_2$。欲制取含 Cl^- 低的优质产品，宜采用较慢和平稳的加料速度。这种加料制度也容易产生粗粒钛结晶，降低产品的孔隙率，对提高蒸馏速率有利。

加料速度还与还原过程的不同阶段有关，即在大型反应器内，还原反应中期料速可以适当加大，但后期由于钛坨形成钛桥，影响反应速率，故必须适时降低加料速度。

（3）温度效应。从反应速率方程式可知，$k = Z\exp\left(-\dfrac{E}{RT^2}\right)$，即 $\lg k \propto -\dfrac{1}{T}$。它表明反应速率常数随温度的增加呈指数关系迅速增大，故提高反应温度能使反应速率迅速增加。而且在高温反应过程中，伴随释放的反应热，使自加热产生自加速。

提高反应温度还能明显地改变了体系内各组成的性质。当温度高于 720℃ 后，镁和氯化镁均呈液态，流动性良好，且温度越高熔体黏度越小，流动性也越好，扩散阻力也小，更有利于镁的扩散和氯化镁的迁移，亦即对还原反应越有利。

单从还原动力学考虑，可以采用高温作业，为兼顾工艺过程反应器的安全性和防止钛铁生成，常需控制反应区器壁温度低于 1000℃，熔体温度维持 800～850℃。

（4）传质输送效应。随着反应的进行，反应器内逐渐累积生成产物 $MgCl_2$ 和海绵钛块体（钛晶体的聚集物），它们对传质过程发生运输效应。

还原后期，反应区上部形成了海绵钛桥，此时游离镁已消失，剩余镁已被多孔海绵钛孔隙吸附。由于受毛细管吸附力束缚，使液体镁向上扩散至反应面速率下降，从而降低了反应速率。而且镁的利用率 K_{Mg} 越高，这种阻滞作用也越大，故反应后期应阶梯式地降低加料速度，并在 K_{Mg} 达到 65%～75% 时适时地停止加料。

随着还原过程的进行，$MgCl_2$ 的积累越来越多，而淹没了许多钛晶体的活性中心，阻滞了还原反应的进行。为此，及时排放多余的 $MgCl_2$，恢复裸露在反应区表面的活性中心，能相应地恢复原有的反应速率。在大型反应器的操作中，每一还原周期必须多次排放 $MgCl_2$。

在还原反应的熔体内，Mg 和 $MgCl_2$ 因不同密度而自然分层。而镁在 $MgCl_2$ 中的溶解度也比较低，排放 $MgCl_2$ 时镁的损失率也不大。在排放 $MgCl_2$ 的过程中又可同时排除部分余热，增大了反应器容积利用率，提高了炉的生产能力。

（5）反应压力。在镁还原 $TiCl_4$ 过程中，还原速率随 $TiCl_4$ 的分压增加而增大。但实际反应器的空间压力（表压）主要代表氩气的分压，并不是反应物的真正蒸气压力。反应器的总压力式为：

$$p = p_{Ar} + p_{TiCl_4} + p_{Mg} + p_{TiCl_3} + p_{TiCl_2} \qquad (3-51)$$

一般情况下，$p_{Ar} = (93 \sim 98)\% p$，其余都较小，$p_{TiCl_4} \approx 660 \sim 4000 Pa$。而在 $TiCl_4$ 加料速度过大的特殊情况下，p_{TiCl_4} 方才急速上升。所以，反应压力（表压）对动力学虽有影响，但影响较小。在正常的加料过程中，反应压力的增高主要由于反应器空间容积逐渐减少，剩余氩气膨胀造成的。余氩压力太高，往往会降低反应速度，应适时采取放气操作，排除多余的氩。另外，加料不匀，或者料速太大，有单一的反应物过剩变成了蒸气也可能使压力增高，此时必须及时调整加料速度。特别是在反应后期，压力增高表明扩散阻力增大，应降低 $TiCl_4$ 加料速度；或者是预加镁量不足，应适时停止加料。

3.3.2 真空蒸馏原理

3.3.2.1 真空蒸馏过程和原理

经排放 $MgCl_2$ 操作后的镁还原产物，含钛（55%~60%）、镁（25%~30%）、$MgCl_2$（10%~15%），及少量 $TiCl_4$ 和 $TiCl_2$。常用真空蒸馏法，将海绵钛中的镁和 $MgCl_2$ 分离除去。

蒸馏法是利用蒸馏物各组分某些物理特性的差异而进行的分离方法。事实上镁还原产物中诸成分的沸点差异比较大，相应的挥发性也有很大的差别。在标准状态下，镁的沸点为 1107℃，$MgCl_2$ 为 1418℃，钛为 3262℃；在常压和 900℃ 时，镁的平衡蒸气压为 $1.3 \times 10^4 Pa$，$MgCl_2$ 为 975Pa，钛为 $1 \times 10^8 Pa$。

表 3-15 中列出了一些物质在同一蒸气压下相应的温度。由此得知，采用蒸馏法精制钛是可以实现的。

表 3-15 一些物质在同一蒸气压下相应的温度 （℃）

物 质	蒸气压/Pa							熔点
	10.108	101.08	1010.8	10108	25270	50540	101080	
Mg	516	608	725	886	963	1030	1107	651
Ti	2500						3242	1668
$MgCl_2$	677	763	907	1112	1213	1310	1418	714
KCl	704	806	948	1136	1233	1317	1407	775
NaCl	743	850	996	1192	1290	1373	1465	801

在采用常压蒸馏时，$MgCl_2$ 比镁的沸点高，分离 $MgCl_2$ 更困难些。在这种情况下，蒸馏温度必须达到 $MgCl_2$ 的沸点（1418℃）。可是，在这样高的温度下，海绵钛与铁壁易生成 Ti-Fe 合金，而污染产品；同时镁和 $MgCl_2$ 的分离也不易完全。实践上常采用真空蒸馏，此时还原产物各组分的沸点相应下降，镁和 $MgCl_2$ 的挥发速度比常压蒸馏大很多倍，这就可以采用比较低的蒸馏温度。在低的蒸馏温度下还可减少铁壁对海绵钛的污染。如蒸

馏操作真空度达 10Pa 时，镁和 $MgCl_2$ 的沸腾温度分别降至 516℃和 677℃。

在真空蒸馏的物质迁移过程中，随着真空度的变化，其气体呈现出复杂的流型。按气体流动类型区分，刚开始启动时为湍流；随后很快进入黏滞流（即普通蒸馏）；蒸馏中期为过渡流；蒸馏后期为分子流。

与普通蒸馏不同的是，分子蒸馏只有表面的自由蒸发，没有沸腾现象，它可以在任何温度下进行，因而可以选择较低的作业温度。在理论上这种蒸馏是不可逆的。

在蒸馏工艺中，各蒸馏组分随着气体的不同流动形式而具有不同的分离系数（α）。在本工艺（$Mg + MgCl_2$）/Ti 的三元系分离中，由于镁比较容易蒸发，$MgCl_2$ 便成为精制分离的关键组元，故可简化为 $MgCl_2$/Ti 二元系的分离。它们在不同流型时的分离系数分别为：

普通蒸馏
$$\alpha_p = \frac{p_1 r_1}{p_2 r_2} \tag{3-52}$$

理想时
$$\alpha_p = \frac{p_1}{p_2} \tag{3-53}$$

分子蒸馏
$$\alpha_m = \alpha_p M_2^{0.5} M_1^{-0.5} \tag{3-54}$$

过渡蒸馏
$$\alpha_q = \alpha_m Q + \alpha_p (1 - Q) \tag{3-55}$$

式中　p_i——蒸气压；

　　　r_i——活度；

　　　M_i——分子量；

　　　Q——系数。

计算得到的分离系数数值列于表 3-16。

表 3-16　一些物质的分离系数

温度/℃	分离组分	α_p	α_m
900	Mg/Ti	1.1×10^9	1.6×10^9
	$MgCl_2$/Ti	1×10^8	7.2×10^7
1000	Mg/Ti	1.1×10^9	1.6×10^9
	$MgCl_2$/Ti	1.1×10^8	7.9×10^7

从表中所列的分离系数值来看，蒸馏组分的分离系数很大，应该易于分离。但事实上蒸馏净制海绵钛比较困难，因为要将残留在海绵钛内部 1%～2% 的 $MgCl_2$ 全部蒸馏除去，要消耗蒸馏周期 80%～90% 的时间。这是由于在高温蒸馏过程中 Mg 和 $MgCl_2$ 均呈液相残留于钛的毛细孔中。由于毛细管的吸附作用，增大了它们向空间的扩散阻力。这些少量的液相残留物便成为缓慢的放气源。只要系统中存在残留液相，系统达到最高的真空度就是液相现有温度下的蒸气压，使得蒸馏中期真空度无法迅速提高。也可以认为残留在毛细孔中的液相蒸发成气体分子向外迁移时，由于毛细管直径小，气体分子与管壁频频碰撞，降低了气化蒸发速度。为此，从考察残留液相在毛细管内的蒸气压时不难发现，由于毛细管力 p_σ 的束缚，残留钛坨表面层液相的蒸气压低于饱和蒸气压 p_1，增大了内扩散阻力，也降低了蒸馏速率。其中：

$$p_1 = p_0 - 2\frac{\delta \rho_0}{D\rho}\sin\theta \qquad (3-56)$$

式中 δ——表面张力；

$\quad D$——毛细管直径；

$\quad \rho_0$，ρ——分别为 $MgCl_2$ 的气体密度和液体密度；

$\quad \theta$——润湿角。

蒸馏过程按时间顺序分为三个阶段，即初期和中、后期。初期从开始蒸馏到恒温为止，主要脱除各种最易挥发的挥发物，此时蒸馏速度甚快。中、后期即恒温阶段至终点，主要脱除钛坨中毛细孔深处残留约2%的 $MgCl_2$，此时蒸馏速度较慢。

蒸馏初期主要脱除的挥发分有：$MgCl_2$ 吸水后形成 $MgCl_2 \cdot nH_2O$ 中的结晶水，还原产物中 $TiCl_2$ 和 $TiCl_3$ 分解后产生的 $TiCl_4$ 气体，大部分裸露在海绵钛块外表的 Mg 和 $MgCl_2$。

对于还原—蒸馏间歇作业，在还原结束后于炉体拆卸时，还原产物有可能暴露于大气中，引起 $MgCl_2$ 吸水。为了防止 $MgCl_2$ 所吸附水分进入高温阶段使钛增氧，真空蒸馏必须进行低温脱水作业。脱水作业维持 $200 \sim 400\,^\circ\!C$ 达 $2 \sim 4h$。在此期间，$MgCl_2 \cdot nH_2O$ 逐步脱水。但在联合法工艺的情况下，还原产物无暴露大气的机会，无需进行低温脱水。

在真空蒸馏过程中，存在少量的 $TiCl_3$ 和 $TiCl_4$ 则发生分解反应：

$$4TiCl_3 = Ti + 3TiCl_4 \qquad (3-57)$$

$$2TiCl_2 = Ti + TiCl_4 \qquad (3-58)$$

$TiCl_4$ 排出蒸馏设备外，粉末钛生成物一部分沉积在真空管道内，另一部分沉积在海绵钛块和爬壁钛上。粉末钛易燃，对蒸馏和取出操作都不利，因此在还原过程中应尽量减少低价氯化钛的生成。

在真空蒸馏初期，Mg 和 $MgCl_2$ 的挥发，先从海绵钛坨表面裸露的 Mg 和 $MgCl_2$ 开始，然后再到钛坨内部浅表面粗毛细孔内夹杂的 Mg 和 $MgCl_2$。

还原产物海绵钛在真空蒸馏过程中经受长期的高温烧结，逐渐致密化，毛细孔逐渐缩小，树枝状结构消失，最后呈一坨状整块，俗称钛坨。钛坨因自重造成上下方向有收缩力而下陷，使钛坨上部粘壁处断裂落入容器底部。

3.3.2.2 真空蒸馏动力学

在真空蒸馏过程中，不同阶段具有不同的气体流型，也具有不同的动力学特点。以中、后期的气体流动被认为是分子流。此时海绵钛坨内部的 $MgCl_2$ 向外迁移和挥发的过程由下列四个步骤组成：

(1) $MgCl_2$ 通过海绵钛内部从毛细孔向钛坨外表层迁移，并达到钛坨的表面层。

(2) 钛坨表面层的 $MgCl_2$ 脱附并从表面挥发。

(3) $MgCl_2$ 通过气体扩散，排出炉外。

(4) $MgCl_2$ 气体在冷凝区冷凝。一般情况下，第三步骤和第四步骤不会成为控制环节，即 $MgCl_2$ 的表面挥发，成为控制步骤时，有：

$$\frac{dW_A}{dt} = \sqrt{\frac{M_A}{2\pi RT}}\alpha_A \gamma_A p_A x_A \qquad (3-59)$$

如果海绵钛坨表面 $MgCl_2$ 的残压不能忽略时，上式应改写成：

$$\frac{\mathrm{d}W_\mathrm{A}}{\mathrm{d}t} = \sqrt{\frac{M_\mathrm{A}}{2\pi RT}}\alpha_\mathrm{A}\gamma_\mathrm{A}(p_\mathrm{A}-p_1)x_\mathrm{A} \tag{3-60}$$

式中　$\dfrac{\mathrm{d}W_\mathrm{A}}{\mathrm{d}t}$——$MgCl_2$ 的挥发速度;

$\quad\quad\alpha_\mathrm{A}$——$MgCl_2$ 的凝聚系数;

$\quad\quad p_\mathrm{A}$——纯 $MgCl_2$ 的饱和蒸气压;

$\quad\quad p_1$——炉内残压, 即 $MgCl_2$ 表面蒸气压;

$\quad\quad\gamma_\mathrm{A}$——$MgCl_2$ 的活度系数;

$\quad\quad x_\mathrm{A}$——$MgCl_2$ 在海绵钛中含量(摩尔分数);

$\quad\quad M_\mathrm{A}$——$MgCl_2$ 的摩尔量。

海绵钛块中镁等元素的挥发速度也可以利用式(3-59)计算。当反应的控制步骤为 $MgCl_2$ 内扩散(即第一步骤)时, $MgCl_2$ 在海绵钛坨表层出现表面贫化现象, 使式(3-59)产生偏差, 此时该式可写成:

$$\frac{\mathrm{d}W_\mathrm{A}}{\mathrm{d}t} = k_\mathrm{A}c_\mathrm{AS} \tag{3-61}$$

式中　k_A——气相表面挥发系数;

$\quad\quad c_\mathrm{AS}$——海绵钛块表层 $MgCl_2$ 的浓度。

海绵钛块表面液相界面层的 $MgCl_2$ 传质速度由下式表示:

$$\frac{\mathrm{d}W_\mathrm{A}}{\mathrm{d}t} = k_\mathrm{d}(c_\mathrm{A}-c_\mathrm{AS}) \tag{3-62}$$

式中　c_A——海绵钛块内部 $MgCl_2$ 浓度;

$\quad\quad k_\mathrm{d}$——液相边界层传质系数。

达到稳态时, $MgCl_2$ 表面挥发速度和界面层传质速度相等, 将上二式联合消去 c_AS, 再考虑海绵钛块外表面积 A, 得到:

$$\frac{\mathrm{d}W_\mathrm{A}}{\mathrm{d}t} = \frac{k_\mathrm{A}k_\mathrm{d}}{k_\mathrm{A}+k_\mathrm{d}}Ac_\mathrm{A} = KAc_\mathrm{A} \tag{3-63}$$

进一步导出:

$$W_\mathrm{A} = KAc_\mathrm{A}t \tag{3-64}$$

式中　W_A——蒸馏出的 $MgCl_2$ 量;

$\quad\quad t$——蒸馏时间。

由此可见, 真空蒸馏速率无论是表面气相扩散控制或是由海绵钛块内部传质扩散控制, 或者混合控制, 均和 $MgCl_2$ 浓度成正比, 属一级反应。

应该指出的是, 上述动力学方程式与实际仍有偏差, 只能对真空蒸馏过程做定性的描述。

影响真空蒸馏的因素主要有压力、温度、蒸馏物特性及批量。

A　压力

由式(3-60)看出, $\dfrac{\mathrm{d}W_\mathrm{A}}{\mathrm{d}t}\propto(p_\mathrm{A}-p_1)$。在设定的蒸馏温度下, p_A 是定值, 仅 p_1 是变数。当降低蒸馏压力 p_1 时, 可以增大蒸馏速度。不同压力下 $MgCl_2$ 的挥发速度如图 3-23

所示，由图 3 – 23 可见，炉内残压（p_1）越低，$MgCl_2$ 的挥发速度也越大。

研究表明：当蒸馏压力 $p_1 \leqslant 0.07Pa$ 时，蒸馏速率与压力的大小关系不大，再降低蒸馏压力对蒸馏速度的提高影响甚微；当蒸馏压力 $p_1 > 0.07Pa$ 时，蒸馏速率与压力有关，此时，降低压力能提高蒸馏速率。但为了降低生产成本，取得最佳经济效益，选用炉内蒸馏压力最佳值为 $0.07Pa$。

B　温度效应

$MgCl_2$ 的饱和蒸气压公式为：

$$\lg p_A = -\frac{0.01}{T} - 5.03\lg T + 25.53 \quad (3-65)$$

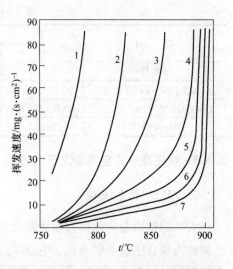

图 3 – 23　不同压力下 $MgCl_2$ 的挥发速度

1—$p = 80Pa$；2—$p = 133Pa$；3—$p = 200Pa$；
4—$p = 266Pa$；5—$p = 333Pa$；6—$p = 399Pa$；
7—$p = 466Pa$

可见，提高蒸馏温度便可迅速提高 $MgCl_2$ 的饱和蒸气压力，必然增大蒸馏速度。因式（3 – 59）中 $\dfrac{dW_A}{dt} \propto p_A$，由图 3 – 23 也可得出，选用高的温度会提高蒸馏速率。但是，为了防止高温下钛和铁罐壁生成钛铁合金，保证蒸馏罐的强度，蒸馏温度以选用 1000℃ 为宜。

C　蒸馏物特性

从式（3 – 63）可知，$\dfrac{dW_A}{dt} = KAc_A$，降低海绵钛坨中的 $MgCl_2$ 含量 c_A 和增大蒸馏物的表面积 A，可以增大蒸馏速率。如果还原制取的海绵钛是致密少孔的，那么钛坨中夹杂的 $MgCl_2$ 量少，c_A 小，通过真空蒸馏容易将 $MgCl_2$ 除尽，反之亦然。如果钛坨外表面积大，对提高蒸馏速率自然也是有利的。

由于蒸馏过程属扩散控制，因而蒸馏物的扩散系数 K 对蒸馏速率影响甚大。若海绵体内的毛细孔细长而弯曲，且闭孔毛细管多，扩散阻力大，K 小，蒸馏速率低；反之亦然。另外，蒸馏速率还与海绵钛的热传导有关。一些材料的热导率列于表 3 – 17。从表 3 – 17 中可看出，在 900℃ 时，$\lambda_{海绵钛} = 0.025\lambda_{铜}$，说明海绵钛的热导率很低。在分子蒸馏时，由于对流传热消失，海绵钛的热导率还要低。由于钛坨和蒸馏罐壁有一层孔隙，还充有氯气保护，而 $\lambda_{氩} = 1.6 \times 10^{-4}\lambda_{铜}$（900℃ 时），说明氩气的热导率更低，蒸馏罐从外部加热要通过这一氩气层（或 $MgCl_2$ 气氛层），热量的传递是十分困难的。承前所述，必须采用高温才能有大的蒸馏速率。在非联合法工艺的情况下，将冷态的钛坨中心升温至恒温温度需要相当时间，增加了无意义的能耗。在联合法工艺的情况下，由于还原后立即进行真空蒸馏，蒸馏物仍处在高温状态，避开了蒸馏物导热率低的影响。这也是联合法工艺节能的根本原因。因此，采用联合法工艺可以提高蒸馏速率，减少能耗，缩短生产周期。

D　蒸馏物批量

蒸馏速率还与蒸馏物批量有关。随着批量的增加，只要排气速率足够大，蒸馏时间并不成比例增加，而是稍加延长，即能获得相同的产品质量。故设备大型化对提高蒸馏生产率十分明显，也利于节能。

表 3 - 17　一些材料的热导率

项　　目	材　料　名　称					
	钛	氢	海绵钛	工业钛	铜	镁
λ 编号	λ_1	λ_2	λ_3	λ_4	λ_5	λ_6
$\lambda(20℃)/W \cdot (m^2 \cdot K)^{-1}$	78.4	0.017	5.3	16.3	397	165
$\lambda(900℃)/W \cdot (m^2 \cdot K)^{-1}$	40.0 (800℃)	0.050	8.0	24.5	320	98 (800℃)
λ_i/λ_5 (900℃)	0.125	1.6×10^{-4}	0.025	0.077	1	0.31

3.3.3　镁还原—真空蒸馏工艺及设备

3.3.3.1　工艺流程

大型的钛冶金企业都为镁钛联合企业，多数厂家采用还原—蒸馏一体化工艺。这种工艺被称为联合法或半联合法，它实现了原料 Mg-Cl$_2$-MgCl$_2$ 的闭路循环。它们的原则流程大体相同（见图 3 - 24），但所用设备存有差异。

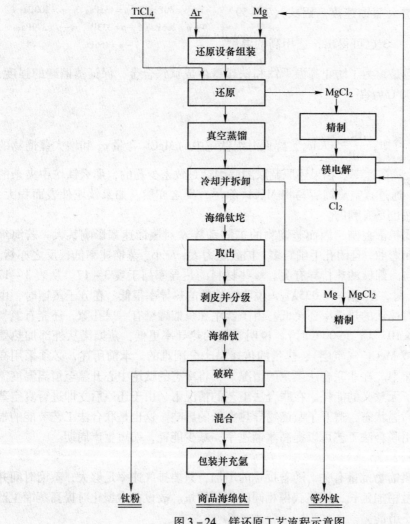

图 3 - 24　镁还原工艺流程示意图

在镁法生产海绵钛过程中，按理论计算每吨钛耗镁量为1.015t。由于还原剂必须过量，镁利用率按67%计，大约应多加镁0.5t。事实上，包括机械损失在内，每吨钛的实际耗镁量大约为1.6t左右。其多加的0.5t镁，蒸馏时呈冷凝物分离出来。

大部分还原副产品$MgCl_2$，在还原过程中排放出来。它是电解法炼镁的优质原料，可直接用真空抬包将其送往电解车间电解。同时又将经过精制的液镁用真空抬包从电解车间直接输入还原罐，供还原使用。镁电解车间产出的氯气直接输往氯化车间供氯化使用。

3.3.3.2 还原—蒸馏设备

还原—蒸馏一体化设备，分为倒"U"型和"I"型两种，如图3-25所示为倒"U"型设备示意图。它是将还原罐（蒸馏罐）和冷凝罐之间用带阀门的管道连接而成，设有专门的加热装置。整个系统设备在还原前一次组装好。

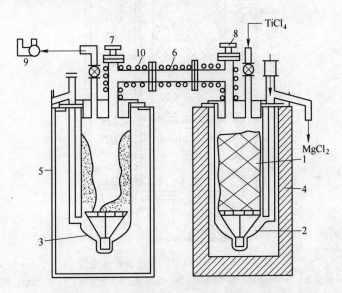

图3-25 倒"U"型联合法装置示意图

1—还原产物；2—还原—蒸馏罐；3—冷凝器；4—加热炉；5—冷却器；
6—连接管；7，8—阀门；9—真空机组；10—通道管加热器

"I"型一体化工艺的系统设备在还原前一次性组装好的，被称为联合法设备；先组装好还原设备，待还原完毕，趁热再将冷凝罐组装好进行蒸馏作业的系统设备则称为半联合设备。如图3-26所示，为苏式半联合设备，其冷凝罐倒置在还原罐上，中间用带镁塞的"过渡段"连接。

以上两种形式系统设备各有优缺点，"I"型半联合法有利于旧设备（即非联合法设备）的改造；而倒"U"型联合法则有利于设备实现大型化。

还原—蒸馏一体化工艺属循环作业，还原罐与蒸馏罐尺寸相同，可以互换交替使用。联合设备构造的诀窍在管道连接处或"过渡段"上，对此各厂家有所不同，但其余部分均大体相同，主要包括还原反应器、电加热炉、$TiCl_4$高位槽、液体镁加料抬包和自动控制机构等。

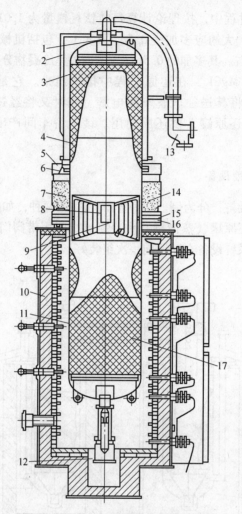

图 3 - 26　"I"型半联合法装置示意图

1—真空系统接头；2—喷淋器；3—冷凝器；4—冷凝物；5—集水器；6—密封圈；7—保温层；8—连接管；9—镁塞；
10—电炉；11—还原—蒸馏罐；12—焊底套筒；13—真空套管；14—隔热屏；15, 16—罐法兰；17—反应物

A　还原反应器（还原罐）

竖式电阻炉采用竖式圆筒形反应器，还原罐由罐体和罐盖两部分组成。罐体为底部半弧形的圆筒形坩埚。罐体和罐盖间用真空橡皮圈密封，为防止橡胶圈烧坏，需采用冷却水套保护。

罐盖上除有排放 $MgCl_2$ 管、$TiCl_4$ 和镁加料管、排气管和充氩管外，罐盖上还有用于保温的隔热板（称保温套）。为了防止罐壁局部超温和钛坨形状不正，$TiCl_4$ 加料管必须安装在罐盖中心。$TiCl_4$ 加料管不宜太细和管端不宜太深入热区，以免堵塞。为了使料液分布均匀，$TiCl_4$ 加料管下面可设分布板。如果采用内测温，罐内还设有测温管，但操作麻烦；如果采用外测温，操作方便，定型设备比较常用。

为了防止排放 $MgCl_2$ 管道堵塞，在 $MgCl_2$ 管道口处一般须配用马蹄罩或各种形状的假底。它们都是一些过滤器，其上面有许多小孔，排放 $MgCl_2$ 时，液体 $MgCl_2$ 可以通过，而固体钛粒被截留下来。

罐壁常用 20 ~ 60mm 的钢板焊成，内坩埚则用 15 ~ 20mm 的钢板来做。可根据实际情

况选用普通钢、耐热钢或不锈钢材。为了提高设备的抗氧化性能，可采取外壁渗铝等防护措施，以延长反应器的使用寿命。

反应器罐体外形一般以高度与直径比来表示，大型反应器罐的比值约为 1.5~2。例如某厂 2t 级反应器罐外形为 1400mm×2700mm（$\phi \times h$）。

B 还原加热炉

还原加热炉按加热源分为气体或液体燃料加热炉和电加热炉两种。气体燃料加热炉可参考钠还原加热炉。电加热炉由炉壳、炉衬和电热体三部分组成，中间为放置还原反应器的炉膛。炉壳一般采用钢结构，作为加固炉衬用。炉衬由耐火砖和保温材料两层组成，按炉膛最高温度约 1000℃，炉壳表温要求达到 40~60℃，须采用耐火砖厚 115mm，保温材料厚 250mm。电热体为镍铬电阻丝，安装在炉膛内托盘砖上，一般由 3~4 组炉丝组成，以便还原时按不同部位需要送电加热。炉产 2t 海绵钛的电加热功率约为 200kW。

还原加料时，为了及时排除余热以提高加料速度，炉休上部可以安装排风装置。为了适用于蒸馏，炉壳必须密封，并能使炉膛达到低真空状态，降低蒸馏罐的外压力，防止其热变形。

C 自动控制机构

包括 $TiCl_4$ 加料控制、温度控制、压力控制、排放 $MgCl_2$ 控制等机构，比较理想的是用计算机程控，简易的也可以使用定量泵等机构控制。

D 还原设备放大

镁还原设备放大必须兼顾还原、蒸馏和产品取出三方面。因为蒸馏物热传导限制了传统工艺设备的大型化，当改用联合法设备后，它放大的关键转化为设备的强度。因此，用简单的几何相似结合实际经验数据即可达到目的。此时，要求反应器强度足以能维持耐长时间高温（1000℃）。经实践表明，设备的放大较易实现。

目前联合法设备的形式大多采用直立式电炉。它的罐体内装有物料，加上自重，如中型反应器（5t/炉）相当笨重，单靠法兰悬挂支撑其整体重量，罐体上部反应区处成为最薄弱处，受到的拉伸应力最大，平均温度也最高。同时罐体不可避免地要产生热变形和不断伸长。由于应力比较集中，在设计罐体时要求有大的安全系数。

超过 5t/炉的大型还原设备一般不宜采用直式电炉，可采用类似美国奥勒冈冶金公司使用的卧式反应器。该反应器的炉壳为隧道窑式结构，新式反应器构造可用 H 型，即一只使用的还原—蒸馏罐和另一只准备使用的冷凝罐，中间用通道连接。反应罐置于底盘支架上，靠轨道移动。由于底盘支撑面大，应力不集中，设备的结构比较合理，强度大，设计的安全系数可以小些。

因卧式反应器长，为了提高还原时温度的均匀性和沉积海绵钛结构的均匀性，常采用多点加料（$TiCl_4$）。

卧式反应器的供热，最好使用气体或液体燃料。

联合法设备因炉膛加热区恒温时间长，宜采用多点外测温的方法进行温度控制，这种温度控制的方法尤其适用于大型炉体。由于取消了内测温，简化了反应器的结构，操作更为方便。

3.3.3.3 真空设备

克劳尔法制钛是一个高耗能的真空冶金过程，因而需要选用适宜的真空设备和其他构件组成的真空系统。

还原—蒸馏工艺，应按工艺要求选用适宜的真空设备。

（1）还原反应器和蒸馏设备预抽，极限真空度需达 1Pa，可采用精度较高的机械泵。

（2）在还原和蒸馏初期的低温脱水操作中，为了避免 HCl 气体对泵体的腐蚀，应配置低真空泵，以供低温脱水单独使用，其极限真空度需达 60Pa，可采用水环泵。

（3）真空蒸馏时，炉壳真空度仅要求低于 10^4Pa，可采用一般低真空度的机械泵。

（4）真空蒸馏时，蒸馏设备的极限真空度需低于 0.07Pa，可供选用的真空设备组合方案有两种：机械泵＋油增压泵；机械泵＋增压油泵＋扩散泵。同时管路中应设置过滤器来捕集抽空带出来的固体粒子，以减少泵体的磨损和对泵油的污染，延长设备的使用寿命。

实践表明，该真空系统主泵宜选用油增压泵，而不宜使用机械增压泵。

3.3.3.4　成品处理设备

由于海绵钛块的韧性很好，破碎很困难，很难用几种简单的机械组合完成产品处理。图 3 - 27 介绍了一种成品处理工艺流程，图 3 - 28 为某厂成品处理设备流程示意图。

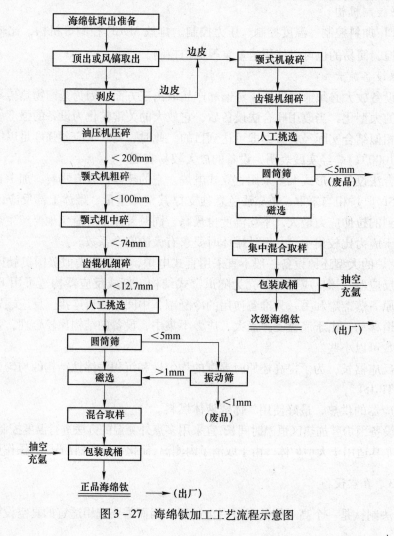

图 3 - 27　海绵钛加工工艺流程示意图

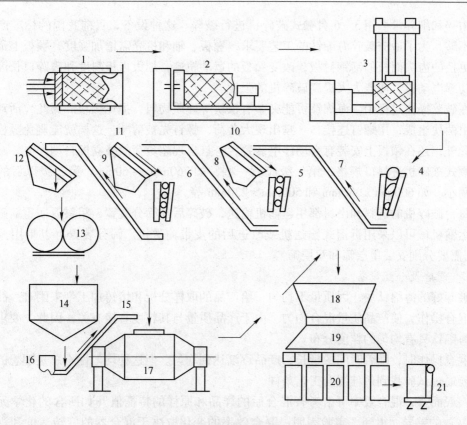

图 3 − 28　成品处理设备流程示意图

1—顶出机；2—削皮机；3—钛坨切割机；4 ~ 6—颚式破碎机；7 ~ 9，15—皮带运输机；10 ~ 12—振动筛；
13—对辊式破碎机；14—料仓；16—磁选机；17—混料机；18—取样机；19—分配器；
20—料桶；21—称量计

A　取出机械

钛坨的取出机械大多为专用机械，由通用机械改造而成。通常可采用专用车床或冲压机取出。如在带筛板反应器内的钛坨，可选用 150t 级卧式油压机顶出。

铲除钛坨外层的黏壁钛的削片机是专用车床，可将普通车床改造而成。

B　破碎机械

海绵钛是一种硬而带韧的金属块，因此破碎比较困难。破碎机械常常由数台机械组合成连续操作。

粗碎常用专用立式油压机切割，油压机由主缸、副缸和顶出缸三部分组成。主缸装有刀具，作切割用；副缸按住钛坨；顶出缸向工作台方向水平推动钛坨。采用程序控制协调动作，将钛坨切割成块状。

油压机的压力为 500t，实际使用为 200t。用工具钢刀具，呈双十字形，主刀背面为平面，正面为斜面，角度约 16° ~ 20°。两具副刀与主刀形成双十字形，它具有将海绵钛块切下后立即再切成三块和加固主刀的功能。如果采用不带副刀的主刀切割，需要重复切割几次。

中碎和细碎常采用 3~6 台颚式破碎机进行破碎。这种设备，目前我国的标准产品强度都不够，为了适应破碎海绵钛的工艺要求，颚板、轴和机壳需增加强度，颚板上最好采用可更换的齿尖而长的锰钢衬板，改变颚板的运动轨迹，加大齿板斜度和破碎口长度，配用大功率电动机，便能大大提高破碎机的强度。

在破碎操作过程中，海绵钛可能夹杂有铁块等硬质物料，损坏颚板。为此，活动颚板一般由两块组成，用螺钉连接，一旦出现大负荷，螺钉先被剪断，这样就能避免颚板的损坏。此外，还在领板上安装有自动停电装置，一旦出现超负荷故障立即自动停电。

颚式破碎机进料口规格，第一级应大一些，如 760mm × 460mm，第二级以后的规格可以稍小，如 600mm × 300mm 和 500mm × 230mm 等。

每台破碎机的进料和出料都用运输机输送，破碎后加筛分装置，粗料返回重新破碎。

运输机械可以采用折褶式输送机或改进后的皮带输送机。筛分装置可以采用振动筛（依据需要分别安装单层筛和双层筛）。

　　C　混合及分配设备

破碎好的海绵钛块，因质量不均匀，给产品的取样分析和熔铸加工带来困难。故必须进行混合操作，使产品质量混合均匀。由于产品质量与其粒度直接有关，因此，要求混合后的海绵钛具有均匀的粒度分布。

混合操作时，随着时间的延长，产品逐渐达到均匀。但这种均匀性不总是理想的，往往需要通过试验找到最佳混合工艺条件。

一般而言，混合效率可由考查混合后的样品和原样的特征值（如所含的化学元素和粒度等）的差异而得到。实验表明，混合效率的变化取决于混合器的旋转速度和进料比（进料体积所占混合器总容积的百分比）。为了获得理想均匀性产品混合效率的最佳条件，可从试验性混合器得到的实验性数据，应用修正的弗劳德数（Fr）进行相似计算，便可得出外形和实验性混合器相似的工业混合器的最佳条件。

除此之外，还有其他类型的混合器，如圆锥式混合器。对于这些混合设备也必须找出其实验性混合器的实验数据，然后再进行相似计算，得到最佳条件值。

分配器是将混合均匀的海绵钛均匀装桶的设备。常用的是旋转式分配器，在其下面有十只固定的加料管，加料管下放置十只包装桶。分配器旋转过程中，将海绵钛均匀地加入包装桶中。

【实践技能】

训练目标：

（1）能完成新反应器的升温渗钛操作；

（2）能完成反应器的入炉操作；

（3）能连接各种管路；

（4）能完成加料、停料操作；

（5）能监测和记录还原、蒸馏工艺参数；

（6）能完成氯化镁的排放；

（7）能进行还原转蒸馏操作；

（8）能完成反应器出炉、冷却操作。

技能训练实际案例3.10 设备和原料的准备

设备和原料准备主要有四方面。

（1）还原反应器必须预先清理干净，内壁残留有 $MgCl_2$ 或铁锈时须经酸洗、水洗并干燥后才能使用。特别是新还原反应器或新内坩埚，为了减少铁壁污染产品，除将其清理干净外，内壁还应经渗钛处理。操作过程为：用钛粉和水调和，涂于罐体内壁，吹干后抽空充氩，升温至900℃恒温6h。

（2）若采用固体镁锭，如外表有氧化层或防氧化涂层，必须加以去除。除去方法可用稀盐酸洗涤，水洗再经干燥。

（3）蒸馏设备达到的预抽真空度要求较高，真空度应达到5Pa、每10min的失真空度小于3Pa为合格标准。还原设备预抽真空度要求达40~65Pa，每10min的失真空度要求小于3Pa。

（4）还原反应器或蒸馏釜在接近使用寿命期限时，为了安全生产，使用前需打压检漏，检查合格后方能使用。

技能训练实际案例3.11 工艺条件的确定

3.11.1 反应温度

反应温度一般控制在750~1000℃，控制的较宜温度为850~940℃；熔体温度控制在800~840℃，但为了缩短生产周期，减少气相反应，初始加料可以在熔体温度稍低时，如720~750℃进行。

3.11.2 $TiCl_4$ 的加料制度

$TiCl_4$ 的加料制度，实践上因不同的炉型和大小，随着其他工艺条件的建立，可以制定出各种工艺加料制度。现将加料制度举例于表3-18。

表3-18 $TiCl_4$ 加料制度举例

加 料 制 度	举 例 序 号					
	1			2		
镁利用系数/%	0~5	5~55	55~58	0~15	15~55	55~67
$TiCl_4$ 加料速度/kg·(m²·h)⁻¹	147	163	130	116~133	141~232	141~65

加 料 制 度	举 例 序 号				
	3				
镁利用系数/%	0~6	9~32	32~57	57~60	60~62
$TiCl_4$ 加料速度/kg·(m²·h)⁻¹	130	200~260	240~260	180~200	120~160

3.11.3 $MgCl_2$ 的排放制度

排放 $MgCl_2$ 的制度原则上有两种方案。一种是定期将 $MgCl_2$ 累积量全部排出。此种方案的熔体的液面下降的幅度大，钛坨黏壁部分增长，取出较困难。但排放次数减少，操作较简单，反应空间的容积增大，反应压力平稳。另一种是逐次排放 $MgCl_2$，维持熔体表面为一定高度。此种方案在反应器内总剩余一部分 $MgCl_2$ 液。其中又可分为保持较高液面或较低液面两种操作方法。保持较高液面的操作制度，可减少对产品的污染，但增加了 $MgCl_2$ 的排放次数。

上述排放制度原则确定后，按反应器的尺寸，可以计算出 $MgCl_2$ 的排放次数和排放量。$MgCl_2$ 的排放操作举例于表 3 - 19。

表 3 - 19　$MgCl_2$ 的排放制度（炉产 2t 海绵钛）举例

排放次序	1	2	3	4	5	6	7	8	9	总计
TiC_4 加料量/kg	800	800	800	1000	1000	1000	1000	1000	1000	8400
$MgCl_2$ 放出量/kg	500	800	700	900	900	800	900	800	放完	7960
剩余 $MgCl_2$ 量/kg	303	306	409	513	617	820	924	1128	—	
排放后液面高①/mm	1519	1458	1493	1458	1424	1432	1398	1705		

① 反应器为 $\phi 1400mm \times 2700mm$，液镁初始液面高 1458mm。

3.11.4　反应压力

为了保证还原反应器或蒸馏釜的安全，反应压力不宜太高，一般控制在 $(2 \sim 5) \times 10^4 Pa$ 范围。

技能训练实际案例 3.12　真空蒸馏工艺条件的选择

3.12.1　蒸馏温度

蒸馏初期（即由还原过渡进入蒸馏的过渡期）温度 880 ~ 980℃，时间 6 ~ 8h，恒温温度控制在 950 ~ 1000℃。

3.12.2　冷却水温度

冷却水量要适宜，不能太小，以保证良好的冷凝效率。控制冷却水温度为 35 ~ 50℃。

3.12.3　真空蒸馏终点的确定

蒸馏设备内的高真空度趋于稳定并持续一定时间是真空蒸馏终点到达的主要标志，此时挥发物残留量已甚少。

准确地确定蒸馏时间是极重要的。蒸馏初期蒸发速度较大，随蒸馏时间的延长，蒸发速度大大下降，同时产品中 Cl^- 含量越来越低；继续增加蒸馏时间，蒸发速度变得比较小了，产品中 Cl^- 含量已趋向一常数，降低杂质效果已不明显。即便采用更高的蒸馏温度和大型设备，也有类似的特征。已蒸馏好的海绵钛，在 960℃ 下再蒸馏 40h，产品中 Cl^- 含量（%）见表 3 - 20。

表 3 - 20　不同物料蒸馏前后氯含量变化情况　　　　　　　　　（%）

序　号	蒸馏前	蒸馏后
1	0.14	0.13
2	0.12	0.11
3	0.11	0.09

上述数据说明，再延长蒸馏时间除氯化物杂质的效果甚微。蒸馏时间过长反而会引起产品中氧和铁含量的增加，产品的布氏硬度增高，既影响产品质量，又增加了不必要的电

耗；故合理而准确地确定蒸馏时间、判断蒸馏终点是一项极其重要的工艺操作条件。

真空蒸馏终点的确定方法有多种，每种方法都有它的局限性和缺点。经过实践比较，我国常选用三种方法。

(1) 根据失真空度。当真空蒸馏设备达到较高的真空度时，切断真空系统，若挥发分镁和 $MgCl_2$ 很少，泄漏的气体已基本上被高温的钛所吸收，系统内的真空度基本维持不变，即达到终点。定期检查两次合格就可停止蒸馏。但该法会拖延蒸馏周期，这因为失真空度还与设备的大小和密封性能有关，也与切断真空系统的阀门的密封性能有关，有时在某种情况下达到这种条件的时间不会到来。该法应用很少。

另外，蒸馏后期真空度大于 10Pa 时，每隔一小时切断真空系统，连续三次测量其失真空度每 15min 均小于 0.4Pa 时，即达到蒸馏终点。若一直达不到上述失真空度，蒸馏恒温时间达 45h 也可停止蒸馏。该法已获应用。

(2) 根据统计规律。找出大量炉次的蒸馏恒温周期平均值，即通过统计规律，找出产品达到含 Cl^- 0.08% ~ 0.10% 的平均恒温时间。该法判断简单，对于多数炉次是适用的，但少数炉次会出现异常现象。此法适用于生产稳定和还原—蒸馏过程达到标准化的场合。如日本两个镁法生产厂，炉产海绵钛均为 1.6t，用该法确定蒸馏恒温周期分别为 28h 或 26h，此时最终真空度达到低于 0.07Pa。

(3) 综合法。首先通过统计规律确定产品质量合格的所需的恒温时间上限值和下限值，即确定蒸馏恒温时间区域。同时，又参考达到稳定高真空度的持续时间再决定蒸馏周期。有的还同时测定蒸馏设备的失真空度，当达到合格标准即可停止蒸馏，但蒸馏周期最长不得超过下限值。该法获广泛应用。

3.12.4 产品处理

(1) 产品必须分级处理。按产品的质量大致分为 3~4 种成品，海绵钛坨中间块体质量好，破碎后包装为商品海绵钛；剥离下的边部钛、底部钛和爬壁钛质量差，单独破碎包装为等外海绵钛。上述成品中的细粒钛质量最差，用粉末成形的方法压制成废钛块，也可直接按等外钛粉出售。

(2) 产品粒度。为了适应挤压成锭的要求，产品粒度控制在 0.5~30mm 或 0.5~12.7mm。

(3) 充氩封存。因海绵钛中残留有少量的 $MgCl_2$，和大气接触时 $MgCl_2$ 发生吸水反应，影响产品质量。所以，贮存的镁法海绵钛必须充氩保存。

(4) 废钛的合理使用。钛冶金过程中产生的等外钛和废钛必须进行综合利用，以降低产品的成本。等外海绵钛可作炼制不锈钢的添加剂，也可作炼制含钛钢和普通钢的添加剂和吸气剂。

3.12.5 异常现象和处理

在还原—蒸馏过程中所出现的异常现象和处理方法见表 3-21。

表 3-21 异常现象和处理方法

工序	异常现象名称	现 象	原 因	处理方法
还原	加料管堵塞	加不进料，罐内出现负压	反应器空间温度高，加料管长	拆下加料管，打通或换管道；加料管改短

工序	异常现象名称	现　象	原　因	处理方法
还原	淋管堵塞	充不进氩，加不进料	空间温度高，加料管短	拆加料管并打通
	排放 $MgCl_2$ 管堵塞	氩气压力大、排除的 $MgCl_2$ 量过小；放不出 $MgCl_2$	马蹄罩或假底处被堵，压差没有控制好，堵住管道	拆换排放 $MgCl_2$ 管道
真空蒸馏	烧坏胶垫	无冷却水	冷却水套管堵塞	及时处理，若长时间无水应停炉
	隔热板堵死	真空度高，但长时间真空度不升	冷却水量少	降炉温，若过一段时间无效出炉重新安装
	罐壁烧漏	真空度骤降	罐壁温度局部过高	停电冷却并停止充氩，吊出炉膛处理
	海绵钛着火	燃烧	拆卸时，物料中的钛粉和镁粉燃烧	盖灭火罩

技能训练实际案例 3.13　产品质量分析

海绵钛质量是不均匀的。研究杂质对海绵钛的质量影响和杂质的分布规律，对产品取样和分级包装都有实际意义，并可从中找出提高产品质量的途径。现将海绵钛中几种主要杂质的影响因素分述如下。

3.13.1　铁含量超标的原因分析

钛坨中心部位含铁量最低，其次是上部，边部和底部黏壁部位最高，越接近铁壁也越高。影响因素主要有五个方面。

（1）铁壁的污染。在还原—蒸馏过程中，处于高温下的 $TiCl_4$ 腐蚀铁壁，发生下列反应：

$$3TiCl_4 + Fe =\!=\!= FeCl_3 + 3TiCl_3 \tag{3-66}$$

$$3TiCl_4 + 2Fe =\!=\!= 2FeCl_3 + 3TiCl_2 \tag{3-67}$$

$$2FeCl_3 + 3Mg =\!=\!= 2Fe + 3MgCl_2 \tag{3-68}$$

最终生成物铁转移入产品内。

在还原—蒸馏过程中，当反应器壁超温或局部超温时（达到钛铁合金共熔点 $1085℃$），黏壁部位易生成 $Ti - Fe$ 合金。

还原—蒸馏周期太长，铁壁的铁向钛坨的渗透能力增强。如在器壁 $950℃$ 时，铁向钛中的渗透能力已很强。特别是使用新还原反应器，铁含量会更高，故器壁必须经渗钛处理。

（2）$MgCl_2$ 吸附水的影响。在还原—蒸馏过程中，如果 $MgCl_2$ 暴露于大气，所吸附的水未被脱除，在高温下水便可能和 $TiCl_4$ 或 $MgCl_2$ 等反应生成 HCl。生成的 HCl 和铁壁反应生成 $FeCl_3$（或 $FeCl_2$），当 $FeCl_3$ 进入反应区，会发生下列还原反应：

$$2FeCl_3 + 3Mg =\!=\!= 2Fe + 3MgCl_2 \tag{3-69}$$

铁呈杂质进入了产品。

（3）铁锈的影响。当还原反应器粘有铁锈时，这些氧化铁易和 $TiCl_4$ 反应，生成氯化铁。

$$Fe_2O_3 + 3TiCl_4 == 2FeCl_3 + 3TiOCl_2 \qquad (3-70)$$

生成的 $FeCl_3$ 进入反应区后，又易发生上述的还原反应，生成的铁呈杂质进入了产品。

（4）镁中含铁的转移。盛液镁的容器都是一些钢质材料，在高温下由于液镁对铁壁的溶解故镁中一般都含有一定量的铁。在镁还原过程中，这些杂质铁便转移至钛。由于镁中的含铁量是均匀的，故这部分铁在钛中分布也是均匀的。

（5）机械夹杂物。在产品的破碎、混合等作业中，少量的铁屑呈机械夹杂物进入海绵钛，但这部分铁大多可用磁选分离除去。因此，商品海绵钛在包装前须经磁选处理。

3.13.2 氮含量超标的原因分析

钛坨中与大气接触部位，即上表皮和黏壁钛中含氮量较高，其余部分大致相近。氮主要来自以下三方面：

（1）还原—蒸馏设备组装预抽后，设备内残留的空气被钛吸收。

（2）氩气中残留的氮全部被吸入钛中。

（3）还原—蒸馏作业泄漏的气体，以及排放 $MgCl_2$ 作业等反应器出现负压时漏入的气体，都会使钛的氮含量增高。漏气后，海绵钛表面生成黄色 TiN，较易识别。

3.13.3 氧含量超标的原因分析

钛坨中间部位氧含量低，底部较高，上表皮和黏壁钛也较高。若渗漏气体时，上表皮和黏壁钛含氧量更高。

表 3-22 列出了海绵钛生产过程中杂质氧来源的进出平衡关系。研究表明，某些杂质的来源尚不能确定，而非控制源使产品硬度增加达 7~15HB 个单位，其中某些杂质会被 $MgCl_2$ 一道排出。

表 3-22 镁法工艺海绵钛中氧杂质平衡表

编号	杂质来源	氧含量（质量分数）/%	产 品	氧含量（质量分数）/%
1	四氯化钛	0.0008	海绵钛	0.0566
2	镁	0.0219	氯化镁	0.0104
3	镁循环冷凝物	0.0047		
4	$MgCl_2$ 循环冷凝物	0.0044		
5	氩气	0.0001		
6	空气水分	0.0078		
7	设备渗漏	0.026		
8	破碎氯化	0.006		
9	非控制来源	0.0187		
10	合　计	0.067	合　计	0.067

应该指出的是，增氧量与还原—蒸馏设备组装时反应产物暴露大气的时间长短密切相关。反应产物暴露的时间越长，当时的空气绝对湿度越大及海绵钛越疏松，$MgCl_2$ 吸水量就越大。如果不能有效脱除这些水分；水分中的氧会最终进入到海绵钛产品中，还可能使

还原剂镁的氧化程度增加。因此，在采用联合法工艺时，由于反应产物没有暴露大气的机会，能大大地减少杂质氧对产品的污染。

3.13.4　Cl⁻含量超标的原因分析

钛坨中 Cl⁻ 含量上表部（头部）最高，中间部位次之，边部和下部最低。海绵钛中含 Cl⁻ 量与细孔毛细管多少有关，也就是说 Cl⁻ 含量的分布规律与产品的结构是紧密联系的。影响因素主要有四方面。

（1）$TiCl_4$ 的加料速度。加料速度增大，反应速度相应增加，活性质点增多，晶粒生长无规律；反应温度也随之增高，易引起海绵钛烧结，使产品密度增大，其包裹的 $MgCl_2$ 在蒸馏中不易蒸出。故产品中的含 Cl⁻ 量随加料速度的增大而增多。表 3-23 列举出 $TiCl_4$ 加料速度与产品含 Cl⁻ 量的有关数据。因此，$TiCl_4$ 的加料速度应控制适宜。

表 3-23　$TiCl_4$ 的加料速度与产品含 Cl⁻ 量的关系

$TiCl_4$ 的加料速度/kg·(m²·h)⁻¹	海绵钛的含 Cl⁻ 量/%		
	底 部	上 部	平 均
150	0.05	0.07	0.06
230	0.07	0.1	0.08
320	0.09	0.1	0.09

注：镁利用率最终为 57%。

加料速度不匀，对产品质量也有影响。瞬时加料速度过大与增大加料速度产生同样不良的效果；同时对钛坨的形状也有影响。因此，应匀速加料。

（2）不同反应时期的产品结构。反应前期和中期，镁量充足，制取的海绵钛细孔隙较少，含 Cl⁻ 也低。反应后期，镁量相对不足，反应速度降低，同时产品中有低价氯化钛，进行二次反应生成细钛粒，填充了海绵钛，使产品致密，蒸馏除 $MgCl_2$ 更困难，故钛坨上表部（头部）含 Cl⁻ 量往往最高。如镁的利用率达 75% 以上时，反应生成的细孔隙增加 1.5 倍，其含 Cl⁻ 量也相应增加 1.5 倍。为了避免钛坨出现头部，可在加料管下加分布板，使横向产品 Cl⁻ 含量相近。

（3）蒸馏升温太快。蒸馏升温太快，会使海绵钛过早烧结，闭合了部分毛细孔，造成蒸馏除 $MgCl_2$ 困难，产品 Cl⁻ 量增高。

（4）高沸点杂质。还原产物中还含有少量的 KCl、NaCl、$CaCl_2$ 等高沸点杂质，它们的沸点比 $MgCl_2$ 高，真空蒸馏不易除去，致使产品的 Cl⁻ 含量增加。

3.13.5　其他杂质

这些杂质含量一般都不高，它们分布规律也不明显。硅和碳可能是从原料 $TiCl_4$ 和镁中带入的，也可能来自黏附的脏污物。锰、铬、镍一般来自不锈钢反应器，它们大都富集在钛坨底部和边部黏壁处。如果采用普通钢质反应器，这些杂质含量会更低。

3.13.6　产品硬度

产品硬度既是杂质含量的综合指标，也是质量的综合指标。产品硬度与其所含的杂质均有关（除 Cl⁻ 外），特别与气体杂质关系密切。海绵钛产品的布氏硬度（HB）受氮、氧、铁的影响最大，而且具有加和性。故凡是氮、氧、铁高集的部位，产品的布氏硬度也高。因此，钛坨的中心部位硬度最低，质量最好；边部和底部黏壁钛硬度最高，质量最差；上表部硬度稍高。

为了降低产品硬度，必须防止杂质，特别是氮、氧、铁的污染。在一般情况下黏壁钛被铁、氧、氮等污染是不可避免的，但操作中要力争钛坨中心部位海绵钛少被污染，以保证产品质量。

从对海绵钛硬度的影响因素分析来看，以原料对硬度的影响最大（见表 3 - 24）。

表 3 - 24　各种因素对海绵钛硬度的影响

编　号	影　响　因　素	HB 增加单位
1	原料（$TiCl_4$、Mg 和 Ar）	15 ~ 40
2	处理水平（还原、蒸馏和设备准备）	5 ~ 14
3	钛块破碎时的大气环境	1 ~ 3
4	非控制源	7 ~ 15
5	合计	28 ~ 72

根据大量数据统计，抚顺铝厂生产的海绵钛的硬度与对主要影响其布氏硬度的 3 个元素 Fe、O、N 的含量有如下关系：

$$HB = 79.20 + 194.83w(N) + 356.82w(O) + 117.30w(Fe) \qquad (3 - 71)$$

产品质量还与炉产量有关，随着炉批量的增大，硬度降低，此时氧有降低的趋势，而氯和铁稍有增加，其他元素基本不变，等外钛所占比例下降。

产品质量还与工人的操作水平和企业的管理水平有关。一般情况下，工厂生产历史越长，产品质量越好。

海绵钛硬度还与其结构有关。随着海绵钛总孔隙率增加，海绵钛硬度也增加。

此外，随着海绵钛的孔隙率增加，比表面积增大，海绵钛的密度越小，其含氧和氮总量随之增加。这是因为在还原过程排放 $MgCl_2$ 作业时，钛块起着过滤作用。越是疏松的钛块，其中残留的 $MgCl_2$ 含量也越多。另外，越疏松的钛块在作业过程中或暴露大气时，吸附的气体也越多。总之，海绵钛越致密其质量也越好。

综上所述，影响镁法海绵钛质量的主要杂质是 Cl^- 和氧、铁。从杂质分布范围来看，Cl^- 分布广，氧、铁较集中，造成产品处理难易程度不同。在蒸馏过程中，必须首先设法除净 $MgCl_2$，以降低 Cl^- 含量，然后又要准确适时地确定蒸馏终点，防止氧和铁含量的增高。

根据实践经验，提高海绵钛质量的途径主要有：尽量采用先进工艺（如联合法）；使用大型化设备；提高原料（$TiCl_4$、Mg、Ar）的纯度；提高企业的管理水平和工人的技术操作水平；尽可能使用自动控制，使工艺条件处于最佳状态。

3.13.7　海绵钛产品的质量标准

表 3 - 25 列出了美国和前苏联海绵钛的质量标准供参考。

教学活动建议

此部分为实践技能训练案案例，其中技能训练案例 3.10 ~ 3.12 建议采用现场教学或者在实习实训过程中由企业兼职教师和校内专任教师共同指导完成，切实提高学生的实践能力。训练实际案例 3.13 建议学生分组在课内完成小型项目的分析，以便提高学生分析问题、解决问题的能力。

表 3 – 25　美国和前苏联的海绵钛的质量标准

标准号	牌号	生产方法	化学成分（质量分数）/%												布氏硬度	粒度/mm
			Ti	Fe	Si	Cl	C	N	O	Mg	Mn	H	Ni	Na	其他总计		
美国标准（ASTM 299—82）	MD – 120	MD	99.3	0.12	0.04	0.1	0.02	0.015	0.1	0.08		0.01			0.05	120	≤12.7
	ML – 120	ML	99.3	0.15	0.04	0.2	0.025	0.015	0.1	0.5		0.03			0.05	120	
	SL – 120	SL	99.3	0.05	0.04	0.2	0.02	0.015	0.1			0.05		最大	0.05	120	
	GP – 1	SL ML ND	—	0.25	0.04	0.2	0.025	0.02	0.15	最大		0.03			0.05		
美国国家储备和采购标准（P-97-R）	1	MD	99.5	0.08	0.04	0.1	0.02		0.01	0.08		0.005	0.02			100	
	2	ML	99.1	0.1	0.04	0.2	0.025	0.015	0.1	0.5		0.03	0.02			100	
	3	SL	99.3	0.04	0.04	0.2		0.015	0.1			0.05	0.02	0.19		120	
	4	电解法	99.6	0.04	0.04	0.1	0.02	0.008	0.07	0.08		0.02	0.02	0.01		120	
前苏联标准(РОСТ 17746 – 79)	ТГ – 90		余量	0.06	0.01	0.08	0.02	0.02	0.04						0.05	90	
	ТГ – 100		余量	0.07	0.02	0.08	0.03	0.02	0.04						0.05	100	
	ТГ – 110		余量	0.09	0.03	0.08	0.03	0.03	0.04						0.05	110	
	ТГ – 120	MD	余量	0.11	0.03	0.08	0.03	0.02	0.06						0.05	120	
	ТГ – 130		余量	0.13	0.04	0.1	0.04	0.03	0.08						0.05	130	
	ТГ – 150		余量	0.2	0.04	0.12	0.05	0.04	0.1						0.05	150	
	ТГ – ТВ		余量	2	—	0.3	0.15		0.3								≤100

复习思考题 (3.3)

填空题

3 – 39　四氯化钛还原合适的还原剂是（　　）和（　　）。

3 – 40　克劳尔法采用的还原剂是（　　），亨特法采用的还原剂是（　　）。

3 – 41　镁还原法生产海绵钛应该使用（　　）量的镁以防止二次反应发生。

3 – 42　镁还原过程中低价氯化物有何危害，如何避免生成低价氯化物？

3 – 43　镁还原反应是（　　）（放热或吸热）反应，过程中应如何控制热量。

3 – 44　镁还原生产海绵钛实现了（　　）循环。

3 – 45　镁还原联合法工艺根据设备不同可分为（　　）和（　　）。

3 – 46　克劳尔法生产海绵钛实现了（　　）和（　　）的循环。

课外拓展学习链接　镁还原－真空蒸馏相关图书推荐及参考文献

亲爱的同学：

　　如果你在课外想了解更多有关钛渣熔炼技术的知识，请参阅下列图书！书籍会让老师教给你的一个点变成一个圆，甚至一个面！

[1]［苏］泽里克曼，A. H. 等，宋晨光，等译. 稀有金属冶金学［M］. 北京：冶金工业出版社，1982.

[2] 张克从，张乐溏. 晶体生长［M］. 北京：科学出版社，1980.

[3] 邓国珠. 钛冶金［M］. 北京：冶金工业出版社，2010.

[4] 李大成，周大利，刘恒. 热力学计算在海绵钛冶金中的应用［M］. 北京：冶金工业出版社，2014.

[5] 莫畏，邓国珠，罗方承. 钛冶金［M］.2 版. 北京：冶金工业出版社，1999.

[6] 李大成，周大利，刘恒. 镁热法海绵钛生产［M］. 北京：冶金工业出版社，2009.

项目 4　钛白粉生产

【知识目标】

(1) 掌握硫酸法、氯化法生产钛白粉的原理；

(2) 掌握钛白粉生产的原料种类及对其要求；

(3) 掌握各种钛白粉生产工艺操作的要点。

【能力目标】

(1) 初步具备钛白粉生产工艺技能，能正确操作设备完成工艺任务；

(2) 能够识别、观察、判断钛白粉生产中的各种仪表的正常情况；

(3) 能识别钛白粉生产所用原材料，并具备一定的质量判断能力。

【任务描述】

　　钛白粉被认为是目前世界上性能最好的一种白色颜料，广泛应用于涂料、塑料、造纸、印刷油墨、化纤、橡胶、化工、化妆品等行业。目前钛白粉的生产方法有硫酸法和氯化法两种。近年来政府出台了一些政策鼓励发展氯化钛钛白粉产业，极大地刺激了行业的积极性，但氯化法钛白粉的关键技术一直被国外钛白企业垄断，关键设备仍然存在诸多问题。此外，氯化法的主要原料以高品位的钛渣或金红石矿为主，全球仅杜邦公司一家成功采用钛铁矿生产氯化法钛白粉，而中国金红石矿不仅品质低，难于开采，而且产量稀少。因此国内发展氯化法钛白生产，原料也将会是一大瓶颈。但是氯化法生产钛白粉也是钛白粉生产的主要发展方向。本项目主要介绍硫酸法钛白粉生产工艺、氯化法钛白粉生产工艺。

【职业资格标准技能要求】

(1) 能完成原料的破碎操作；

(2) 能完成钛液制备、偏钛酸制备、二氧化钛成品处理等操作。

【职业资格标准知识要求】

(1) 生产原料的质量要求；

(2) 硫酸法钛白粉生产工艺流程及设备使用知识。

【相关知识点】

4.1　钛白粉生产概况

　　钛白粉生产技术自 20 世纪的 1916 年硫酸法钛白粉生产工艺问世以来，直到 1958 年氯化法工艺的生产装置投产，硫酸法经历了近百年，氯化法也快经历了 60 年。目前，全球钛白粉生产量超过 6500kt。世界主要钛白粉生产厂家产能及其生产方法如表 4-1 所示。

表 4-1　世界主要钛白粉生产厂家产能及其生产方法

序号	生 产 商	产能/万吨	生 产 方 法	生产厂数量	氯化法占比/%
1	杜邦	117.0	氯化法	5	100
2	亨兹曼	91.5	氯化法、硫酸法	10	25
3	克瑞斯托	77.8	氯化法、硫酸法	8	88
4	康诺斯	52.2	氯化法、硫酸法	6	77
5	特诺	38.0	氯化法	3	100
6	龙蟒	30.0	硫酸法	2	0
7	东佳	16.0	硫酸法	2	0
8	石原	15.5	氯化法、硫酸法	3	51
9	佰利联	15.0	硫酸法	1	0
10	中核钛白	15.0	硫酸法	2	0
11	克雷米亚钛坦	12.0	硫酸法	1	0
12	宁波新福	12.0	硫酸法	1	0
13	中国大陆近 45 家生产厂家	130	硫酸法、氯化法	45	2
14	其余小规模公司有日本、韩国、印度等国	约 30	多数为硫酸法，仅印度一家氯化法		

就目前而言，钛白粉的生产工艺也还是仅有硫酸法和氯化法。自氯化法开始以来两种工艺互为衬托与竞争，最早经历了产品质量的较量，在大部分颜料用途上双方产品不分伯仲，均能达到同样的效果；但在特殊用途领域互不相让，如汽车领域照面漆则是氯化法生产钛白粉的天下，而化学纤维同样仅是硫酸法生产钛白粉的地盘，而这些仅占不到 5% 的钛白粉份额。

在经历了废副排放、环境保护的工艺"PK"后，成本比较优势则在更加广义的资源定义下需要重新审视。从原有的质量、环保、健康、安全（QEHS）到循环经济和清洁生产，再到低碳和可持续发展，对钛白粉这些无机矿物加工的生产提出更高的要求，其对现有工艺技术要求更广更高。

尤其是全生命周期的能量消耗，如何科学的利用和调配生产原料中的化学能量，达到碳足量下最低碳排放量，使其矿资源中的元素"榨干吃尽"。如前所述，全球钛白粉主要生产商的发展过程，无论氯化法还是硫酸法在眼下可持续发展的背景下，正如亨兹曼提出的人、地球、效益以及康诺斯的主管所说"取少造多"一样，既是减排降耗，提高效益，更是资源用足用尽，这些都值得当前中国钛白粉从业者借鉴。今后其主要生产技术发展趋势为：

（1）无论采用硫酸法还是氯化法，如何经济地分离钛铁矿中的铁元素并作为资源加工成市场对路且能消化掉的产品。

（2）如何科学的将钛铁矿中的第三大元素镁利用起来，尤其是攀西矿镁、钙含量较高。通常镁在 4%~6%，以攀西矿年产 250 万吨计，则高限计算每年有 15 万吨进入钛白生产并被当做废物抛弃。

（3）氯化法生产中，科学的回收氯化渣中未反应的钛原料和回收并分级利用其中未反应的石油焦，回收液作为产品进行耦合加工。

（4）氯化尾气、硫酸法酸解尾气和煅烧尾气增加脱硫装置，采用经济的脱硫剂。

（5）硫酸法废酸浓缩采用低成本高效的手段，调度酸解反应热和酸中热化学位能，降低能量消耗，增加效益。

（6）将硫酸法硫酸亚铁中的铁和硫的元素资源价值最大化。

（7）污水处理效率化、资源化、经济化。

（8）生产装置效益化，矿耗、酸耗、电耗、能耗、水耗、人工及成本最低化。

查一查　（1）钛行业的发展概况及发展方向；

（2）纳米二氧化钛的发展；

（3）清洁生产相关知识。

教学活动建议

此部分建议采用引导文法，教师布置任务，请学生查询钛白粉工业的发展情况，做成课件并讲解，提高学生收集资料、整理资料、语言表达及计算机应用能力。

4.2　硫酸法钛白粉生产技术

硫酸法生产涂料级钛白要经过五大步骤：（1）原矿准备；（2）钛的硫酸盐制备（钛液制备）；（3）水合 TiO_2 制备（偏钛酸制备）；（4）水合 TiO_2 煅烧（二氧化钛产品处理）；（5）二氧化钛后处理。包括环节如下：干燥、磁选与磨砂、酸解、净化、浓缩、晶种与水解、水洗、漂白与漂后水洗、盐处理、煅烧、后处理、废副产品的回收、处理和利用。

4.2.1　原料的要求

从硫酸法分解钛铁矿的角度来说，对钛铁矿的要求如下。

（1）钛的含量要高。二氧化钛品位低，会增加硫酸的耗用量，并给生产工艺带来麻烦，直至影响成品的质量和产量。钛的含量高：可以从每吨矿中得到更多的钛白粉；可以提高设备的生产能力；可以避免多用硫酸来酸解那些不必要的杂矿，从而降低硫酸单耗；可以减少生产过程的杂质含量，使净化工作易于进行，使产品质量提高。

（2）钛成分的酸溶性要好。如果钛成分的酸溶性不好，钛组分不能被硫酸分解，留存在残渣中损失掉，则会降低酸解率。

（3）Fe_2O_3 的含量要少。氧化铁品位的变化涉及硫酸的消耗量、还原剂的用量和酸解反应的效果，沉降工艺也会受到影响，往往由于对氧化铁量的变化重视不够还会造成生产事故。

（4）危害性杂质要少。在硫酸生产流程中，对铬、钴、铜、锰、钒、铅等有害元素尚没有有效的去除方法，这些杂质直接影响二氧化钛的外观、颜色及某些应用性能。S 含量要不大于 0.02%，P 含量也要不大于 0.02%。

（5）矿粉细度为 45μm，筛孔筛余物含量小于或等于 0.05%。

（6）矿粉的水分含量不大于 1.5%。太湿会使磨细的矿粉黏结成团，既降低粉碎设备的生产能力，又使酸解反应不能有效地进行。

4.2.2　钛液制备

4.2.2.1　钛液制备基本原理

（1）无机化学行为。钛铁矿的主要化学成分是偏钛酸亚铁，是一种弱酸弱碱盐，能与强酸反应，反应基本上是不可逆的，并能进行得比较完全。硫酸分解钛铁矿的反应如下：

$$FeTiO_3 + 3H_2SO_4 \Longrightarrow Ti(SO_4)_2 + FeSO_4 + 3H_2O \tag{4-1}$$

$$FeTiO_3 + 2H_2SO_4 \Longrightarrow TiOSO_4 + FeSO_4 + 2H_2O \tag{4-2}$$

也可以把 TiO_2 视作是钛铁矿 $FeO \cdot TiO_2$ 的一种单独成分，则上述反应方程式可写成：

$$TiO_2 + H_2SO_4 \Longrightarrow TiOSO_4 + H_2O \tag{4-3}$$

$$TiO_2 + 2H_2SO_4 \Longrightarrow Ti(SO_4)_2 + 2H_2O \tag{4-4}$$

钛铁矿中的铁，反应如下：

$$FeO + H_2SO_4 \Longrightarrow FeSO_4 + H_2O \tag{4-5}$$

$$Fe_2O_3 + 3H_2SO_4 \Longrightarrow Fe_2(SO_4)_3 + 3H_2O \tag{4-6}$$

从上述反应式可知，反应结果得到的是硫酸钛、硫酸氧钛、硫酸亚铁、硫酸铁和水。硫酸氧钛的生产可视为是硫酸钛初步水解的产物：

$$Ti(SO_4)_2 + H_2O \Longrightarrow TiOSO_4 + H_2SO_4 \tag{4-7}$$

酸解后生成的硫酸钛和硫酸氧钛之间的比例，随酸解条件的不同而变，硫酸过量得越多，越有利于反应的进行，且生成硫酸钛。

在酸解产物浸取所得的钛液中，硫酸的存在形式为：与钛结合的酸；与其他金属结合的酸；游离酸。其中与钛结合的酸和游离酸之和称为有效酸。

钛液中有效酸与总钛含量之比称为酸比值，用 F 来表示。

$$F = \frac{有效酸浓度}{总\ TiO_2\ 浓度} = \frac{与钛结合的酸 + 游离酸}{总\ TiO_2\ 含量} \tag{4-8}$$

F 值的高低，除了能显示钛液中钛的组成，能评价酸的效果与质量外，还会影响水解速率、水解率和水解产物偏钛酸的结构。

在固相法中 F 值的范围为 1.6~2.1。

（2）胶体化学特征。制造工艺不同，钛液的稳定性有很大差别，浸取所得的钛液中既有 Ti^{4+} 及 TiO^{2+} 离子，又有溶胶性钛的复合物，这使得钛液显示出丁达尔效应。因此，可用超电子显微镜来确定胶粒大小，用电子显微镜、乳光计推断钛液中胶体的浓度。

（3）热力学性质和热力学规律。酸分解钛铁矿是放热反应，使温度骤然升高，随着温度的升高，反应速度急剧增加，主反应在数分钟内可完成。

(4) 化学动力学分析。反应过程的顺序可分为几个阶段：

1) 硫酸在溶液中以对流和扩散方式，向钛铁矿粉相界面移动，以供应所需要反应的硫酸。

2) 硫酸被钛铁矿粉表面吸附。

3) 硫酸与钛铁矿粉形成反应物，附在钛铁矿粉表面上。

4) 生成的硫酸盐在水的溶解下，从固相表面解除和钛铁矿脱离。

5) 钛和铁等硫酸盐扩散而脱离固相钛铁矿，从固相物表面扩散到溶液中去。

为使 1)，5) 步骤加快速度，采用搅拌的方法来减少扩散层厚度，采用控制温度的办法使扩散系数提高。

为使 2)，3)，4) 顺利进行，在过程中严格控制矿酸比，矿粉细度，随季节变化而变更预热温度，稀释硫酸的浓度，预热时间及用压缩空气进行搅拌。

4.2.2.2　钛液制备工艺操作

A　钛铁矿的酸解

(1) 酸解常用的操作方式及适用情况。钛铁矿的酸解工艺操作，工业生产中通常采用固相法工艺，一般有如下 3 种操作方式。

1) 高温法。先把浓硫酸放入酸解罐内，在压缩空气搅拌下将计量好的钛铁矿投入酸解罐内并搅拌均匀，然后添加计算好的稀释水，利用硫酸稀释放出的热量，再用蒸汽加热到一定温度后开始酸解反应。

2) 低温法。先在酸解罐内把计量好的浓硫酸稀释到工艺规定的浓度和温度后，把计量好的钛铁矿在压缩空气搅拌下投入酸解罐中，搅拌均匀后开直接蒸汽引发酸解反应。

3) 预混合法。把浓硫酸与钛铁矿先在一台预混合罐中搅拌均匀，然后把此黏稠状的矿浆投入酸解罐内，再加入定量的稀释水，利用稀释热来引发酸解反应（如果稀释热不足于引发反应，可通入少量直接蒸汽加热）。

高温法主要适用于环境温度较低的冬季，或钛铁矿中三氧化二铁含量低（反应热低），反应比较平缓的矿种以及二氧化钛含量高、总铁含量低的钛矿（包括酸溶性钛渣）。

预混合法主要用于大型酸解罐，因为酸解的反应速度快，设备大，投入的矿粉数量多，用上述两种方法不容易搅拌均匀，通过预混合可以使钛铁矿与硫酸充分混匀，以利提高酸解率，减少难浸取的固相物，还可以防止向酸解罐内投入矿粉时，细矿粉会随烟气跑掉的现象。

(2) 酸解过程的工艺参数确定。具体包括：

1) 钛铁矿品质。钛铁矿的品质是决定酸解操作的先决条件。钛铁矿形成的类型不同、伴生的矿物种类和数量不同，在分解时所表现的性质往往也不同。在实际生产中往往根据工艺要求进行配矿。

2) 硫酸的品质。硫酸的品质对酸解反应有很大影响。硫酸的浓度对酸解反应影响最大。大于 96% 的硫酸比 92.5% 的硫酸反应剧烈。不仅是因为将其稀释至工艺要求时放出的热量大，而且当浓度增大时，H^+ 及 SO_4^{2-} 渗入钛铁矿粉表面裂缝中的几率也随之增大，$H^+ - SO_4^{2-}$ 离子对的偶极作用和固体表面的占位作用加强而使钛铁矿的分解速度加快。

3) 矿酸比。矿酸比是决定酸解反应及工艺的主要指标。酸解反应的第一步是先确定矿酸比，正确的矿酸比不仅可以节约硫酸用量，还可以提高酸解率，使反应更完全。一般矿酸比过低时，反应所生成的 $TiOSO_4$ 溶液不稳定易早期水解，而矿酸比过高不仅浪费硫酸、抑制水解反应，反应所生成的 $Ti(SO_4)_2$ 在浸取时难溶于水，还会造成水解产物颗粒细，难洗涤。

我国的钛白粉企业根据所用钛铁矿的质量和酸解操作方法，矿酸比一般控制在 $1:(1.55 \sim 1.65)$（硫酸以100%计），这一比例要根据每批矿粉的质量和实际生产情况灵活掌握，如浸取时废酸用量的多少、工艺所要求的 F 值高低等，切忌生搬硬套。

按照化学反应的规律，增加主反应的硫酸用量可以提高酸解反应的速度和酸解率，当矿酸比调整到 $1:2$ 时酸解率可提高10%，但继续增大到 $1:15$ 时酸解率仅提高 $6\% \sim 7\%$，这说明硫酸的用量不是越多越好。

4）反应硫酸浓度。原料硫酸的浓度和反应时稀释的浓度对酸解反应的好坏有明显影响。硫酸反应时稀释的浓度也很重要，它直接影响反应的速度和反应激烈与平缓的程度。因此要使反应完全，在反应起始阶段必须加热活化，温度提高可以缩短反应时间，提高酸解率。在实际生产中通常反应温度提高10℃，反应速度可以提高 $2 \sim 4$ 倍。

在我国钛白粉工厂中，硫酸的稀释浓度一般为 $(88 \pm 2)\%$。稀释浓度过低（低于85%），稀释热少需要补加蒸汽，反应物不易稠化，也不易形成固相物，甚至呈糊状、反应不完全、难浸取、酸解率低、钛液的稳定性也不好，如果稀释浓度过高（大于90%），反应热量大、反应速度快、主反应时间短暂、反应物温度高，也会引起早期水解，甚至出现冒锅事故或产生未反应的固相物而降低酸解率。

（3）酸解反应的操作。酸解反应的操作一般是先把计量好的硫酸先放入酸解罐中，在压缩空气的搅拌下投入矿粉，即先加酸后加矿。硫酸的稀释夏季通常采用低温法，即先把硫酸稀释到一定的工艺浓度并冷却到一定的温度再投矿粉；冬季通常采用高温法，即先加酸后加矿粉然后再加入计量后的稀释水，用硫酸的稀释热来引发反应。

除上述硫酸、矿粉和稀释水的添加顺序外，投入矿粉前的硫酸预热温度也很重要。硫酸预热温度过高，矿粉投入后很快会发生激烈反应，容易造成冒锅事故，而且由于反应速度过快，矿粉与硫酸还未搅拌均匀反应已结束，酸解率偏低；而硫酸温度过低，反应迟缓，主反应不明显，固相物较软，反应不完全也会出现未反应的固相物，酸解率偏低。

（4）冒罐事故。硫酸分解钛铁矿时，有时反应过于猛烈，会发生反应物冲出罐外的冒罐事故，原因有：钛铁矿品质不纯，含有反应放热量大的杂质（如 Fe_2O_3）或含有纸袋、麻绳等易燃的有机物质，矿粉粒度过细，硫酸浓度过高，预热温度过高，矿酸比不当以及操作不当等。

B 反应产物的成熟与冷却

酸解反应的固相物主要由二水硫酸氧钛的硫酸盐、铁等元素的硫酸盐所组成。在酸解反应产物固化后，应停止吹入压缩空气搅拌，保温成熟（熟化）一段时间让其慢慢冷却，使未反应完全的矿粉利用此温度继续与游离酸反应以提高酸解率。一般钛精矿的酸解率可达 $95\% \sim 97\%$，实际生产中酸解率的 $85\% \sim 90\%$ 是在主反应时完成的，成熟期间可再提高 $5\% \sim 10\%$。

成熟时间应根据主反应激烈程度、投矿量大小、室温高低、酸解设备的构造和完善程度而定。成熟时间过长，则由于固相物逐步降温与游离硫酸的反应逐渐停止，酸解率的提高便不明显，而浸取的时间却要明显增长。成熟时间过短，则起不到熟化以提高酸解率的作用。

成熟结束后，应再次通入压缩空气，帮助固相物进一步冷却，其目的是使固相物结晶长大，更容易溶解于水，同时避免在浸取时因温升而造成胶体物增多，甚至发生早期水解。一般固相物冷却至 90 ~ 120℃时即可加水浸取以溶解反应生成的固相物。

C　浸取

浸取是在压缩空气搅拌下、严格控制温度和浓度的情况下，用水或部分淡废酸、低 TiO_2 浓度的回收稀钛液把反应固相物溶解。

浸取依固相物状态与温度不同，有三种方法：快速法、逆向法、同向法。

浸取前，固相物无需先用机械打碎，控制温度，加水量和加水速度，避免产生钛液胶体和早期水解。

D　还原

还原即借助电解和投加强还原剂，使钛液中的铁等杂质还原成低价硫酸盐，以便后续铁和钛的分离。

工业生产中钛液的还原剂主要使用金属铁粉、铁屑、铁皮，因为铁粉、铁屑和薄铁皮的比表面积较大，可增加它们的反应面积获得较好的还原效果。虽然金属锌、铝、亚硫酸钠、硫代硫酸钠也能起到还原作用，甚至还原效率更高，但没有铁粉、铁屑、铁皮价格便宜获取方便。硫酸高铁与金属铁粉的还原反应式如下：

$$Fe + H_2SO_4 \longrightarrow FeSO_4 + 2[H] \tag{4-9}$$

$$Fe_2(SO_4)_3 + 2[H] \longrightarrow 2FeSO_4 + H_2SO_4 \tag{4-10}$$

$$或\qquad\qquad 2Fe^{3+} + Fe \longrightarrow 3Fe^{2+} \tag{4-11}$$

当还原剂铁粉把硫酸铁还原成硫酸亚铁后，钛液中的硫酸铁也会从四价钛还原成三价钛，其反应式如下：

$$2Ti(SO_4)_2 + 2[H] \longrightarrow Ti_2(SO_4)_3 + H_2SO_4 \tag{4-12}$$

还原一般在酸解罐内进行，在浸取的后阶段加入还原剂，如果此时还原不完全，可在沉淀工序补加铁皮还原至达到工艺要求为止。当溶液中有四价钛被还原成三价钛时，溶液会从土黄色变为紫黑色，这是因为溶液中的三价钛实际上是 $Ti_2(SO_4)_3 \cdot 6H_2O$ 的紫黑色络合物。国外也有在还原器中还原，还原器是一塔式衬胶设备，内盛铁屑钛液在塔内用泵循环至达到要求时为止。

还原是一个放热反应，过早加入还原剂不仅使铁与硫酸反应生成的强还原剂——氢损失较多，还会因温度升高造成钛液稳定性下降，如果矿粉中的 Fe_2O_3 含量很高，为了避免反应放热较多，还原剂可分批加入，一般控制还原时温升不大于 6℃。

还原剂加入多少要视被还原物质，主要是钛铁矿中 Fe_2O_3 的高低来决定。所用铁屑应无油、不含硅（如矽钢片）或其他合金、无金属镀层或油漆的铁屑，因为油污等有机杂质在还原时会起泡沫，而硅等其他杂质对产品质量有害。

E　钛液的净化

以钛铁矿为原料经硫酸分解制得的可溶性钛液混浊不清、组成复杂，既具有溶液离子反应的性质，又有胶体的特征，其中的主要成分可分为两大类：可溶性的硫酸盐，除了以钛和铁为主的可溶性硫酸盐外，还有锰、铬、钒、锡、铜、铌、稀土元素等的硫酸盐；另一类是不溶于硫酸的固体悬浮物，这类固体杂质是 $10\mu m$ 以上的机械杂质，主要是未酸解的钛铁矿、不溶于硫酸的金红石、脉石、锆英石、独角石、泥砂以及钙、铅、碳的化合物等。还有一类是 $0.1 \sim 10\mu m$ 的细小固体杂质和胶体，它们占总固体悬浮物数量的 $20\%\sim30\%$，如：硅酸、早期水解的偏钛酸、铝酸盐等。以上这些杂质如果不清除干净，带到产品中后不仅严重影响最终产品的质量，而且使过滤困难，堵塞滤布孔眼，使过滤损耗高以及结晶后的硫酸亚铁铵纯度差。因此酸解后的钛液必须净化后才能用于钛白粉的生产。

F 亚铁分离

硫酸亚铁分离属于固液分离范畴。固液分离操作几乎贯穿整个硫酸法钛白粉生产的过程，如：钛铁矿粉碎时的粉尘回收—气固分离；钛液的沉降—固液分离；钛液的过滤—固液分离；偏钛酸水洗—液固分离以及表面处理时的粒子分级等。因此选择合适的过滤与分离设备，对硫酸法钛白粉生产是十分重要的。

经过结晶后钛液中的硫酸亚铁以 $FeSO_4 \cdot 7H_2O$ 的形式存在，结晶颗粒较粗可以采用真空吸滤或离心分离的方法来实现。

（1）真空法。这是一种古老、简单的方法，至今仍有许多中小型硫酸法钛白粉厂在使用。真空吸滤器又称亚铁抽滤池或亚铁分离池，一般呈长方形，分上下两层，上层敞口常压，下层为负压室，中间用格栅分开并铺以滤布。待分离的物料从上部加入，下层抽真空，滤液通过滤布流入下室，硫酸亚铁结晶保留在分离池的上部。

（2）离心分离。离心分离除三足式离心机外，一般都是连续操作、自动化程度高、劳动强度低、设备占地面积小、能耗省，由于离心力大硫酸亚铁含湿量低、洗涤用水少，没有真空吸滤时所产生的大量小度水。缺点是：设备造价高、构造复杂维修保养费用高，某些材质的滤网耐腐蚀性能差，有少量细硫酸亚铁穿滤。现代大型工厂多采用离心法。

G 钛液的过滤

钛液的过滤又称控制过滤，经过沉淀和分离硫酸亚铁后的钛液，再进入水解的应该是十分纯净的，不含任何不溶性杂质。但是在分离硫酸亚铁的粗滤过程中仍有少量极细的悬浮杂质穿滤而混入钛液中，另外由于经冷冻结晶、分离亚铁后的钛液温度和黏度进一步降低，又有部分肉眼看不到的细小胶体杂质沉析出来，必须进一步过滤分离后才能使用。因为这些带电的细小胶体微粒比表面积很大，不仅表面会吸附有害的重金属离子影响产品的化学纯度和外观白度，而且这些杂质粒子在水解时会形成不良的结晶中心，影响水解产物的粒子构造，造成晶格缺陷，使杂质离子混入晶格，导致钛白粉的光学性质、颜料性能下降。这是硫酸法钛白粉生产中由黑变白前的最后一道净化过程，应该特别留心，否则会造成无法补救的后果。

工业生产中的控制过滤通常采用加压过滤，大多数使用板框式压滤机。在加压过滤中，过滤速率与过滤面积及过滤面积上的压强成正比，与滤液的黏度和滤饼的厚度成反比，一般情况下温度升高、黏度下降可提高过滤速率。

由于铁液属于稀薄的胶黏溶液，其中胶体杂质颗粒很细，在气温较低时甚至还有细小的硫酸亚铁晶体进一步析出，加上钛液在高温下不稳定的特性，不可能在过滤时把温度升得太高（一般不大于40℃）。如果加大过滤压力不仅会有细小的颗粒从滤布缝隙中挤出，而且会因滤布的孔眼堵塞而使过滤速度减慢直至过滤过程终止。在这种情况下可以通过添加助滤剂，在过滤介质上形成一层助滤层，这种辅助过滤颗粒可以增加孔隙率、减少滤饼压缩率、防止滤孔堵塞、提高过滤效率、增加过滤流通量。

钛液的过滤操作，一般是先把助滤剂用水（或小度水、淡废酸）打成浆泵入过滤机，使助滤剂在滤布上形成一层均匀的助滤层，直至循环液澄清时为止，然后再把待过滤的钛液泵入过滤机内循环过滤，检查滤液澄清度符合标准后，停止循环进行连续过滤。当过滤压力越来越高、滤液流量越来越少时，说明滤布孔眼已被堵塞，此时应停止过滤，拆机洗刷滤布，重新按上述步骤操作，切忌利用提高过滤压力来强行过滤，避免细小颗粒穿滤造成澄清度不合格。在冬季由于钛液黏度较高，当室温低于冷冻结晶温度时，会有细小亚铁结晶出来影响过滤操作正常进行，此时可用热水把钛液加热到 30~40℃，可提高过滤速率。

　　H　钛液的浓缩

将浓度较低的钛液制备成浓度较高的钛液，以期达到水解工艺的要求，保证水解时得到偏钛酸颗粒细而均匀。

未经浓缩的稀钛液是不能生产颜料级钛白粉的，因为用稀钛液水解出来的偏钛酸颗粒粗，产品的消色力、底层色相差、吸油量高。

钛液中的溶质是硫酸氧钛、硫酸钛、硫酸亚铁等，溶剂主要是水，一般可以通过加热使水分蒸发而浓缩。但是在常压下钛液的沸点在 104~114℃ 左右，而钛液本身在80℃以上就会水解，为了避免早期水解，钛液的浓缩必须在真空下低温蒸发浓缩，降低钛液沸点，保证钛液稳定性。

不同浓度的钛液真空度越高它的沸点就越低，因此钛液浓缩时的最高温度应不大于75℃，真空度至少要维持在 -0.08~0.088MPa，这样才能获得高质量的浓钛液。

4.2.3　偏钛酸制备

钛液的水解是二氧化钛组分从液相（钛液）重新转变为固相（偏钛酸）的过程，从而与母液中可溶性杂质分离以提取纯二氧化钛。

工业生产对水解的要求：第一，水解率要高，即液相中的二氧化钛组分转变为固相的百分率更高，在不影响产品质量和性能的条件下水解率越高越经济；第二，水解产物必须具有一定大小而均匀的粒子，组成要恒定，同时易于过滤与洗涤；第三，工艺条件要成熟易于控制，水解产物的质量要稳定，设备要简单，能适应工业生产的需要。

4.2.3.1　偏钛酸制备基本原理

（1）水解的反应。将钛液加热维持沸腾，硫酸氧钛水解生成偏钛酸沉淀。反应方程式：

$$TiOSO_4 + 2H_2O \longrightarrow H_2TiO_3 \downarrow + H_2SO_4 \qquad (4-13)$$

（2）钛液水解过程的步骤。钛液水解过程大致可分为：晶核的生成→晶核的长大与沉淀的形成→沉淀物的组成以及溶液组成。

1）第一阶段——晶核的形成。水解的第一步是从完全澄清的溶液中析出第一批极为微小的结晶中心，称为晶核。不同的水解条件，得到的是不同数量和具有不同组成的晶核。晶核的数量与组成决定了水解沉淀物的组成，也决定了最后成品的性质。因此水解是二氧化钛生产中最关键的一步，而形成结晶中心是水解过程中最重要的一步。

在实际生产中生成晶核有两种方法，一种是在原来溶液中培养晶核，即所谓的自生晶种；另外一种是另外制造晶核，而后把它引入澄清的溶液中去，即所谓的外加晶种。

2）第二阶段——晶核的长大与沉淀的形成。当晶核形成后，如果使水解作用继续进行，则根据结晶原理，在晶核表面便发生钛的固析。这就促使晶核逐渐累积长大，当达到相当大小时便成为沉淀而析出来。

3）第三阶段——沉淀物的组成以及溶液组成。随着水解作用的进展溶液组成改变，沉淀物开始析出，水解作用仍以较大的速度进行，晶体继续长大。在这阶段里，溶液的成分随着沉淀而不断变化。TiO_2 的含量逐渐降低，而游离酸浓度不断提高。这个变化直接影响了沉淀物的组成，能使沉淀的粒子局部溶解，而后又重新析出新组成的沉淀，也可能是固体沉淀物的直接转化。这个过程不断继续直到水解完全，溶液中只剩下极少数的钛和较浓的硫酸，此时沉淀物的组成才最后固定下来。

4.2.3.2 偏钛酸制备工艺操作

A 水解

有关钛液水解方法的专利和报道很多，但只有两种方法目前仍在各国广泛使用。一种是法国人约瑟夫·布鲁门菲尔德在 1923 年研究成功的自生晶种稀释法水解工艺，又称布鲁门菲尔德法；另一种方法是麦克伦堡在 1930 年开发成功的，采用以碱中和钛液制备晶种的外加晶种工艺，又称麦克伦堡法或沉淀法。其中以自生晶种水解法最为常用。

自生晶种稀释法水解首先在水解锅里注入一定量的沸水然后在搅拌下预热至 90 ~ 98℃，含二氧化钛 250g/L 左右的浓钛液由于稀释生成沉淀，但是在继续注入浓钛液时由于酸度提高而重新溶解，形成具有一定性质的晶核，这个过程大约在一分钟之内完成，加完钛液后，在一定的时间内将钛液升温至沸腾，使之水解。当溶液达到一定的比色标准后，即表示水解的诱导期结束，此时水解反应迅速进行，为得到良好的偏钛酸粒度，这时最好停一段时间搅拌和蒸汽加热。在停搅拌和蒸汽的过程中，水解反应迅速进行，溶液由蓝灰色变为黄褐色，然后再开启搅拌和蒸汽，使溶液升温至沸腾，沸腾一定的时间以后，再缓慢的加入一定量的稀释水调节总钛浓度为 160 ~ 170g/L 继续水解，加完稀释水还应保持浆料沸腾直到水解完全。在水解的过程中始终要保持浆料沸腾。

B 偏钛酸的水洗

水洗岗位主要是利用偏钛酸的水不溶性和杂质离子的水溶性进行液固分离，从而达到净化目的。

水解产物在冷却槽中经盘管水冷却至 45℃ 以下，即送入上片槽，将叶滤器接通真空管线，并使整组叶片浸没在偏钛酸浆料中。真空叶滤机每组由 7 ~ 35 块叶片组成，并联排列。每块叶片包上滤布，上片前先开动槽底搅拌机或压缩空气，将浆料搅拌均匀。由于真空的压力差，滤液逐步渗过滤布，而偏钛酸则沉积在叶片表面，随着浆料的不断上升，槽内液位相应下降，需要不断补充偏钛酸浆料，保持液面高度。当偏钛酸滤饼沉积到厚度为 25 ~ 35mm 时，用电动吊车将整组叶片吊起，稍稍抽干后，即放入一次水洗槽内进行水洗。此时偏钛酸中一半以上的母液已被分离。母液抽入吸液罐，自动排出。前期的母液称为浓废酸，回收到酸解工序使用；一次水洗的母液流到沉降槽，回收稀废酸中少量穿滤的悬浮偏钛酸。

　　将经过一次水洗（1~2h）后的叶片吊起来放到二次水洗槽中进行水洗。根据不同品种估计水洗大概的时间。加压水解的颜料钛白粉约洗 8h 左右，常压水解的颜料钛白粉约洗 4h 左右。即从抽水总管中用局部排除真空的方法，取出少量水洗液，用 0.5% 的赤血盐（铁氰化钾）试液进行定性检验，如呈蓝色，表示含亚铁离子尚多，需继续水洗；如呈绿色，表示即将洗净；如呈黄色，表示已经洗净。也可用硫氰酸铵试液进行检验，先将洗水用双氧水把亚铁离子氧化为高铁离子，然后加入硫氰酸铵试液，如呈红色或棕黄色，表示尚需继续水洗；如呈无色，表示已经洗净。洗净后的偏钛酸，可将整组叶片吊起，放到打浆槽上部，准备刮料，此时滤饼含水尚多，可保持真空到表面出现大量裂缝为止，使其进一步降低含水量，再切断真空，偏钛酸块料便落入打浆槽内。打浆槽内事先放置部分清水，并开动卧式搅拌机搅拌。残留在滤布上的偏钛酸可用塑料铲子人工刮落，或用高压水枪冲下。物料搅拌均匀后，用泵送到漂白工序进一步除铁。

　　C　偏钛酸的漂白与漂洗

　　要想获得白度高、颜料性能好的钛白粉，必须尽量降低钛白粉中的杂质含量，这些杂质不仅影响白度，在煅烧过程中进入二氧化钛晶格还会产生光敏现象，而依靠延长水洗时间达不到彻底净化的目的，所以在生产颜料级钛白粉或高纯度的二氧化钛时，必须在水洗后对偏钛酸进行漂白。

　　漂白实际上是一个还原过程，用还原剂把偏钛酸中的高价铁离子等金属杂质及其氢氧化物全部还原成低价状态，让它们重新能够溶于水，通过水洗除去。

　　漂白操作是在酸性介质中进行，因为在还原前首先要使氢氧化物沉淀分解，形成可溶状态后再进行还原漂白，如偏钛酸中的氢氧化铁先与硫酸反应生成硫酸高铁后再参加还原反应。

$$2Fe(OH)_3 + 3H_2SO_4 \longrightarrow Fe_2(SO_4)_3 + 6H_2O \qquad (4-14)$$

$$Fe(OH)_2 + H_2SO_4 \longrightarrow FeSO_4 + 2H_2O \qquad (4-15)$$

　　（1）锌粉漂白。这是最早用于偏钛酸漂白的方法，锌与硫酸反应生成氢，新生态的氢是强还原剂；把硫酸高铁还原成硫酸亚铁，但还原剂过量时，部分偏钛酸也被还原成三价钛，呈现淡紫色，其化学反应式如下：

$$Zn + H_2SO_4 \longrightarrow ZnSO_4 + 2[H] \qquad (4-16)$$

$$Fe_2(SO_4)_3 + 2[H] \longrightarrow 2FeSO_4 + H_2SO_4 \qquad (4-17)$$

$$H_2TiO_3 + 2H_2SO_4 \longrightarrow Ti(SO_4)_2 + 3H_2O \qquad (4-18)$$

$$2Ti(SO_4)_2 + 2[H] \longrightarrow Ti_2(SO_4)_3 + H_2SO_4 \qquad (4-19)$$

　　锌粉漂白一般在搪瓷反应罐或钢衬瓷板的耐酸容器中进行，先把偏钛酸泵入漂白罐内，加入一定量的工艺水，调整 TiO_2 的浓度为 200~220g/L，然后在搅拌下加入硫酸（最好是杂质含量低的蓄电池用硫酸），使浆液中的硫酸浓度达到 60~80g/L，接着通蒸汽加热（夹套加热、或盘管加热，也有直接蒸汽加热），当温度加热至 60~70℃ 时，加入 TiO_2 0.5%~1%（质量）的锌粉，锌粉可用水调成浆状分数次加入，如果加入速度过快，锌粉与硫酸反应过于激烈所生成的氢气会产生大量的泡沫，不仅浪费还原剂，还会造成冒锅事故。当继续升温至 90℃ 后，保温 2h，冷却后放料进行漂后水洗，通过漂白后的偏钛酸浆料中应含有三价钛（以 TiO_2 计）0.3~0.5g/L 才视为合格。

　　在生产金红石型钛白粉时，需要添加煅烧晶种（二次晶种），最好在漂白前加入，因为在制备煅烧晶种时，偏钛酸与碱在不锈钢反应器中长时间煮沸会有铁、铬等金属离子带入，如在漂白前加入可以在漂白的同时把煅烧晶种所带入的高价金属离子及其氢氧化物还原成低价状态，再通过水洗除去。

有的工厂在漂白时采取长时间煮沸的办法，据说对除铬、钒离子有较好的效果；另有资料报道为了除去残留的铜，可在铁洗净后加入硝酸或过氧化氢，使铜转化成可溶性的二价铜以便通过水洗除去；为了除去钙、镁、硅酸根离子，可在除铁后再用碱性铁化合物处理，使 pH 值达到 5~8 后继续用水洗涤除去。

(2) 铝粉漂白。铝粉漂白与锌粉漂白的原理、化学反应和操作过程完全一样，只不过铝粉中的杂质含量比锌粉少些，铝与被还原的铁之间的电极电位比锌与铁的电极电位差更大，因此更容易反应，溶液的酸度（用酸量）和铝粉的用量可比锌粉低一些，目前许多工厂已将锌粉改为铝粉。

(3) 三价钛漂白。锌粉漂白与铝粉漂白反应初期，锌粉与铝粉和硫酸反应生成新生态氢时为固—液相反应，新生态氢与溶液中高价铁等离子进行还原反应时属于气—液相反应，从化学反应的角度上来讲，这两种类型的反应都不容易进行得很完全，因此还原剂的加量要比理论加量多，但是加多后往往有残留未反应的锌粉或铝粉混入偏钛酸中，煅烧后会影响产品质量。三价钛漂白属于液—液相反应，反应可以进行得比较完全，不存在锌粉或铝粉混入产品中的情况，其用量和加酸量及反应温度可比锌粉或铝粉漂白时低一些。其化学反应式如下：

$$Fe_2(SO_4)_3 + Ti_2(SO_4)_3 \longrightarrow 2Ti(SO_4)_2 + 2FeSO_4 \qquad (4-20)$$

三价钛溶液的制备和使用方法是：把浓度 180g/L 左右的水洗合格后的偏钛酸按 H_2SO_4 : TiO_2 = 5 : 1 的比例与浓硫酸在一耐酸搪瓷反应罐内加热酸溶。酸溶时在搅拌下进行并加热至沸腾，随着沸腾时水分的蒸发浆液的沸点逐步提高，当温度达到 120~150℃ 时，偏钛酸开始溶解，继续搅拌加热待溶液变成茶褐色澄清透明的硫酸钛溶液后，停止加热冷却并加水稀释使 TiO_2 浓度在 50~70g/L 左右。当温度降至 75~80℃ 时，加入事先用水调成浆状的铝粉进行还原操作，铝粉浆的加入应十分小心缓慢，最好在 20~30min 内分数次加入，否则会因为反应激烈发生冒锅事故，其还原反应式如下：

$$3H_2SO_4 + 2Al \longrightarrow Al_2(SO_4)_3 + 6[H] \qquad (4-21)$$

$$Ti(SO_4)_2 + TiOSO_4 + 2[H] \longrightarrow Ti_2(SO_4)_3 + H_2O \qquad (4-22)$$

还原用铝粉的加量为理论量的 1.5 倍，加完铝粉后继续升温至 90℃，保温 1h，冷却后分析溶液中的三价钛浓度，计算还原率。还原率不得低于 90%。

制备好的三价钛溶液应过滤后使用，防止未反应的铝粉和未酸溶的偏钛酸带入三价钛溶液中。该溶液贮存时间不宜过长，最好在 48h 内用完，因为三价钛是强还原剂，存放过程中会被空气中的氧氧化而降低还原效果。

三价钛漂白虽然比锌粉或铝粉漂白有许多优越之处，但是制备过程复杂、制备时能耗高、酸耗大、成本高。

D　漂洗

漂洗操作和漂白前的水洗一样，只不过漂洗时的水质要求很严，最好使用离子交换水，以防止水中的杂质再次污染产品，漂洗后偏钛酸中的 Fe_2O_3 含量控制在 0.003% 左右，可以获得白度极佳的二氧化钛。

4.2.4　二氧化钛成品处理

4.2.4.1　二氧化钛产品处理基本原理

煅烧是水合二氧化钛转变成二氧化钛的过程，这一步操作过程的要求是：（1）通过脱水脱硫使物料达到中性；（2）最好使希望的晶型得到100%的转化；（3）粒子成长大小均匀整齐，对颜料级钛白粉要求在0.2~0.3μm之间；（4）粒子的形状最好近似球型；（5）要求煅烧后生成的二氧化钛没有晶格缺陷，物理化学性质稳定。

水合二氧化钛的煅烧是一个强烈的吸热反应，工业上一般在回转窑内进行，采用直接内加热，其化学反应式如下：

$$TiO_2 \cdot xSO_3 \cdot yH_2O \xrightarrow{加热} TiO_2 + xSO_3 \uparrow + yH_2O \uparrow \qquad (4-23)$$

但是水合二氧化钛的煅烧绝非仅是上述反应中的加热脱水和脱硫的过程，它还涉及TiO_2粒子的成长、聚集和晶型转化等过程，因此随着煅烧温度的提高，二氧化钛的各种物性也随之发生变化。水合二氧化钛煅烧的差热差重曲线如图4-1所示。

图中150℃时的吸热是由于水分的蒸发，脱去游离水和结晶水的过程，650℃的吸热是由于三氧化硫气体的挥发，为脱硫过程，700~950℃期间开始锐钛型向金红石型转化，在碱金属催化剂（盐处理剂）的存在下，转化温度可降低，转化速率可加快。

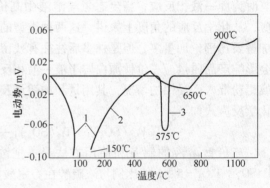

图4-1　水合二氧化钛煅烧的差热差重曲线
1—曲线已出图框；2—水合
二氧化钛；3—石英

4.2.4.2　二氧化钛产品处理工艺操作

A　盐处理

经水洗净化后的偏钛酸（水合二氧化钛）是一种无定型的二氧化钛水合物，表面吸附大量的水和硫酸（SO_3），如果直接进行煅烧需要较高的温度，不仅粒子容易烧结、变硬、甚至泛灰黄相，如果温度低硫脱不尽，pH值、消色力、吸油量都不好，因此在生产颜料级钛白粉时，煅烧前需要在水合二氧化钛中加入盐处理剂，又称矿化剂，这一处理过程称为盐处理或前处理。

通过盐处理可以在较低的温度下，控制水合二氧化钛的煅烧进程，使其粒子的大小、颗粒的松软适中，使产品成为白度好、消色力高、吸油量低、遮盖力强、易分散的优质二氧化钛颜料。同时盐处理剂还具有晶型促进剂的作用，在生产金红石型钛白粉时可以保持较高的金红石型转化率；在生产锐钛型钛白粉时能抑制它向金红石型转化，避免生产出混晶型的产品。有的盐处理剂还能改变钛白粉的耐候性、抗粉化性，甚至可以生产出各种底相的钛白粉。盐处理和水解、表面处理一样，是设计生产不同类型、不同规格二氧化钛颜料的三个主要手段之一。

（1）锐钛型颜料钛白的盐处理。具体包括：

1）钾盐。钾盐主要以碳酸钾、硫酸钾的形式加入，在煅烧过程中可以阻滞锐钛型向金红石型转化，它能降低煅烧温度，提高产品的白度和消色力，并随钾离子的增加煅烧温度逐渐降低，这主要是碱性的钾离子使脱硫速度加快，实验证明，每 $100gTiO_2$ 加入 $0.0175gK^+$，可以获得最佳的消色力，但是钾盐加入过多会使颜料的亲油性能下降，并使产品的水溶性盐增加，影响产品的漆用性能。

除碳酸钾和硫酸钾外还可以使用氯酸钾（$KClO_3$），它的作用是在煅烧时分解出氧，使煅烧过程保持在氧化性气氛中进行，另外它还可以把偏钛酸中残留的三价钛氧化成四价钛，防止低价钛造成二氧化钛的晶格缺陷而影响产品的光学性能。

另外钾盐的存在有时会使二氧化钛呈碱性反应（pH = 7.5 ~ 8），这是因为钾盐与偏钛酸反应生成的钛酸钾水解造成的。

2）磷酸盐。磷酸盐主要以磷酸铵或磷酸氢二铵的形式加入，它和钾盐一样是锐钛型主要晶型稳定剂。因为在煅烧时磷不会进入 TiO_2 的晶格，而是吸附在其表面，随着 TiO_2 粒子的增长和聚集，表面上的磷酸盐会阻止粒子进一步长大，使其维持在一定的粒径范围内，这也是锐钛型的粒径比金红石型小的原因之一。磷酸盐在煅烧时还能防止产品中混入金红石型，并有一定的耐候性。此外磷酸可与偏钛酸中的铁反应生成白色的磷酸铁和淡黄色的磷酸高铁，防止生成棕红色的氧化铁，而具有辅助改善产品白度的作用。磷酸加入量一般为 TiO_2 的 0.1% ~ 0.3%，过多会影响产品的消色力，而且使偏钛酸的酸性增强而增加了脱硫的困难。

3）锑盐。在锐钛型钛白粉中加入锑盐（Sb_2O_3），可以与物料中的铁生成偏锑酸铁，有遮蔽铁的作用，可改善产品光泽，提高耐候性，更重要的是能防止光色互变现象，但用量不能大，否则会影响分散性，一般只加 0.05% ~ 0.15%。

4）铵盐。加入铵盐（NH_4HCO_3）可使产品松软，白度提高，水分散性好，也容易脱硫，但加多会使吸油量增高。

（2）金红石型钛白粉的盐处理剂。金红石型钛白粉可以通过锐钛型二氧化钛在高温下热转化获得，这种相转变是不可逆的，而且温度很高（1050℃以上），在这样高的温度下，二氧化钛粒子容易烧结变硬，产生晶格脱氧导致外观灰暗、泛黄，这是生产颜料级钛白粉所不需要的。碱金属和碱土金属是优良的金红石型促进剂（或称为正催化剂），而且其阳离子的半径越小，金红石型的转化促进作用越强。目前其作用机理还不太清楚，一般认为盐处理后的二氧化钛在煅烧时，一种物质（盐处理剂）溶解在另一种物质（二氧化钛）中形成固溶体，这种溶解过程与相转化有关，而且两种物质的晶型几何结构相似才有可能，即两种物质晶格中存在着面向距离很近的原子平面，并与金红石的面相接近，在锐钛型向金红石型转化时起着钛原子的定向定位作用，从而加速了向金红石型转化的速度，这一点在研究 NiO 促进金红石型转化过程中得到证实。

1）金红石型促进剂。可以促进锐钛型向金红石晶型转化的促进剂很多，有锌、钛、锑、锡、铝、镁、钡、铋、锂、镍、硼等元素的氧化物、氢氧化物或盐类，工业生产中金红石型的晶型转化剂主要有如下几种：

① 锌盐。锌盐是很强的金红石型促进剂，也是最常用的金红石型盐处理剂，主要以氧化锌、硫酸锌和氯化锌的形式加入。

锌盐的最大优点是具有很强的耐候性的抗粉化性能，可以降低锐钛型向金红石型转化时的温度，例如在850℃加入二氧化钛0.5% ~ 1.0%（质量分数）的氧化锌，就可以使锐钛型完全转化成金红石型，避免温度过高造成粒子烧结、失光、变色。

但是锌盐在促进锐钛晶型向金红石晶型转化的同时，也会大大地促进二氧化钛粒子的增长而影响消色力的提高，而且用其处理后的产品在涂料中使用时底层色相泛轻微的红相，或由于 ZnO 的碱性作用使涂料的黏度增加、贮罐稳定性下降，因此在使用 ZnO 做盐处理剂时要添加其他辅助处理剂，对某些特殊要求的产品，在煅烧后还要进行酸洗，至少除去 60% 的锌后才能使用。

② 二氧化钛溶胶。二氧化钛溶胶即通常为煅烧晶种、外加晶种（二次晶种）。二氧化钛溶胶是仅次于氧化锌的金红石型促进剂，它的促进剂能力虽不如氧化锌，但它没有氧化锌上述的特点，更重要的是它能提高产品的消色力、改善煅烧时二氧化钛的粒子形状，使颗粒圆滑规整、松软不易烧结，从钛白粉的颜料性能角度来讲是十分难能可贵的优点，因此几乎每一个品牌的金红石型钛白粉都要添加二氧化钛溶液，其用量以 TiO_2 计为 2% ~ 5%，缺点是制备工艺比较复杂。

③ 镁盐。镁盐主要使用氧化镁，它不但能对金红石型的转化有一定的促进作用，而且在煅烧时能加快煅烧产物达到中性 pH 值时的时间，从而相对缩短了金红石型转化所需要的时间。缺点是加入过多不仅效果不明显，而且会使产品色相泛红，MgO 加量过多、过少作用都不大，一般加量以 TiO_2 的 0.2%（质量）为好。

④ 锂盐。锂盐，特别是氯化锂对金红石型的促进作用十分强烈，但是由于它稀少、昂贵，工业生产中很少采纳。

⑤ 锡盐。氧化锡和氯化锡也是金红石型的正催化剂，对提高产品的白度也有益，但工业用颜料级钛白粉中很少使用，主要用于生产金红石型的云母珠光二氧化钛颜料。

⑥ 锑盐。氧化锑和氧化锌一样是最早用于金红石型的促进剂，但它的金红石型促进转化作用不如氧化锌强，仅靠氧化锑是无法在低温下转化成金红石型的，但是加入少量氧化锑（0.1% 以下）可使产品略带蓝相，提高漆膜的光泽度。

⑦ 硼盐。英国拉普特公司曾经做过试验，在偏钛酸中加入 1% 的磷酸硼比不加磷酸硼的偏钛酸，在同样温度下煅烧，其金红石型的转化率可提高 50% 以上，但工业生产中用得不多。

⑧ 钠盐。氯化钠和硫酸钠也是金红石型的正催化剂，它对调整粒子的形状有好处，但它对金红石型的促进作用远不如锌盐，而且产品消色力不高，所以现在已很少采用。

2）金红石型钛白粉的晶型稳定剂。晶型稳定剂又称晶粒调整剂，或金红石型辅助添加剂，它的主要作用是使金红石型的转化速度不至于过快，使产品粒子松软、圆滑并赋予其他特征（耐候性、增白、蓝色底相等），常用的晶型稳定剂有如下几种：

① 铝盐。铝盐是最常用的金红石晶型稳定剂，铝盐其实是一种金红石型的负催化剂，它对锐钛型转化成金红石型的过程有抑制作用，使用铝盐时的转化温度比锌盐约高 150℃ 左右。铝盐最大的优点在于它可以在较高的温度下煅烧（1000 ~ 1100℃），产品白度仍然较好，产品颗粒致密、耐候性好，在不能使用锌盐的产品中往往都用铝盐来代替。铝盐的另一个优点是，在用铌（Nb_2O_5）含量较高的钛铁矿为原料生产出来的水合二氧化钛中，加入三价铝可以补偿铌的第 5 个电子，抑制铌向二氧化钛晶体表面离析，防止铌的光吸收作用而影响白度，铝盐一般以硫酸铝的形式加入。

② 钾盐。钾盐是金红石型钛白粉不可缺少的晶型稳定剂，它属于金红石型负催化剂

中的一种，使用钾盐可以抑制金红石型的转化速度、降低脱硫温度、避免粒子烧结长大、改善颜料性能、提高消色力，由于它还能使煅烧后的产品颗粒松软，有时也把这类碱金属添加剂称为"软化剂"。钾盐一般以碳酸钾、硫酸钾或氢氧化钾的形式加入，碳酸钾在盐处理时可以中和偏钛酸中的游离酸，使产品在煅烧时达到中性，反应生成 CO_2 和 H_2O 挥发时能使产品疏松，对提高白度也有好处。

③ 磷酸或磷酸盐。磷酸和磷酸盐通常以磷酸和磷酸铵（一元或二元）的形式加入，它们也是金红石型的负催化剂，少量 P_2O_5 在煅烧时可以提高产品的白度，使产品柔软好粉碎，但加入量过多会造成消色力下降，漆用性能不好。

④ 其他添加剂。V_2O_5、WO_3、MoO_3、$\alpha - Fe_2O_3$、Fe_3O_4 甚至某些有机酸等都有促进金红石型转化的作用，而且这些氧化物的熔点比二氧化钛越低，促进作用越大，但是上述氧化剂都会使产品变色，因此工业生产中一般不采纳。

B 煅烧

煅烧用的回转窑通常是钢壳内衬优质高铝耐火砖，一般不采用硅砖，硅砖会使产品中硅的含量增高，回转窑的长径比一般为（12 ~ 20）：1，如国内常用的 $\phi 2400mm \times 38000mm$、$\phi 2800mm \times 50000mm$ 等。加热方式为逆向内加热，燃料多采用煤气、天然气、液化气、柴油、重油、低碳烃（C_9 或 C_{10}）等，窑头为出料和加热部位，窑尾为进料部位及废气排放出口并设有挡料板或收缩段防止物料倒流。窑身多为直筒型，细而长的窑身结构可以有足够的热量和时间来脱水、脱硫，并保证有粒子成长和晶型转化的时间。也有异型窑如：在窑的不同部位砌有挡圈、窑尾设有缩小段、窑头设有扩大段等，颜料级钛白粉用的回转窑一般都设有燃烧室，避免燃烧不完全的燃料污染产品。回转窑的布置一般尾高、头低，通常斜率为 2% ~ 5%，转速每转一圈 3 ~ 7min，物料的填充系数为 10% ~ 20%，物料的停留时间一般 8 ~ 16h。水合二氧化钛的进料常采用往复式挤压泵、软管泵、螺杆泵、螺旋推进器等，物料在旋转搅拌和重力的作用下缓缓向前移动，窑头、窑尾、窑中的前半部设有若干个测温点，有的还设有取样口，以便随时掌握窑内物料的煅烧情况。

物料进入回转窑后首先是脱水过程，理论上游离水超过100℃就能蒸发掉，但是水合二氧化钛中还含有大量的化学结合水，因此脱水过程一般在 100 ~ 300℃区间。按道理脱硫过程应在脱完水以后，实际上由于化学键的结合，在脱水时总会夹带部分酸和各种氧化硫的混合物与水蒸气一道排出来。

水合二氧化钛中吸附有大量的硫酸根，需要通过煅烧除去，一般脱硫温度为 500 ~ 800℃（通常在 650℃左右），添加钾盐脱硫温度最低可达 480℃，添加铝盐可以延长脱硫时间，脱硫时所需要的温度也较高，随着硫的脱尽，二氧化钛由酸性变为中性。由于在煅烧期间有大量的 H_2O、SO_3、CO_2（钾盐分解时的产物）释放出来，团块状的物料会变得疏松呈分散颗粒状态。脱硫时间的推迟或硫未脱尽都会影响二氧化钛粒子的成长和晶型的转变。

经过脱水和脱硫后的水合二氧化钛，随着在回转窑内的转动而逐步移至粒子成长和晶型转化的高温区，这个范围内首先是原来不定晶型的水合二氧化钛转变成锐钛型二氧化钛（由四氯化钛水解生成的水合二氧化钛直接转变为金红石型），同时粒子开始长大，当温度达到600℃以后粒子开始显著增长，直至形成 $0.2 ~ 0.4\mu m$ 左右的颜料颗粒，到950℃左右，锐钛型开始转化成金红石型，如果添加了金红石型促进剂（ZnO、TiO_2 溶胶等），其转化温度可降到850℃左右但是在高温下长时间的煅烧，这些 $0.2 ~ 0.4\mu m$ 的基本颜料颗粒会进一步增长，当达到1000℃时粒子可长大到1μm，有时在高温区颜料粒子即使不继续长大，也会烧结在一起形成粗颗粒，这可能是一些低熔点的盐类熔化后造成二氧化钛粒子烧结在一起。最后物料落入冷却窑（筒）中，通过风冷或水冷后送入粉碎工序。

煅烧后物料是温度很高的二氧化钛颜料粒子的聚集体，需要慢慢冷却使晶体得到松弛，可以减轻其晶格缺陷，否则二氧化钛颜料可能会变色，甚至发生光色互变现象。一般冷却至40℃即可，温度太低容易吸收空气中的水分。

C　粉碎

经煅烧的钛白粉大都是粒子的聚结物，需进行粉碎才能使粒度达到颜料标准的要求，从而获得尽可能高的不透明度及其他颜料性能。颜料钛白粉对颗粒大小和粒度分布有严格的要求，因此选择合适的粉碎设备和工艺流程是很必要的。粉碎钛白粉的方法可分为湿式粉碎和干式粉碎。湿式粉碎如湿法球磨及砂磨，均在介质水中进行；干式粉碎有雷蒙磨、锤磨、离心磨（万能磨）、流能磨（气流粉碎机）等。粉碎可采用单一的研磨设备，也可采用由两种或两种以上研磨设备组合使用，如将煅烧物先经雷蒙磨研磨后，再经气流粉碎，也可用同一种设备进行多次粉碎，如二次气流粉碎。粉碎工艺流程的选择主要取决于钛白粉品种的需要。生产非颜料型产品，如电焊条、冶金、搪瓷、电容器级钛白粉时，不强调单个颗粒的粒度，只要求320目筛余物不超过一定范围即可，煅烧物只经过一次干式粉碎，如离心磨或雷蒙磨，即可符合要求，有些锐钛型颜料钛白粉也只经过一次干式粉碎。

（1）雷蒙磨粉碎。雷蒙磨又称环辊磨，钛白粉工业都用摆轮式环辊磨。雷蒙磨可用来粉碎非颜料型钛白粉产品，也可用在颜料钛白粉的一次性粉碎和初级粉碎上。煅烧物从贮料斗直接加入雷蒙磨的机体内，此机有竖轴，在轴顶交叉的十字横梁上有自由下悬且附有悬辊的2~6个摆，悬辊除自转外，还随摆一起绕竖轴旋转。竖轴转动时，离心力使悬辊紧贴于静止的环形衬垫上。物料在悬辊与衬垫之间通过。大块及未被粉碎的物料坠于机底，并被轮子重新将其抛掷于滚动很快的悬辊前的衬环面上，已被粉碎的物料为空气流携出，在上部离析器中分离出粗颗粒返回研磨区重新研磨，磨细的钛白粉随气流进入旋风分离器内，分离出的钛白粉自下部星形下料器卸出，成品细度可由调节吹入空气量的大小来控制，空气通过鼓风机重新返回雷蒙机底部构成闭路循环。如一级旋风分离器达不到要求，则可安装两级旋风分离器，或与布袋收尘器串联。

（2）气流粉碎的工艺流程。由锅炉房发生的高压蒸汽（一般为0.637~1.176MPa表压），经过热炉加热到一定温度（250~350℃），通过流量计进入气流粉碎机的粉碎室，少量蒸汽导入文丘里加料器，将料斗中物料吸入粉碎室。粉碎后的产品部分从主体下料筒中捕集下来，并经星形下料器卸出，部分随气流进入旋风分离器及布袋收尘器，收集的钛白粉从卸料筒及布袋中卸出。如通过布袋的气流中仍残留有细料钛白粉，可再安装一水喷淋塔，回收之后，废气放空。

4.2.5　钛白的后处理

作为一种白色颜料，钛白固然有优良的光学和某些颜料特性，但未经表面处理的原始钛白颗粒，如直接用于制漆，尚存在一定的缺陷。例如，它在很多涂料介质中不能很好地分散；制成的漆膜不耐日晒雨淋，容易失光、泛色、粉化等。要克服这些缺陷，就需要经过一系列的粒度分级和表面改性处理，称为后处理。通过后处理，还能改善它的底色、消色力、遮盖力和不透明度，并提高化学稳定性。对某些需要具有特殊性质的产品，例如化纤消光用钛白，应防止它使纤维产生对光和热的敏感性，也要通过后处理来解决，将二氧化钛经过粒度分级和表面改性处理消除这些弊病。

表面处理分为无机包膜和有机包膜。无机包膜是在 TiO_2 表面沉积一层水合金属氧化物，以降低它的光化学活性，提高耐候性。有机包膜及表面活性处理，主要是为了提高钛白在不同介质中的分散性。

4.2.5.1 无机包膜

TiO_2 的光催化活性是颜料钛白的一个重要缺陷。当在阳光特别是紫外光的作用下，TiO_2 晶格中的氧离子吸收光能释放出电子引起一系列的氧化还原反应，造成漆膜的失光、变色和粉化。为了降低 TiO_2 的光催化活性，通常用一种金属离子和氧形成的化学键比 TiO_2 更牢固的白色金属氧化物，如 Al_2O_3、SiO_2、ZnO 或 ZrO_2 等对 TiO_2 进行包膜处理。

无机包膜分湿法和干法两种。湿法是在水介质中进行，在一定条件下使包膜剂以水合氧化物形式沉积在 TiO_2 粒子表面。干法是用喷雾的方法使 TiO_2 粒子表面吸附一种金属卤化物，然后经煅烧使这些金属卤化物发生氧化而沉积在 TiO_2 颗粒表面。目前常用的是湿法包膜。

为了提高表面处理的效果，常常同时使用两种或多种包膜剂，称为复合包膜。现以硅铝复合包膜微粒说明包膜操作过程，其工艺流程如图 4-2 所示。

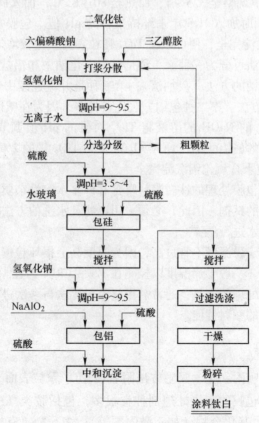

图 4-2 硅铝复合包膜工艺流程示意图

无论是硫酸法还是氯化法所生产的中间产品（初制）TiO_2，都是 TiO_2 晶体的聚集颜料粒子。因此，在包膜之前必须进行分散和研磨，使之成为具有最佳粒径的颜料粒子。

（1）打浆分散。TiO_2 在水中分散的好坏是进行粒度分级的关键，它直接影响包膜的质量。因为分散不好，意味着一些 TiO_2 颗粒处于聚集状态，在包膜时就会出现膜层不均匀，甚至有的可以表面包覆不上，起不到包膜作用。

TiO_2 通常是亲水的，可在水中分散成比较稳定的悬浊液，但 TiO_2 的粒度、水质和浆料的 pH 值都会影响它在水中的分散程度。通常用去离子水与 TiO_2 按一定比例（H_2O：TiO_2 = 3 ~ 9）混合，并加入无机分散剂（如六偏磷酸钠、磷酸三钠、磷酸二氢铵等）和有机分散剂（如三乙醇胺、丙醇胺、多元醇等），控制 pH = 8.5 ~ 11，搅拌 1h 左右，就能使 TiO_2 颗粒充分分散在水中。

（2）水选分级。TiO_2 浆料的粒度分级一般采用重力沉降，即水选的方法。利用大小不同的颗粒在介质中沉降速度不同的原理，选出最佳粒度（0.15 ~ 0.35μm）的颗粒，除去不符合要求的颗粒。较粗的颗粒可经过湿磨再返回水洗。采用静置水选法，或用水力旋流器之类的水选设备进行分级。

（3）包硅。包硅通常采用硅酸钠与酸中和沉淀法，反应为：

$$Na_2SiO_3 + H_2SO_4 + (x-1)H_2O \Longrightarrow SiO_2 \cdot xH_2O + Na_2SO_4 \qquad (4-24)$$

一般选择在酸性区域凝胶的条件进行二氧化硅包膜，即用含 H_2SO_4 约 0.75mol/L 的溶液将钛白料浆的 pH 值调整至 3.5 ~ 4，加热至 80 ~ 85℃，加入硅酸钠（加入 SiO_2 量为 TiO_2 量的 1% 左右），同时加入 H_2SO_4 来维持浆料的 pH 值。包膜剂加完之后，继续搅拌 1h 左右，使二氧化硅沉淀完全，便可以在 TiO_2 颗粒表面获得较均匀的包膜。

（4）包铝。包铝方法可分为三种。一种是以氢氧化钠中和铝盐的方法（正加法）；另一种是以酸中和偏铝酸钠的方法（反加法）；第三种是并流连续中和法，即在中和成胶过程中采用等 pH 值投料方法。第二种包铝方法优点较多，因为在碱性条件下有利于 TiO_2 的分散。用浓度为 2mol/L 的 NaOH 的溶液将 TiO_2 料浆的 pH 值调节至 9 ~ 9.5，并加热至 60℃ 左右，加入已制备的偏铝酸钠（加入 Al_2O_3 量为 TiO_2 量的 2% 左右），加完包膜剂之后继续搅拌 0.5h，以使水合氧化铝沉淀完全。

（5）过滤洗涤。经包膜处理的钛白浆料常含有许多水溶性杂质，如煅烧时加入的盐处理剂和包膜过程中加入的试剂。因此，必须采用过滤和水洗的方法将它们除去。为了防止污染，通常需用去离子水进行洗涤。

（6）干燥。滤饼的干燥温度不宜过高，因为温度高会损坏包覆的氧化铝膜层，造成钛白凝结，降低其分散性。一般干燥温度以控制在 120 ~ 150℃ 为宜。

（7）粉碎。经包膜处理的产品，通常需用气流粉碎法再一次进行粉碎，使絮凝的微粒迅速分开，以提高产品的颜料性能。

4.2.5.2　有机包膜

有机物可通过物理吸附和化学吸附方法附着在 TiO_2 颗粒表面，以提高钛白在介质中的分散性。可用于钛白包膜的有机处理剂种类很多，包括胺类（三乙醇胺、三苯胺、异丙醇胺等）、含活性亚甲基化合物（如乙酰丙酮等）、多元醇、有机硅化合物和表面活性剂等。其中最常见的是三乙醇胺。有机处理剂的用料一般是 TiO_2 量的 0.2% ~ 0.6%，用量过多反而会引起颗粒的凝聚。

在无机包膜之后，在颗粒的最外层包上一层有机涂层。其方法是在无机包膜并洗涤后，再加入有机处理剂进行打浆，或者浆料干燥时加入有机处理剂，因为有机处理剂通常又是一种表面活性剂，具有粉碎助剂的作用，因此也可在气流粉碎时加入有机处理剂。此时由于钛白颗粒的强烈运动和碰撞，能使有机物均匀地分布在钛白颗粒表面。

教学活动建议1

本部分内容理论性较强，文字表述较多，学生学习过程中难以理解，在学习之前或过程中，通过现场参观或观看现场视频增强学生对富钛料生产实践的感性认识，提高学生的学习兴趣；教师讲授时，应采用多媒体教室，将相关示意图与文字表述结合起来，使抽象、枯燥的文字生动有趣，提高课堂教学效果。

教学活动建议2

至此学生已经初步具备分析问题解决问题的能力，可以让学生分组讨论硫酸法钛白粉生产过程中工艺条件如何选择，进一步提升学生分析问题、解决问题的能力，增强对理论知识的深入理解和应用。

4.3 氯化法生产钛白粉简介

氯化氧化法（简称氯化法）是生产钛白的一种先进方法，它是用氯气分离含钛原料，使其中钛的化合物氯化为四氯化钛。经过提纯的四氯化钛在高温下氧化生成二氧化钛和氯气，生成的氯气返回氯化工序，生成的二氧化钛经后处理称为产品钛白粉。以钛铁矿为原料，生产工艺过程包括钛铁矿的富集、富钛料的氯化、四氯化钛精制、四氯化钛气相氧化和成品的后处理五个步骤。上述前三个环节在本书项目二、项目三任务一、项目三任务二已经论述，成品的后处理与硫酸法钛白的成品后处理基本相同，不再重复。本部分仅对四氯化钛的气相氧化环节进行论述。

4.3.1 氯化法生产钛白粉基本原理

4.3.1.1 TiCl$_4$ 气相氧化反应热力学分析

TiCl$_4$ 气相氧化过程的反应式如下：

$$TiCl_4(g) + O_2(g) = TiO_2(R) + 2Cl_2(g) \tag{4-25}$$

反应热效应为：

$$\Delta H^{\ominus} = -181.5856 kJ/mol（放热反应）$$

不同温度下的反应热按基尔霍夫公式计算：

$$\Delta H_T = 298\Delta H^{\ominus} + \int_{298}^{T} \Delta C_p dT \tag{4-26}$$

计算得不同温度下反应热焓值见表 4-2。

表 4 - 2　不同温度下反应的热焓值

反应热	T/K				
	298	1000	1300	1600	1900
$\Delta H_T/\text{kJ} \cdot \text{mol}^{-1}$	-181.6	-179.7	-178.1	-175.8	-172.9

从表 4 - 2 中可以看出气相反应是放热反应，其热焓值变化不大，随着反应温度升高，热焓值略有降低。其反应热不足以维持反应在高温下进行。为保证反应的同步、快速进行，在工业实践中通常把 $TiCl_4$、O_2 预热到一定温度再进行反应。这样就使气相氧化装置略显复杂一些。

4.3.1.2　$TiCl_4$ 气相氧化动力学

$TiCl_4$ 气相氧化生成 TiO_2 是多相复杂反应，其特征是在相变过程中成核。反应大致包括下列步骤：(1) 气相反应物在极短时间内相互扩散和接触；(2) 加入晶型转化剂兼成核剂 $AlCl_3$，首先与氧反应生成 Al_2O_3，并成核；(3) $TiCl_4$ 与 O_2 反应生成 TiO_2，并附着在 Al_2O_3 核上长大；(4) TiO_2 晶核长大，并转化为金红石型，表示为：$nTiO_2(s) \rightarrow (TiO_2)_n(s)$；$nTiO_2(A) \rightarrow nTiO_2(R)$；(5) 生成物被快速降温并移出反应区，控制晶体颗粒长大，防止失去颜料性能。

通常认为，$TiCl_4$ 气相氧化反应是非均相成核的典型例子，优先在反应器壁上成核。随着反应进行，新相 TiO_2 颗粒不断黏附在反应器壁上，TiO_2 产物不断长大形成疤层。实际也是如此，在反应器壁表面形成黏软的疤层又被气流冲刷不断去除，反复进行，周而复始。在没有有效驱除疤层的情况下，疤层就会逐渐加厚、烧硬，最终会影响反应正常进行，这就是通常讲的氧化炉结疤。

从动力学角度考虑，影响反应和产品性能的主要因素是反应温度、反应时间、成核剂和晶型转化剂。

(1) 反应温度。四氯化钛和氧在 550 ~ 600℃ 开始反应，但在此温度下反应速度缓慢；随着温度的升高，反应速度成幂次函数增加。在 600 ~ 1100℃ 温度范围内反应从受化学反应控制变为受动力学控制。在给予 1100℃ 时，已达到很好的反应速度，反应时间小于 0.01s，反应的活化能力为 138kJ/mol。

研究表明，该反应产品的晶型结构主要决定于反应物的起始温度（即反应的引发温度）和化学反应时间。当反应引发温度为 500 ~ 1100℃ 时，反应产品主要是锐钛型 TiO_2；当引发温度提高到 1200 ~ 1300℃ 时，反应产品的金红石率可达 65% ~ 70%。因此，要提高反应产品的金红石率，就必须提高反应引发温度，即需要提高反应物的起始温度。同时，初始引发反应在较高温度下进行时，活化分子的比例较大，大部分分子有相近的反应和成核几率，因而有利于生成力度小而均匀的产品。为了获得具有优异颜料性能的产品，必须预热反应物，使反应引发温度高于 1200℃，最好达到 1400 ~ 1600℃。

(2) 反应时间。$TiCl_4$ 气相氧化反应需要在高温下进行，反应温度的提高有利于生成粒子的长大，但生成粒子在高温区停留时间过长会使其过分长大，只能获得粗粒而不是颜料级粒子产品。为了防止晶粒的过分长大，必须缩短生成粒子在反应高温区的停留时间。

从反应历程看，反应停留时间应包括 $TiCl_4$ 和 O_2 混合成核时间、化学反应时间、晶粒长大和晶型转化时间。一些研究者通过对实验数据的数理统计处理，得出了 TiO_2 平均粒子与宏观停留时间的关系，经验公式为：

$$\overline{d} = Algt + C \qquad\qquad (4-27)$$

式中 $\overline{d}$——TiO_2 平均粒度，μm；

      t——停留时间，s；

  A，C——实验经验常数。

实验结果表明，当 $TiCl_4$ 预热温度为 450～500℃、O_2 预热温度在 1700℃，反应温度 1300℃，反应停留时间控制在 0.05～0.08s，可获得平均粒径为 0.2μm 的产品。如果引发温度提高，相应的停留时间还应进一步缩短。随着反应温度的提高和反应停留时间的缩短，产品的粒度分布宽度 Δd 也相应变窄，有利于提高产品质量。

（3）成核剂和晶型转化剂的影响。锐钛型 TiO_2 在高温条件下虽然可向金红石型 TiO_2 转化，在转化过程中自由能降低，晶体表面收缩，体积缩小，结构致密，稳定性变好。但已经指出，由于晶型转化所需要的活化能高，晶型转化的动力学速度十分缓慢，即使在反应高温区停留数秒钟，其转化率也不大。停留如此长的时间或继续延长时间是不允许的，因为生成粒子因停留时间长会过分长大而完全失去颜料性能。因此，为了提高晶型转化率，必须引入晶型转化促进剂。前面已经提到，$AlCl_3$ 比 $TiCl_4$ 能更优先氧化生成 Al_2O_3，Al_2O_3 微晶核可成为诱导 $TiCl_4$ 氧化反应的核心。

实验表明，$AlCl_3$ 不仅是有效的成核剂，同时也是有效的晶型转化剂。加入适量的 $AlCl_3$ 晶型转化剂，能使锐钛型 TiO_2 的晶型转化速度显著提高，并有利于获得粒度均匀的产品。晶型转化率与反应温度、停留时间和晶型转化剂的添加量有关。在目前氯化法钛白粉生产中，$AlCl_3$ 的添加量一般为 $TiCl_4$ 的 1%～2%。

4.3.2 氯化法生产钛白粉基本工艺

氯化法钛白生产工艺流程在项目一已经介绍，工艺流程示意图如图 1-7 所示，氯化法钛白生产氧化作业工艺流程示意图如图 4-3 所示。它包括反应物预热、氧化反应、产物淬冷和气固分离反应物等几个步骤。

精制的液态 $TiCl_4$ 在蒸发器中蒸发为气体，蒸发温度一般为 180～200℃，压力 0.2MPa 左右。蒸发出来的 $TiCl_4$ 在预热器中预热。高温下的 $TiCl_4$ 具有极强的腐蚀性，常规的金属和稀有金属都会被它腐蚀。一般选用高级镍基合金和刚玉、石英、石墨、陶瓷等非金属材料作为 $TiCl_4$ 的预热容器材料。因预热容器材料的限制，通常 $TiCl_4$ 的预热温度为 450～650℃。但许多研究者认为，有必要进一步提高 $TiCl_4$ 的预热温度，如预热至 1000℃左右，以提高氧化反应的起始引发温度。因为 $TiCl_4$ 的热容较大，如果它的预热温度低，即使氧气预热温度较高，两者混合后的温度仍然会偏低。例如 $TiCl_4$ 预热至 600℃，氧气预热至 1800℃，两者混合后的温度仍然只有 900℃左右。可见，进一步提高 $TiCl_4$ 的预热温度对提高氧化反应的起始引发温度具有重要的意义。

4.3.2.1 氧气的预热

一般将氧气预热至 1600～2000℃，以弥补 $TiCl_4$ 预热温度偏低的不足，使它与 $TiCl_4$ 混合后达到较高的混合温度。通常采用两段式加热：第一段预热器将氧气预热到 850～

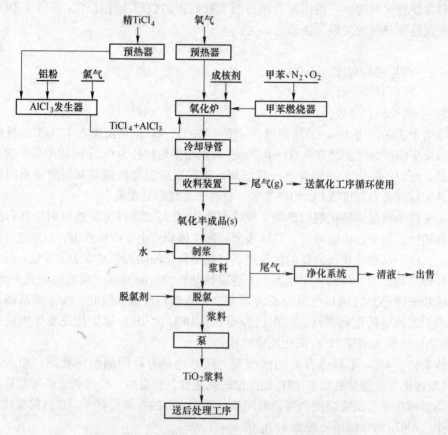

图4-3　氯化法钛白生产氧化作业工艺流程示意图

920℃，第二段在氧化炉内用甲苯燃烧产生的热量再把流入的预热氧流加热到1800℃。

4.3.2.2　AlCl₃ 的制备和加入方式

AlCl₃ 与 TiCl₄ 混合的方法有液相溶解法和气相混合法两种。液相溶解法是一种比较简单的方法。不同温度下 AlCl₃ 在 TiCl₄ 中的溶解度如表4-3所示。

表4-3　不同温度下 AlCl₃ 在 TiCl₄ 中的溶解度

t/℃	AlCl₃ 溶解度/%	溶解达到平衡时间/h
70	0.24	40
105	1.86	24
127	7.24	5

可见，常温下 AlCl₃ 在 TiCl₄ 中的溶解度较小，但随着温度升高 AlCl₃ 的溶解度增加。当温度达到105℃时，可溶解1.86%的 AlCl₃，当溶解过程达到平衡所需要的时间较长。将固体 AlCl₃ 溶解过程中会产生固体物沉淀，从而增加废料处理量和造成 TiCl₄ 的损失。这是因为 AlCl₃ 易吸潮，当吸潮的 AlCl₃ 加入 TiCl₄ 中时会使 TiCl₄ 水解产生沉淀。

另一种方法是将一定量的 AlCl₃ 气体加入至 TiCl₄ 气体中进行混合，这是一种比较先进的方法。这种方法有两种实施方案，一种是使预先制备好的固体 $AlCl_3$ 升华，再把升华的 $AlCl_3$ 与气体 $TiCl_4$ 相混合。另一种实施方案是使金属铝粒与氯气直接反应生产气相的 $AlCl_3$，然后将它与气体 $TiCl_4$ 相混合。国外普遍采用后一方案，在过程中通过控制好氯气或铝粒的加入量恒定 $AlCl_3$ 的生成量。

4.3.2.3 氧化反应

预热的反应物（$TiCl_4 + AlCl_3$、O_2）分别经保温管道导入各自的喷嘴，由喷嘴喷出的反应物在氧化反应器内的加热装置或燃料燃烧火焰下进一步加热、混合、反应。反应器温度通常高达 $1400 \sim 2000℃$，在这里完成 $TiCl_4$ 与 O_2 的反应、晶粒长大和晶型转化等过程。进行氧化反应的关键是需要控制好反应物的预热温度，加入速度和适当的配比，以确保达到所要求的引发反应温度和停留时间；同时还必须及时清除反应器上的疤料，使氧化过程能连续平衡地进行。

氧化反应通常维持正压操作，这就要求设备的密封性要好，此时尾气中的氯气浓度通常达 80% 以上，可返回氯化作业使用，实现闭路循环。如果氧化反应在负压下操作，系统会吸入空气，使尾气中氯气浓度偏低而不便循环使用。在尾气净化之后将其中的氯气液化为液氯，则更便于储存或返回氯化工序使用，使氧化—氯化工序间的衔接更为灵活。

前已述及物料在氧化反应器中的停留时间很短，故要求反应物和产物以极高的速度提高反应器。

4.3.2.4 反应物的淬冷和气固分离

氧化反应物离开反应式的温度一般在 $1000℃$ 以上，为了抑制 TiO_2 粒子的继续长大，必须迅速将含有 TiO_2 的气体悬浮物淬冷至 $700℃$ 以下。通常在氧化器的出口处导入经冷却的一部分氧化尾气将反应物淬冷至 $550 \sim 700℃$ 之间，再通过冷却器继续冷却至 $70℃$ 左右。采用气固分离设备，如旋风分离器和脉冲式袋滤器等，将尾气流中的 TiO_2 产品分离出来。尾气中的氯气经洗涤净化后送氯化作业或液化为液氯储存。

从反应产物气流中分离出来的初级 TiO_2 产品，往往吸附了一定量的氯或含有未反应完全的氧氯化钛，需要经过脱氯处理之后才能送入表面处理工序。

【实践技能】

技能训练实际案例4.1 钛液质量的判断

4.1.1 还原程度的判断

钛液的还原程度要视溶液中三价钛出现的多少来掌握。

溶液中保持一定的三价钛含量，可以防止溶液中已被还原成低价状态的金属离子，在以后生产中再氧化成高价状态，但是三价钛不参与钛盐的水解反应，只有在 pH 值大于 3 时，才能水解，因此三价钛含量过高，虽然对质量有好处，但会降低水解率，增加钛的损失率，很不经济。

4.1.2 沉降效果的检验

钛液沉降效果的好坏，定性检查一般是取一定量的钛液在布氏漏斗中过滤，用少量水清洗滤纸后检查滤纸（通常看第二张滤纸）上的痕迹深浅来判断沉降效果的优劣。定量检查是取一定量钛液在布氏漏斗中过滤，然后测定其滤纸上的泥渣含量，一般控制在300mg/L 左右。也可以用透光率的办法来测定沉降效果的好坏，其方法是先用 30% 的双氧水把钛液中的三价钛氧化成四价钛，使钛液从紫黑色变成透明的液体，然后目视或用分光光度计测量透光率，透光率越高沉降效果越好。

技能训练实际案例 4.2　　偏钛酸水洗操作不正常的原因及采取的措施

偏钛酸水洗操作不正常的原因及采取的措施见表 4 - 4。

表 4 - 4　偏钛酸水洗操作不正常的原因及采取的措施

不正常现象	原 因 分 析	防止及处理办法
滤饼脱落（落片）	（1）真空系统故障，真空中断； （2）裂缝和空洞过多； （3）调换新滤布	（1）立即启用备用真空系统； （2）浆料或水洗槽中添加聚丙烯酰胺； （3）新滤布事先用清水浸泡 1～2 天或表面涂刷聚丙烯酰胺
水洗时间过长	滤布使用时间过长造成滤布孔阻塞	擦洗滤布或更换新滤布
裂缝及空洞过多	（1）真空度过高； （2）偏钛酸颗粒不均匀； （3）滤布使用过久或滤布破碎	（1）调节真空度； （2）检查水解过程是否正常，浆料中加入絮凝剂； （3）叶片滤布表面涂刷絮凝剂，调换或擦洗滤布
滤饼表面松散	（1）真空度过低； （2）抽水总管或分管过细，阻力过大，造成叶片表面真空度不够； （3）裂缝及空洞太多	（1）提高真空度； （2）抽水管改粗； （3）参照上一条"裂缝及空洞过多"
滤饼表面凹凸不平	（1）上片前浆料未搅匀； （2）滤布使用过久	（1）搅匀浆料； （2）调换或擦洗滤布

技能训练实际案例 4.3　　偏钛酸漂洗操作不正常的原因

4.3.1　漂洗后三价钛含量不适

有时漂白后偏钛酸中测不出三价钛的含量，其主要原因可能是偏钛酸中三价铁含量太高，所加入的锌粉、铝粉或三价钛溶液的量不足以全部把它们还原成二价铁，或者锌粉、铝粉贮存时间太长或受潮表面钝化。另外在使用三价钛溶液时，三价钛溶液存放的时间过长，三价钛浓度变低，按原来计算加入的量已不够，或者硫酸加入量过少、漂白温度过低、长时间快速搅拌浆料中的三价钛重新被氧化都可能造成测不出三价钛离子的现象。

漂白后偏钛酸中的三价钛含量不宜过高或过低，如果在漂洗结束时仍含有较高的三价钛，会造成偏钛酸在煅烧时使产品泛灰相；如果三价钛含量过低，就不能保证三价钛在漂洗时能起到抑制二价铁重新氧化成三价铁的可能，如果没有三价钛就说明偏钛酸中还有一定数量的三价铁未还原成二价铁。

4.3.2　漂洗后偏钛酸呈蓝灰色

偏钛酸漂洗后夹有蓝灰色物质，暴露在空气中数分钟即自行消失。这是因为有较多的三价钛离子存在，又未完全洗净的缘故。蓝灰色消失是由于三价钛离子遇空气重新氧化，过多的三价钛夹杂容易使产品夹带灰色。

 教学活动建议

此部分为实践技能训练案案例，其中技能训练案例 4.1 ~ 4.3 建议采用现场教学或者在实习实训过程中由企业兼职教师和校内专任教师共同指导完成，切实提高学生的实践能力。

复习思考题

填空题

4 - 1 1916 年在（   ）建成了 1000t/a，含 25% TiO_2 的复合颜料厂，使钛白粉实现了工业化生产。

4 - 2 20 世纪 80 年代中期，国家利用（   ）科技攻关中取得的硫酸法钛白粉开发成果，改造了一批老厂，兴建了一批新厂，装置技术水平有所提高，年生产规模迈向了（   ）t 级。

4 - 3 钛铁矿的主要成分是（   ），分子式是（   ），用钛铁矿为原料，硫酸法生产钛白粉有两大主要产品，分别是（   ）和（   ）。

4 - 4 二氧化钛有（   ）、（   ）和（   ）三种晶型。

4 - 5 硫酸法钛白生产对钛铁矿的质量要求是 Fe_2O_3 的含量要（   ），S 含量要低于（   ），P 含量要低于（   ），水分要低于（   ）。

4 - 6 固相法生产钛白粉，采用（   ）硫酸（浓或稀）。

4 - 7 重力沉降是借助（   ）的作用，从粗分散体系悬乳液中分离固体颗粒的方法。

4 - 8 在钛液沉降中常用的凝聚剂是（   ），常用的絮凝剂是 AMPAM，它的化学名称是（   ）。

4 - 9 硫酸亚铁的溶解度随温度的变化关系是：温度降低，溶解度（   ），据此可以用（   ）方法去除硫酸亚铁。

4 - 10 在盐处理过程中加入的二氧化钛溶胶称为（   ）晶种，它起（   ）作用。

4 - 11 锐钛型颜料钛白盐处理常用的钾盐处理剂主要是（   ）。

4 - 12 请写出下列物质的化学式：三氧化二锑（   ），五氧化二铌（   ），偏钛酸亚铁（   ）。

名词解释

4 - 13 酸比值。

4 - 14 白度。

4 - 15 消色力。

简答题

4 - 16 简述钛白粉的发展趋势。

4 - 17 硫酸法钛白粉对钛铁矿和富钛料有哪些质量要求？

4 - 18 酸解反应时出现冒锅事故的原因有哪些？

4 - 19 钛液浓缩为什么要在真空下进行？

4 - 20 水解过程中加入晶种有什么作用？

综合题

4 - 21 请绘出硫酸法生产钛白粉的工艺流程框图并写出在哪些工序发生什么主要的化学反应。

课外拓展学习链接　钛白粉生产相关图书推荐及参考文献

亲爱的同学：

　　如果你在课外想了解更多有关钛渣熔炼技术的知识，请参阅下列图书！书籍会让老师教给你的一个点变成一个圆，甚至一个面！

［1］陈朝华，刘长河. 钛白粉生产及应用技术［M］. 北京：化学工业出版社，2006.

［2］陈德彬. 硫酸法钛白粉实用生产问答［M］. 北京：化学工业出版社，2009.

［3］张益都. 硫酸法钛白粉生产技术创新［M］. 北京：化学工业出版社，2010.

［4］唐振宁. 钛白粉的生产与环境治理［M］. 北京：化学工业出版社，2000.

［5］陈春英. 二氧化钛纳米材料的制备、表征及安全应用［M］. 北京：科学出版社，2014.

［6］陈春英. 二氧化钛纳米材料生物效应与安全应用［M］. 北京：科学出版社，2010.

［7］孙振范，郭飞燕，陈淑贞. 二氧化钛纳米薄膜材料及应用［M］. 广州：中山大学出版社，2009.

附　　录

附录1　钛冶炼工国家职业标准

1　职业概况

1.1　职业名称

钛冶炼工。

1.2　职业定义

操作钛冶炼设备，将钛原料经电炉熔炼、氯化、精制、还原蒸馏、破碎包装等工序生产海绵钛产品的人员。

1.3　职业等级

本职业共设五个等级，分别为：初级（国家职业资格五级）、中级（国家职业资格四级）、高级（国家职业资格三级）、技师（国家职业资格二级）、高级技师（国家职业资格一级）。

1.4　职业环境

室内，高温，有时接触有害气体。

1.5　职业能力特征

有一定的观察、判断和计算能力，视力良好，四肢灵活，动作协调。

1.6　基本文化程度

高中毕业（或同等学力）。

1.7　培训要求

1.7.1　培训期限

全日制职业学校教育，根据其培养目标和教学计划确定。晋级培训期限：初级、中级、高级不少于150标准学时；技师、高级技师不少于120标准学时。

1.7.2　培训教师

培训初、中、高级的教师应具有本职业技师及以上职业资格证书或相关专业中级以上专业技术职务任职资格；培训技师的教师应具有本职业高级技师职业资格证书或本专业高级技术职务任职资格；培训高级技师的教师应具有本职业高级技师职业资格证书两年以上或相关专业高级技术职务任职资格。

1.7.3　培训场地设备

标准教室和生产现场。

1.8　鉴定要求

1.8.1　适用对象

从事或准备从事本职业的人员。

1.8.2　申报条件

初级（具备以下条件之一者）：

（1）经本职业初级正规培训达规定标准学时数，并取得结业证书。

（2）在本职业连续见习工作1年以上。

（3）本职业学徒期满。

中级（具备以下条件之一者）：

（1）取得本职业初级职业资格证书后，连续从事本职业工作两年以上，经本职业中级正规培训达规定标准学时数，并取得结业证书。

（2）取得本职业初级职业资格证书后，连续从事本职业工作3年以上。

（3）连续从事本职业工作5年以上。

（4）取得经劳动保障行政部门审核认定的、以中级技能为培养目标的中等以上职业学校本职业（专业）毕业证书。

高级（具备以下条件之一者）：

（1）取得本职业中级职业资格证书后，连续从事本职业工作3年以上，经本职业高级正规培训达规定标准学时数，并取得结业证书。

（2）取得本职业中级职业资格证书后，连续从事本职业工作4年以上。

（3）连续从事本职业工作10年以上。

（4）取得高级技工学校或经劳动保障行政部门审核认定的、以高级技能为培养目标的高等职业学校本职业（专业）毕业证书。

（5）取得本职业中级职业资格证书的大专以上本专业或相关专业的大专毕业生，连续从事本职业工作两年以上。

技师（具备以下条件之一者）：

（1）取得本职业高级职业资格证书后，连续从事本职业工作4年以上，经本职业技师正规培训达规定标准学时数，并取得结业证书。

（2）取得本职业高级职业资格证书后，连续从事本职业工作6年以上。

（3）取得本职业高级职业资格证书的高级技工学校本职业（专业）毕业生和大专以上本专业或相关专业毕业生，连续从事本职业工作两年以上。

高级技师（具备以下条件之一者）：

（1）取得本职业技师职业资格证书后，连续从事本职业工作3年以上，经本职业高级技师正规培训达规定标准学时数，并取得结业证书。

（2）取得本职业技师职业资格证书后，连续从事本职业工作5年以上。

1.8.3　鉴定方式

分为理论知识考试和技能操作考核。理论知识考试采用闭卷笔试方式，技能操作考核采用现场实际操作方式。理论知识考试和技能操作考核均实行百分制，成绩皆达60分及以上者为合格。技师、高级技师还须进行综合评审。

1.8.4　考评人员与考生配比

理论知识考试考评人员与考生配比为1：20，每个标准教室不少于两名考评人员；技能操作考核考评员与考生配比为1：10，且不少于3名考评员；综合评审委员不少于5人。

1.8.5　鉴定时间

理论知识考试时间为 90～120min；技能操作考核时间为 60～240min；综合评审时间不少于 20 min。

1.8.6　鉴定场地及设备

理论知识考试在标准教室进行；技能操作考核在具备实际操作考核设施的海绵钛生产现场或相关场地进行。鉴定现场的环境条件、设备仪器、原辅材料、工具应能满足鉴定要求，各种仪器设备必须检验合格并在有效使用期内。

2　基本要求

2.1　职业道德

2.1.1　职业道德基本知识

职业道德基本知识。

2.1.2　职业守则

（1）遵章守纪，精心操作；

（2）爱岗敬业，忠于职守；

（3）认真负责，确保安全；

（4）刻苦学习，不断进取；

（5）团结协作，尊师爱徒；

（6）谦虚谨慎，文明生产；

（7）勤奋踏实，诚实守信；

（8）厉行节约，降本增效；

（9）自爱自强，立志钛业。

2.2　基本知识

2.2.1　钛冶炼基本知识

（1）钛的资源和发展概况；

（2）钛及其化合物的性质、制取、用途；

（3）镁法炼钛的基本知识。

2.2.2　质量基础知识

（1）质量管理体系基础知识；

（2）质量分析基本知识；

（3）质量统计基本知识。

2.2.3　安全、消防和环境保护知识

（1）起重设备指挥基本知识；

（2）电工学基本知识；

（3）消防基础知识；

（4）安全生产、工业卫生及环保的有关法律法规；

（5）安全规程。

2.2.4　机械制图基础知识

识图知识。

2.2.5　计算机基本知识

计算机基本知识。

2.2.6　相关法律、法规知识

（1）劳动法的相关知识；

（2）合同法的相关知识。

3　工作要求

本标准对初级、中级、高级、技师和高级技师的技能要求依次递进，高级别涵盖低级别的要求。

在原料制备和钛渣加工、液氯蒸发、准备拆装、成品处理四个可选模块可设置技师，在钛渣熔炼、氯化操作、精制、还原蒸馏操作四个可选模块可设置高级技师。

3.1　初级

附表 1 – 1　初级技能要求

职业功能	工作内容	技　能　要　求	相　关　知　识
生产准备	读工艺文件	（1）能读懂本岗位理化检验报告单； （2）能读懂本岗位有关工艺参数和工艺操作规程	（1）相关原料和产品的分子式和化学方程式； （2）相关岗位的操作规程
	设备检查	能检查设备、仪表运行是否正常	设备、工具、仪表的运行知识
	原料、产品识别	能识别本岗位涉及的原料和产品	原料和产品的质量特性
生产操作（任选一项工作内容）	原料制备和钛渣加工	（1）能完成原料的破碎操作； （2）能完成配料操作，配置合格电炉料； （3）能完成钛渣的破碎、磁选和筛分； （4）能控制破碎设备的进料量	（1）生产原料的质量要求； （2）钛渣配料生产工艺流程及设备使用知识； （3）钛渣加工工艺及设备使用知识； （4）磁选目的及除铁机理
	电炉熔炼	（1）能操作捣炉设备和加料设备进行捣炉和加料操作； （2）能按要求下放电极； （3）能完成电炉配电操作； （4）能检查渣包状况并垫好渣包； （5）能完成烤炉嘴的操作； （6）能完成出炉操作； （7）能进行钛生铁铸锭操作	（1）钛渣包的结构； （2）钛渣熔炼的工艺和电气特点； （3）钛生铁铸锭知识； （4）钛渣电炉熔炼岗位操作规程
	液氯蒸发	（1）能完成本岗位内液氯输送； （2）能完成液氯蒸发操作； （3）能根据氯化生产的需要输送氯气； （4）能安全处理液氯蒸发操作中的简单故障	（1）本岗位生产管线布置知识； （2）液氯蒸发岗位的操作规程； （3）液氯使用基本知识； （4）液氯的运输、装卸的安全知识
	氯化操作	（1）能按指定配料比配制混合料； （2）能操作加料系统设备进行加料； （3）能完成电解氯气的转进、转出操作； （4）能控制入炉氯气浓度、流量、压力； （5）能分析电解氯气浓度； （6）能进行炉渣及收尘渣排放操作； （7）能为循环泵槽补充、更换淋洗液； （8）能进行粗四氯化钛过滤操作； （9）能完成四氯化钛计量操作； （10）能使用专用工具对系统进行清理； （11）能完成尾气处理操作	（1）氯化生产工艺； （2）氯化岗位操作规程； （3）粗四氯化钛的质量要求

职业功能	工作内容	技 能 要 求	相 关 知 识
生产操作（任选一项工作内容）	精制	（1）能完成粗四氯化钛输送操作（与氯化共用）； （2）能操作浮阀塔进行四氯化钛蒸馏和精馏； （3）能完成精四氯化钛输送和计量操作； （4）能操作除钒塔完成杂质分离； （5）能排放高沸点产物； （6）能完成清洗铜丝操作； （7）能对泥浆上层清液进行过滤； （8）能完成泥浆处理操作（与氯化共用）； （9）能完成管路和容器清理	（1）浮阀塔精馏操作的主要影响因素； （2）精制岗位的操作规程； （3）泥浆处理工艺
	准备拆装	（1）能完成新反应器等设备的除锈、酸浸、清洗、干燥； （2）能完成钛粉的粉刷； （3）能完成新反应器的拆卸与清扫； （4）能完成反应器大盖的酸洗、水洗、干燥； （5）能清除反应器、大盖的黏附物； （6）能按规定的方位组装反应器、大盖及其附属设备； （7）能对真空系统进行简单维护和清理； （8）能完成真空系统预抽检漏操作； （9）能将液体或固体镁加入到反应器内	（1）准备岗位的操作规程； （2）水分、铁锈对反应器的使用的影响及清除方法； （3）真空系统维护知识
	还原、蒸馏操作	（1）能完成新反应器的升温渗钛操作； （2）能完成反应器的入炉操作； （3）能连接各种管路； （4）能完成加料、停料操作； （5）能监测和记录还原、蒸馏工艺参数； （6）能完成氯化镁的排放； （7）能进行还原转蒸馏操作； （8）能完成反应器出炉、冷却操作	（1）还原、蒸馏生产基本知识； （2）还原、蒸馏操作规程
	成品处理	（1）能完全取出钛坨； （2）能完成海绵钛坨的表层处理； （3）能完成海绵钛块分选操作； （4）能完成海绵钛破碎操作； （5）能准备满足要求的产品包装物； （6）能操作磁选机完成产品磁选； （7）能按要求进行成品挑选； （8）能完成产品计量、包装操作； （9）能对产品进行抽空充氩； （10）能完成产品分区存放及区域标识	（1）钛坨处理的注意事项； （2）产品标识方法； （3）风镐及氩气的使用知识； （4）海绵钛产品粒度要求； （5）海绵钛破碎岗位操作规程； （6）海绵钛包装物种及质量要求； （7）产品的分类和包装方法； （8）海绵钛产品外观评定准则； （9）抽空充氩工艺要求
操作后处理	填写质量记录	能填写本岗位操作所涉及的质量记录	质量记录填写知识
	设备维护保养	能进行设备、仪表、工具的日常保养和简单维护	设备、仪表、工具维护保养知识

3.2　中级

职业功能	工作内容	技 能 要 求	相 关 知 识
生产准备	读工艺文件	能分析相关产品理化检验报告单	相关原料和产品的质量标准
	设备检查	能根据运行记录检查、判断设备运行情况	本岗位设备工作原理和检测知识
生产操作（任选一项工作内容）	原料制备和钛渣加工	(1) 能判断所提供的原料是否满足生产要求； (2) 能根据电炉熔炼状况及时调整配料比； (3) 能判断破碎后的钛渣是否符合粒度要求，并及时提出调整建议； (4) 能判断磁选效果，调整磁选设备控制参数	(1) 钛渣生产配料比的计算方法； (2) 原料粒度及配料比对电炉熔炼的影响； (3) 钛渣的特性； (4) 钛渣加工过程对成品钛渣质量的影响
	电炉熔炼	(1) 能确定电极下放长度； (2) 能根据料面情况调整加料量； (3) 能根据电压、电流的情况判断炉况，并进行调整； (4) 能根据渣样的外观判断钛渣品位； (5) 能处理电炉熔炼常见故障	(1) 钛渣熔炼的基本原理； (2) 电炉熔炼过程的影响因素； (3) 炉况的调整处理知识； (4) 电炉熔炼故障的种类及产生原因
	液氯蒸发	(1) 能调整液氯蒸发操作参数，满足氯化生产需要； (2) 能对液氯用量进行计量	(1) 压力容器及仪表的一般知识； (2) 液氯容器的使用要求
	氯化操作	(1) 能计算和调整配料比； (2) 能判断物料外观质量，能处置不合格原料； (3) 能进行氯气分配操作； (4) 能根据氯化技术参数的变化，向配料、液氯蒸发、电解等岗位提出操作建议； (5) 能配制氯化尾气分析液，并能进行尾气成分分析； (6) 能通过氯化尾气的分析结果，简单判断氯化炉内反应状况； (7) 能完成盐酸回收操作； (8) 能对混合料的质量做出初步判断； (9) 能根据氯料比计算通氯量或加料量； (10) 能对循环泵的上料情况进行检定； (11) 能清理打料泵； (12) 能对浓密机沉降效果做一般检查； (13) 能进行打料、过滤及补充料操作； (14) 能处理不合格品； (15) 能更换过滤器； (16) 能进行尾气处理操作； (17) 能判断并处理系统堵塞	(1) 氯化生产主要设备的结构、工作原理和使用方法； (2) 原料的物理、化学性能和质量标准； (3) 不同产地原料的特性及对氯化生产的影响； (4) 配料比和氯料比的计算方法； (5) 氯化生产的基础理论； (6) 氯化生产各工艺参数之间的关系； (7) 氯化尾气成分的分析方法； (8) 不合格产品处理方法； (9) 氯化设备的检修、维护和保养规程

职业功能	工作内容	技 能 要 求	相 关 知 识
生产操作（任选一项工作内容）	精制	（1）能调节各参数，使蒸馏塔、精馏塔稳定运行； （2）能处理蒸馏塔、精馏塔在生产中出现的故障； （3）能完成处理低、高沸点氯化物操作； （4）能调节各参数使除钒塔稳定运行； （5）能处理不合格品； （6）能处理除钒过程中出现的一般故障； （7）能判断过滤布是否失效； （8）能判断浓密机内泥浆层的高度（与氯化共用）； （9）能排除泥浆处理过程的一般故障（与氯化共用）	（1）除低、高沸点杂质的原理； （2）精制除钒的原理； （3）影响除钒的因素； （4）不合格品处理方法； （5）泥浆蒸发原理
	准备拆装	（1）能配制反应器和大盖酸洗液，判断反应器和大盖酸洗效果； （2）能调配渗钛用钛粉； （3）能对反应器的使用情况进行检查； （4）能进行反应器正压和真空检漏； （5）能对真空系统阀门进行简单维修； （6）能完成泵的极限真空度试验； （7）能处理准备过程的一般故障	（1）酸洗基本原理； （2）反应器渗钛基本原理； （3）反应器的材质、规格和使用条件； （4）设备抽空检漏规定； （5）真空系统检修规程
	还原、蒸馏操作	（1）能检查生产系统是否完好； （2）能完成还原过程中的料速、温度、压力等工艺参数控制； （3）能判断还原反应终点； （4）能完成转炉、检漏、出炉操作； （5）能控制蒸馏各个阶段的温度、真空度、压差、冷却水量等参数； （6）能检查挥发物过道的畅通情况； （7）能根据还原、蒸馏过程情况变化提出调整还原、蒸馏工艺条件的建议； （8）能操作计算机调整生产参数	（1）还原过程各工艺参数之间的关系； （2）蒸馏过程各工艺条件之间的关系； （3）自动控制基础知识； （4）操作计算机调整生产参数的方法
	成品处理	（1）能发现和处理拆卸和取出过程中的安全隐患； （2）能操作油压机切压海绵钛坨； （3）能控制海绵钛坨切压粒度； （4）能判断油压机和破碎机的运行状况； （5）能鉴别海绵钛的外观质量，并进行合理分类； （6）能进行筛下物分类处理； （7）能控制传送带机运输机物料层厚度； （8）能检查产品的磁选质量； （9）能检查产品的挑选质量； （10）能检查产品包装质量； （11）能判断计量装置的准确性； （12）能判断抽空充氩系统的完好情况； （13）能检查抽空充氩是否达到规定要求	（1）拆卸、取出作业的安全注意事项； （2）油压机运行原理； （3）海绵钛外观与内在质量的关系； （4）设备使用、维护的一般知识； （5）海绵钛挑选知识； （6）海绵钛采样、检查方法； （7）海绵钛包装要求； （8）氩气保护原理
操作后处理	填写质量记录	（1）能检查质量记录的填写情况是否完整； （2）能填写交接班记录	（1）质量记录填规范； （2）交接班注意事项
	设备维护保养	能对常用设备、仪表进行简单维修	设备维修基础知识

3.3　高级

附表 1 - 3　高级技能要求

职业功能	工作内容	技 能 要 求	相 关 知 识
生产准备	工艺准备	（1）能根据化验报告分析结果，判断操作是否符合工艺要求； （2）能绘制本岗位工艺流程图	（1）本岗位生产工艺； （2）绘图常识
	设备准备	（1）能绘制设备结构简图； （2）能判断设备异常情况，并提出解决办法	（1）主要设备的结构、性能、工作原理； （2）设备检修知识
生产操作（任选一项工作内容）	原料制备和钛渣加工	（1）能分析和总结不合格混合炉料产生的原因，并进行调整或处理； （2）能调整破碎设备的出料粒度分布； （3）能根据钛渣质量和氯化生产情况的变化选用适宜的筛网； （4）能准确分析钛渣质量不合格的原因，提出改进措施	（1）配料生产控制系统的组成及工作原理； （2）钛渣加工生产中主要设备的构造和工作原理； （3）钛渣的质量标准； （4）产品质量控制知识
	电炉熔炼	（1）能确定电炉生产的配送电制度； （2）能判定熔炼终点； （3）能分析影响炉况的各种原因，采用合理的操作方法	（1）电炉熔炼终点的判断； （2）钛渣电炉的结构及参数
	液氯蒸发	（1）能对液氯进行复核计算，能根据氯化生产要求提报氯气使用计划； （2）能计算氯气单耗，并能进行经济核算； （3）能对液氯蒸发工艺和设备提出改进建议	（1）统计基本知识； （2）液氯岗位设备的结构、工作原理和使用方法
	氯化操作	（1）能根据氯化生产情况动态调节配料比； （2）能组织氯化炉与收尘器及后系统的对接操作； （3）能对氯化系统（含尾气净化）进行拆卸、清理和复位； （4）能对炉底进行装配对接； （5）能判定混合料的配料比偏差，并进行临时补料调节； （6）能根据各种仪表记录参数判断氯化炉反应状况、氯化系统状况及设备运行状况； （7）能根据尾气淋洗液的色、味等判断氯化炉反应状况及系统运行情况； （8）能发现和排降设备事故隐患； （9）能对氯化工艺或设备配置提出合理化建议； （10）能根据生产需要使用热风系统	（1）氯化生产设备故障的检修、维护、保养规程； （2）配料比与氯化生产的关系； （3）氯化炉的内部结构及使用材料； （4）氯化故障处理知识； （5）氯废气的国家排放标准

职业功能	工作内容	技 能 要 求	相 关 知 识
生产操作（任选一项工作内容）	精制	（1）能解决去除低、高沸点杂质过程中出现的较复杂问题； （2）能判断铜丝是否失效； （3）能根据生产情况调节除钒剂加入量； （4）能判断产品不合格原因，并提出改进措施； （5）能调整泥浆处理工艺参数，以改进处理效果； （6）能解决泥浆处理出现的较复杂问题	（1）影响产品质量的因素及处理措施； （2）主要设备的结构、性能； （3）影响铜丝失效的因素； （4）除钒剂的加入量对产品质量的影响； （5）泥浆处理主要设备的结构和性能
	准备拆装	（1）能根据新反应器表面情况调整用酸浓度； （2）能根据钛粉粒度和杂质含量提出调整配比的建议； （3）能判断反应器渗钛是否合格； （4）能组织进行反应器生产前的准备工作； （5）能判断反应器焊缝情况并提出修站建议； （6）能根据反应器、大盖的使用情况确定是否继续使用； （7）能解决反应器准备过程中的一般性故障； （8）能检修真空系统主要阀门和部件； （9）能完成真空系统的拆卸与组装； （10）能处理真空系统预抽中的故障	（1）钛粉质量标准； （2）渗钛结果判断方法； （3）反应器准备知识； （4）反应器准备故障处理方法； （5）真空系统的构成及工作原理； （6）海绵钛生产对真空系统的要求； （7）真空系统故障处理方法
	还原、蒸馏操作	（1）能进行生产系统的简单检修； （2）能组织进行入炉、加镁、排放氯化镁、停料操作； （3）能根据还原状况调整相关工艺参数； （4）能确定压料的时间、压料量； （5）能组织进行过道连接、检漏、出炉冷却等操作； （6）能根据蒸馏状况调整蒸馏工艺参数； （7）能判定蒸馏终点； （8）能提出蒸馏工艺、设备的改进建议； （9）能处理还原、蒸馏过程的一般故障； （10）能使用计算机处理生产数据	（1）还原生产系统的构成、维护知识； （2）还原各工艺参数的变化对产品质量的影响； （3）还原生产设备故障处理方法； （4）蒸馏生产系统的构成、维护的知识； （5）蒸馏工艺参数的变化对产品质量的影响； （6）蒸馏生产设备故障处理方法； （7）计算机数据处理知识
	成品处理	（1）能制定钛坨处理方案； （2）能处理海绵钛坨拆卸、取出、剥皮过程中的质量事故； （3）能判断油压机工作状况； （4）能分析产生不合格品的原因； （5）能提出有效的工艺、设备改进建议； （6）能判别产品质量状况，制定产品挑选方案； （7）能提出改进挑选工艺的建议； （8）能提出改进产品包装的建议； （9）能检查各作业是否达到规定要求	（1）钛坨中杂质分布规律； （2）油压机基本结构； （3）产品粒度及质量要求； （4）破碎、筛分设备的工作原理； （5）海绵钛的可破碎性能； （6）生产自动化基础知识； （7）破碎过程对海绵钛产品质量的影响； （8）海绵钛质量与杂质元素的关系； （9）产品外观质量检验方法及判定准则； （10）产品包装检验知识

职业功能	工作内容	技 能 要 求	相 关 知 识
计算	物料计算	能完成本岗位的简单物料平衡计算	物料平衡计算基本知识
	技术经济指标计算	能够核算本岗位技术经济指标	技术经济指标计算方法
培训与指导	传授技艺、技能	能传授经验和技术指导初级、中级工提高技艺	传授技艺、技能的基本方法

3.4　技师

附表 1 – 4　技师技能要求

职业功能	工作内容	技 能 要 求	相 关 知 识
生产准备	生产准备	(1) 能拟订并组织实施本岗位生产系统启动方案； (2) 能解决生产准备过程中遇到的技术难题	(1) 生产系统的组成和启动要点； (2) 生产设备的材质、性能、尺寸、使用要求及准备工作程序
生产操作	优化操作	能根据情况调整和优化操作	钛冶炼工艺和设备优化知识
	解决技术难题	能解决本岗位生产过程存在的技术难题	本岗位生产工艺特点
	生产系统维护	(1) 能组织进行一般生产设备的检修和安装； (2) 能解决生产系统维修过程存在的技术难题	生产和辅助系统的性能及维修知识
技术管理与创新	过程分析	能运用过程控制的有关方法对过程各环节进行分析，找出其中的薄弱环节，提出改进意见并予以实施	过程控制的有关知识
	制定、修订规定	能根据生产工艺变化及统计分析结论，制定、修订岗位操作规程	规程制定、修订有关规定
生产过程管理	编制材料计划	能根据本岗位设备、原材料的消耗指标制定设备、原材料需求计划	设备和原材料的名称、规格、用途、消耗量、生产周转需求知识
	工艺技术管理	(1) 能进行日常工艺技术管理； (2) 能分析影响产品质量的原因并制定解决办法； (3) 能制定并执行工艺操作和产品质量管理制度	工艺及产品质量管理知识
	制定设备维护、检修制度	能根据生产辅助设备的使用、维护情况制定定期或不定期的设备维护、检修制度	设备维护、检修制度编制知识
培训与指导	传授知识	能向中级、高级工传授专业知识	技能培训的基本要求
	指导操作	能指导本岗位生产过程的实际操作	本岗位生产过程中的操作要点、难点和控制重点

3.5　高级技师

附表 1-5　高级技师技能要求

职业功能	工作内容	技 能 要 求	相 关 知 识
生产准备	工艺准备	能绘制产品工艺流程图和设备流程图	工艺和设备流程图的绘制方法
	设备准备	（1）能根据工艺条件选择相关生产设备； （2）能指导同类产品生产装置的验收和试车	（1）产品生产设备的选择方法； （2）主要设备的安装知识
	安全生产	能提出产品生产的安全预防措施	安全生产知识
生产过程管理	协调工艺操作	能全面协调生产现场的各种操作，使之处于正常状态	全面质量管理相关知识
	解决操作和技术难题	能解决高难度的生产操作和技术难题	海绵钛生产理论
技术管理与创新	应用新技术、新工艺	能应用和推广国内外海绵钛生产过程的新技术、新工艺	国内外海绵钛生产技术发展动态
	技术攻关	能组织有关人员对生产工艺进行改进和技术攻关	项目管理基本知识
	新产品试制	能配合技术人员制定新产品试制工艺，参与设备安装和试验	新产品试制知识
	工艺和设备设计	能进行本岗位简单工艺和设备的设计	机械制图知识
	技术总结和交流	能胜任下列工作之一： （1）能系统总结本岗位生产实践经验； （2）能撰写专项工艺试验报告； （3）能撰写阶段性生产技术总结； （4）能进行本行业技术交流和技术合作	（1）技术报告和技术总结的写作知识； （2）本行业技术的发展情况
培训与指导	培训与指导	能系统讲授生产工艺知识，并能指导实际操作	培训讲义编制方法
	制定培训计划	能制定适合的职工培训计划	制定培训计划的方法

4　考核

4.1　理论知识

附表 1-6　理论知识占比

项　　目		初级/%	中级/%	高级/%	技师/%	高级技师/%
基本要求	职业道德	5	5	5	5	5
	基础知识	15	10	10	10	10
相关知识	生产准备	10	10	10	8	5
	生产操作	60	60	55	22	—
	操作后处理	10	15	—	—	—
	计算	—	—	10	—	—
	培训与指导	—	—	10	10	10
	技术管理与创新	—	—	—	20	40
	生产过程管理	—	—	—	25	30
合　　计		100	100	100	100	100

4.2　技能操作

附表 1 - 7　技能操作占比

	项　　目	初级/%	中级/%	高级/%	技师/%	高级技师/%
技能要求	生产准备	10	10	8	5	5
	生产操作	80	75	72	20	—
	操作后处理	10	15	—	—	—
	计算	—	—	10	—	—
	培训与指导	—	—	10	15	15
	技术管理与创新	—	—	—	30	45
	生产过程管理	—	—	—	30	35
合　计		100	100	100	100	100

附录 2 《钛冶金技术》课程标准

《钛冶金技术》课程标准

1 制订课程标准的依据

本课程标准是根据冶金技术专业教学标准中的人才培养规格要求和对《钛冶金技术》课程教学目标，结合钛冶炼岗位群的职业资格标准的要求制订的。

本课程标准是在广泛进行冶金技术专业钛冶炼岗位群调研的基础上，参照中华人民共和国《钛冶炼工—国家职业标准》、《冶炼生产一线工人国家职业标准与技能操作规范达标手册》（第八篇钛冶炼工国家职业技术标准与技能操作规范）的职业要求和国内企业钛冶炼生产技术操作规程，和行业、企业的管理人员、技术人员及有实际经验的钛冶炼专家共同研讨制订的，规定了《钛冶金技术》课程的课程目标、教学内容、教学方法、教学要求等，用于指导《钛冶金技术》课程建设与课程教学。

随着专业的发展，本标准也将不断修订。

2 课程定位和作用

《钛冶金技术》是为了适应服务于区域经济的需要及市场对人才的需求，根据冶金技术专业培养目标和岗位群的需要而设置的一门特色课程，它与钢铁钒钛生产线中高钛渣生产、钛白粉生产、海绵钛生产相关的职业岗位群直接对应，是一门工作过程系统化的专业技术课程，也是冶金技术专业的必修专业课程之一。

《钛冶金技术》课程将职业能力要求转化为课程目标，突出了高职教育以服务为宗旨、以就业为导向的特点，以强化学生的专业技能和综合素质培养为重点，以培养社会和企业所需要的实用型、技能型钢铁钒钛冶炼一线专业技术人才为基本定位。

本课程以钛冶炼过程中实际产品冶炼生产过程作为项目的载体，创建学习情景，以工作过程中涉及的知识作为学习内容及学习任务。本课程的主要任务是让学生掌握钛冶炼过程和主要产品生产基本知识，掌握钛冶炼生产工艺控制及设备操作的技能。同时，结合"工学结合"的培养模式培养学生的学习能力、分析问题解决实际问题能力等综合能力。

3 本课程与其他课程的关系

附表 2 – 1 前期课程与本课程的关系一览表

序号	前期课程名称	为本课程的学习应具有的主要能力
1	冶金原理（含物理化学）	（1）能描述钛矿资源、钛及其化合物的性质及用途； （2）化学反应可行性与难易程度的判断能力； （3）相图的识读能力； （4）利用热力学、动力学基本知识分析钛冶炼中反应的可行性、难易程度及影响因素的能力； （5）利用冶金熔体与熔渣的基本知识，判断钛渣生产状况的能力

序号	前期课程名称	为本课程的学习应具有的主要能力
2	热工基础	（1）耐火材料的选取与识别能力； （2）热工检测仪表、常用热工仪表的原理，热工仪表的结构、安装及使用、矿热炉等基本知识的应用能力
3	热工综合训练	工程观点、绘图能力
4	应用数学	计算能力、综合分析能力
5	机械识图	识图能力、绘图能力
6	识岗实训	对就业岗位的工作环境、现场条件、主要设备、工艺特点、职业素养感性认识的能力；理论联系实际的能力

附表 2 – 2　后续课程与本课程的关系一览表

序号	后续课程名称	需要本课程培养的主要能力
1	生产实习	钛冶金中各岗位的基本知识应用，相关操作技能，理论联系实际能力
2	顶岗实习	高钛渣生产、海绵钛生产、钛白粉生产理论知识的应用能力；相关专业岗位技能和职业素养

4　课程学习目标

本课程将职业标准和职业能力要求转化为课程目标，以工作项目为载体，以就业为导向，把基本知识、职业能力、职业素养的培养融入到整个人才培养过程中。根据职业教育对人才培养的要求，职业能力目标包括：知识目标、能力目标、素质目标。

4.1　知识目标

（1）了解钛生产的发展历史、现状和今后的发展方向，掌握富钛料、海绵钛、钛白粉的生产原理及工艺。

（2）能熟练地操作沸腾炉、精馏塔等设备并能对其进行检查、维护和一般故障的判断；能按照生产要求完成合格钛制品的生产操作。

4.2　能力目标

（1）专业能力：

1）熟悉相关国家标准和行业标准；

2）具有控制钛冶炼过程的能力；

3）具有钛冶炼生产工艺实践操作的能力；

4）具有阅读相关资料及标准技术文件编写的能力。

（2）方法能力：

1）具有自主学习能力；

2）具有分析问题能力；

3）具有解决实际问题能力；

4）具有采集信息及处理信息的能力；

5）具有一定的创新意识和开拓精神。

（3）社会能力：

1）具有社会适应能力和应变能力；

2）具有容忍、沟通和协调人际关系的能力；

3）具有取长补短的能力。

4.3 素质目标

（1）具有诚实守信、吃苦耐劳的品德。

（2）具有团队合作意识、安全生产意识、爱岗敬业的职业道德。

（3）具有节约资源、保护环境和爱护公私财产的良好习惯。

5 课程内容模块概述，学时分配

附表 2-3 课程内容模块概述及学时分配

序号	项 目	教 学 设 计 建 议	课 时 理论	课 时 实践	备 注
1	基础知识介绍	教学方法：任务驱动教学法、指导发现法、讲授法； 教学组织形式：班级教学、分组教学； 教学资源：教学课件、本学习情境习题、动画、视频、补充材料； 教学环境说明：多媒体教室或普通教室	8		
2	富钛料生产	教学方法：任务驱动教学法、实践教学法、指导发现法、讲授法； 教学组织形式：班级教学、分组教学； 教学资源：教学课件、本学习情境习题、动画、视频、补充材料； 教学环境说明：多媒体教室或普通教室	16	6	
3	粗四氯化钛生产	教学方法：任务驱动教学法、指导发现法、讲授法； 教学组织形式：班级教学、分组教学； 教学资源：教学课件、本学习情境习题、动画、视频、补充材料； 教学环境说明：多媒体教室或普通教室	12	6	一学期完成，具体可根据每学期教学周不同理论部分略做调整，实践课程不能减少
4	精四氯化钛生产	教学方法：任务驱动教学法、指导发现法、讲授法； 教学组织形式：班级教学、分组教学； 教学资源：教学课件、本学习情境习题、动画、视频、补充材料； 教学环境说明：多媒体教室或普通教室	12	8	
5	镁还原真空蒸馏生产海绵钛	教学方法：任务驱动教学法、指导发现法、讲授法； 教学组织形式：班级教学、分组教学； 教学资源：教学课件、本学习情境习题、动画、视频、补充材料； 教学环境说明：多媒体教室或普通教室	12	4	
6	硫酸法钛白生产	教学方法：任务驱动教学法、指导发现法、讲授法； 教学组织形式：班级教学、分组教学； 教学资源：教学课件、本学习情境习题、动画、视频、补充材料； 教学环境说明：多媒体教室或普通教室	20	4	
合　计			80	28	

6　课程教学详细设计

附表 2 - 4　课程教学详细设计表

序号	项目	教学目标	学习与训练内容	教学载体	考核评价方式
1	基础知识介绍	知识目标： （1）了解钛冶金的发展历程、钛矿的分布及钛的应用、金属钛的几种冶炼方法； （2）掌握钛矿的种类及成分； （3）掌握钛及其化合物的物理化学性质 能力目标： （1）理论知识的应用：会叙述亨特法、克劳尔法生产海绵钛的工艺流程； （2）方法能力：对现有的技术和方法进行剖析，寻求改进的能力，具有多种渠道获取信息、对信息归纳分析的能力，自主学习能力； （3）社会能力：引导学生自我规划和自主学习，通过不断分析自己的能力水平和知识体系，制定自我发展目标的能力	绪论 钛及其化合物的性质	海绵钛生产	考核方式：理论考核 + 过程考核 考核标准：教考分离大纲； 成绩权重：在期末考试中，权重占 10%
2	富钛料生产	知识目标： （1）了解人造金红石的几种生产方法； （2）理解电炉熔炼钛渣的生产工艺； （3）掌握电炉熔炼钛渣的主要设备 能力目标： （1）理论知识的应用：能进行还原熔炼影响因素的分析，能进行配碳比的计算； （2）技能操作：能根据炉渣颜色判断还原熔炼过程是否正常； （3）方法能力：对现有的技术和方法进行剖析，寻求改进的能力，具有多种渠道获取信息、对信息归纳分析的能力，自主学习能力； （4）社会能力：引导学生自我规划和自主学习，通过不断分析自己的能力水平和知识体系，制定自我发展目标的能力	学习内容： 任务一：高钛渣生产； 任务二：人造金红石生产 训练内容： 电炉熔炼钛渣生产物料平衡计算	高钛渣生产	考核方式：理论考核 + 过程考核 考核标准：教考分离大纲； 成绩权重：在期末考试中，权重占 20%
3	粗四氯化钛生产	知识目标： （1）理解氯化过程的理论； （2）掌握沸腾氯化法生产粗 $TiCl_4$ 的生产工艺及设备； （3）了解熔盐氯化法生产粗 $TiCl_4$ 的生产工艺及设备； （4）理解高钙镁钛渣的处理方法 能力目标： （1）理论知识的应用：能描述选择性氯化、沸腾氯化的基本概念及特点，能利用热力学知识判断二氧化钛氯化的可行性，能利用动力学知识分析影响氯化过程的因素； （2）技能操作：查摆粗四氯化钛生产能力工艺流程图； （3）方法能力：对现有的技术和方法进行剖析，寻求改进的能力，具有多种渠道获取信息、对信息归纳分析的能力，自主学习能力； （4）社会能力：引导学生自我规划和自主学习，通过不断分析自己的能力水平和知识体系，制定自我发展目标的能力	学习内容： 任务一：氯化过程的理论分析； 任务二：沸腾氯化法生产粗 $TiCl_4$； 任务三：熔盐氯化法生产粗 $TiCl_4$； 任务四：高钙镁钛渣的处理 训练内容： 粗四氯化钛生产物料平衡计算	沸腾氯化生产高钛渣	考核方式：理论考核 + 过程考核 考核标准：教考分离大纲； 成绩权重：在期末考试中，权重占 15%

序号	项目	教学目标	学习与训练内容	教学载体	考核评价方式
4	精四氯化钛生产	知识目标： (1) 了解粗 $TiCl_4$ 中的杂质成分； (2) 理解粗 $TiCl_4$ 的精制原理； (3) 掌握粗 $TiCl_4$ 的精制过程及主要设备 能力目标： (1) 理论知识的应用：能利用粗四氯化钛精制的原理针对粗四氯化钛的不同组成选择合适的精制方法，能进行精馏塔的物料衡算； (2) 技能操作：设计粗四氯化钛精制生产工艺流程； (3) 方法能力：对现有的技术和方法进行剖析，寻求改进的能力，具有多种渠道获取信息、对信息归纳分析的能力，自主学习能力； (4) 社会能力：引导学生自我规划和自主学习，通过不断分析自己的能力水平和知识体系，制定自我发展目标的能力	学习内容： 任务一：粗 $TiCl_4$ 中杂质的认识； 任务二：粗 $TiCl_4$ 的精制原理； 任务三：粗 $TiCl_4$ 的精制过程 训练内容： 粗四氯化钛精制流程设计	精四氯化钛	考核方式： 理论考核 + 技能考核 + 过程考核 考核标准： 教考分离大纲； 成绩权重： 在期末考试中，权重占 15%
5	镁还原真空蒸馏生产海绵钛	知识目标： (1) 理解镁还原法生产海绵钛的理论分析； (2) 掌握镁还原法生产海绵钛的生产工艺及设备； (3) 了解 $MgCl_2$ 的电解过程和精炼过程及主要设备； (4) 理解真空蒸馏的理论知识； (5) 掌握真空蒸馏的生产工艺及设备； (6) 掌握海绵钛中的杂质，提高海绵钛产品质量的措施 能力目标： (1) 理论知识的应用：能利用海绵钛中杂质的来源，分析提高海绵钛产品质量的措施，能利用热力学知识分析克劳尔法生产海绵钛金属还原剂的选择； (2) 技能操作：分析镁还原真空蒸馏过程的影响因素； (3) 方法能力：对现有的技术和方法进行剖析，寻求改进的能力，具有多种渠道获取信息、对信息归纳分析的能力，自主学习能力； (4) 社会能力：引导学生自我规划和自主学习，通过不断分析自己的能力水平和知识体系，制定自我发展目标的能力	学习内容： 任务一：镁还原真空蒸馏的原理； 任务二：镁还原真空蒸馏的生产实践； 任务三：海绵钛的成品加工 训练内容： 电炉熔炼钛渣生产物料平衡计算	克劳尔法生产海绵钛	考核方式： 理论考核 + 过程考核； 考核标准： 教考分离大纲； 成绩权重： 在期末考试中，权重占 25%
6	硫酸法钛白生产	知识目标： (1) 了解钛白粉的发展概况、性质、应用、质量要求、制法、钛矿处理、三废治理、副产品综合利用； (2) 掌握硫酸法钛白粉生产的工艺过程、原理及主要设备 能力目标： (1) 理论知识的应用：学会运用硫酸法钛白粉生产的工艺过程及原理，分析生产过程的工艺条件，操作参数的确定，培养学生分析解决冶金生产实际问题的能力； (2) 技能操作：查摆硫酸法钛白生产工艺流程； (3) 方法能力：对现有的技术和方法进行剖析，寻求改进的能力，具有多种渠道获取信息、对信息归纳分析的能力，自主学习能力； (4) 社会能力：引导学生自我规划和自主学习，通过不断分析自己的能力水平和知识体系，制定自我发展目标的能力	学习内容： 任务一：基础知识介绍； 任务二：钛液制备； 任务三：偏钛酸制备； 任务四：二氧化钛成品处理 训练内容： 偏钛酸的制备实验	硫酸法生产海绵钛	考核方式： 理论考核 + 过程考核； 考核标准： 教考分离大纲； 成绩权重： 在期末考试中，权重占 15%

7　教学实施基本要求

7.1　师资队伍基本要求

（1）有良好的职业素养和个人素养，具有团队精神，责任感强。

（2）具备在生活、工作和学习中利用计算机获取和处理信息的能力。

（3）熟悉钛冶炼企业基本生产工艺流程。

（4）有来自企业的兼职教师指导学生。

7.2　教学实验实训硬件环境基本要求

本课程教学环境为多媒体教室、专业实训室和校外实习基地。

知识训练在多媒体教室和微机房充分利用多媒体课件信息量大，仿真软件直观的优势，强化所学知识的相互联系。

技能训练一般在实训室（采样及个别测定要在现场）进行。提前将学生分成实验准备小组，要求所有学生必须预习实训学习情境，写预习报告及实训用品准备计划（实验课前或课中老师抽查），在实训教师指导下利用业余时间轮流准备实训学习情境（包括准备所用仪器和配制试剂）。实训学习情境准备过程中，能让学生准备的，尽可能安排学生准备；能让学生在实训学习情境中做的，尽可能留在实训学习情境中做，给学生充分操作锻炼的机会。

7.3　教学资源基本要求

教材编写按照基于行动导向的教学模式，学习情景设计岗位化，学习情境导向、任务驱动为主线进行组织编写。

课程教学资源的内容包含：电子课件、实训范例、操作规范、试题库、习题库、补充资料及相关的文献资料等。

7.4　综合考核评价建议（方案）

根据钛冶炼工国家职业资格标准对钛冶炼工的基本知识、能力要求，结合钒钛类企业技术标准，本课程考核评价方式采取如下措施。

（1）改革传统的学生评价方法，采用过程性评价、目标评价、学习情境评价，理论与实践一体化评价模式。

（2）实施评价主体的多元化，采用教师评价、学生自我评价、社会评价相结合的评价方法。

（3）评价手段可以采用观测、现场操作、提交实践报告、闭卷测试等，具体考核评价方法如附表 2 – 5 所示。

附表 2 – 5　考核评价方法

考核方法	考核内容及标准		评　价　方　式		
			自评	小组评价	教师评价
过程考核	知识应用	任务完成情况（10%）	√	√	√
		处理问题的能力（10%）	√	√	√
		专业操作技能（10%）	√	√	√
		团队合作与沟通能力（10%）	√	√	√

考核方法	考核内容及标准	评 价 方 式		
		自评	小组评价	教师评价
过程考核	态度（20%）			√
	考勤（20%）			√
	作业（29%）			√
终结考核	理论考试			√

注：学生成绩 = 期末考试×60% + 过程考核×40%。

附录3 《钛冶金技术》考核标准

《钛冶金技术》考核标准

一、考试对象

专业：

班级类别：

二、考试形式

1. 考试形式：笔试

2. 考试时间：120 分钟

3. 满分：100 分

三、考试内容考核目标要求

1. 相关知识介绍

（1）识记钛矿的种类及成分、镁还原生产海绵钛；

（2）理解电解 $TiCl_4$ 熔盐生产金属钛、电化学还原法生产金属钛的方法；

（3）识记钛的物理化学性质，$TiCl_4$、TiO_2 等重要化合物的性质。

2. 富钛料的生产

（1）识记人造金红石的几种生产方法；

（2）理解电炉熔炼钛渣的生产工艺；

（3）识记电炉熔炼钛渣的主要设备；

（4）运用理论知识进行还原熔炼影响因素的分析；

（5）运用理论知识进行配碳比的计算。

3. 粗四氯化钛的生产

（1）运用理论知识分析各种原料适合的氯化方法；

（2）理解选择性地选用沸腾氯化法生产粗 $TiCl_4$ 的生产工艺；

（3）运用热力学知识判断富钛料氯化的可行性；

（4）运用动力学知识分析影响氯化过程的因素。

4. 粗四氯化钛的精制

（1）识记粗 $TiCl_4$ 中的杂质成分；

（2）理解粗 $TiCl_4$ 的精制原理；

（3）能利用粗四氯化钛精制的原理针对粗四氯化钛的不同组成选择合适的精制方法；

（4）能进行精馏塔的物料衡算。

5. 镁还原真空蒸馏

（1）理解镁还原法生产海绵钛的理论分析；

（2）理解镁还原法生产海绵钛的生产工艺及设备；

（3）识记 $MgCl_2$ 的电解过程和精炼过程及主要设备；

（4）理解真空蒸馏的理论知识；

（5）掌握真空蒸馏的生产工艺及设备，运用海绵钛中杂质的来源，分析提高海绵钛产品质量的措施，运用热力学知识分析克劳尔法生产海绵钛金属还原剂的选择。

6. 硫酸法钛白粉生产

（1）识记钛白粉的发展概况、性质、应用、质量要求、制法、钛矿处理、三废治理、副产品综合利用；

（2）掌握硫酸法钛白粉生产的工艺过程、原理及主要设备；

（3）运用硫酸法钛白粉生产的工艺过程及原理，分析生产过程的工艺条件，操作参数的确定，培养学生分析解决冶金生产实际问题的能力。

四、各部分考核权重

附表 3-1　考核权重分配

序号	考核内容	试卷 A		试卷 B		试卷 C		备注
		考否(√)	权重	考否(√)	权重	考否(√)	权重	
1	相关知识介绍	√	10%	√	10%	√	10%	
2	富钛料生产	√	20%	√	20%	√	20%	
3	粗四氯化钛生产	√	15%	√	15%	√	15%	
4	粗四氯化钛精制	√	15%	√	15%	√	15%	
5	镁还原真空蒸馏生产海绵钛	√	25%	√	25%	√	25%	
6	硫酸法钛白粉生产	√	15%	√	15%	√	15%	

五、试卷结构

1. 题型及比例

附表 3-2　题型及比例

序号	题型	题数	分值
1	填空题	35 空	35 分
2	选择题	5 题	5 分
3	判断题	5 题	5 分
4	简答题	4 题	20 分
5	综合分析	1 题	15 分
6	计算	2 题	20 分
合计			100 分

2. 试题难易比例

较易（基本题）涵盖应知应会的基本知识，此部分题目分值占总分值的 60% 左右，中等难度题，为基础知识的应用，此部分题目分值占总分值的 30% 左右，较难题为学生的综合应用能力试题，此部分题目分值占总分值的 10% 左右。

六、课程最终成绩计算办法

附表 3 – 3　课程最终成绩计算方法

考核方法	考核内容及标准		评 价 方 式		
			自评 （30%）	小组评价 （30%）	教师评价 （40%）
过程考核 （占总考核 的40%）	小组完成 任务	任务完成情况（15%）	√	√	√
		处理问题的能力（10%）	√	√	√
		团队合作与沟通能力（15%）	√	√	√
	学习态度（20%）		√	√	√
	出勤情况（20%）				√
	作业（20%）				√
终结考核 （占总考核 的60%）	理论考试				√

注：1. 学生成绩 = 期末考试 × 60% + 过程考核 × 40%；

　　2. 过程考核中小组完成任务一项以期末小组评价表成绩（百分制）为准，学习态度由教师根据平时课堂表现考核，出勤情况以教师考勤表为准，作业情况以作业登记表为准。